청소년이 꼭 알아야 할
향기로운
우리꽃
220

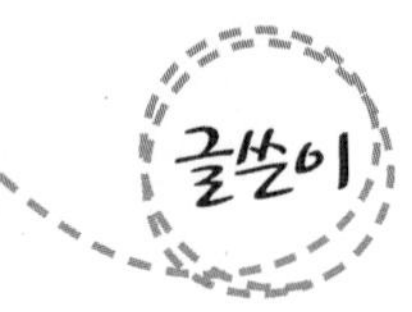

정진완 아저씨는?

식물사진작가이자 자연책작가. 지난 20년간 40여 권의 책을 집필했습니다. 식물사진작가로는 10년 정도 활동했고 현재는 식물책작가 겸 자연책작가로 활동 중입니다. 나무와 꽃, 벌, 나비, 곤충, 새를 아주 좋아해서 겨울에는 집필하고 여름에는 산과 식물원에서 자연과 함께 살고 있습니다.

초판 인쇄일 _ 2011년 5월 20일
초판 발행일 _ 2011년 5월 27일
글쓴이 _ 정진완
발행인 _ 박정모
등록번호 _ 제9-295호
발행처 _ 도서출판 혜지원
주 소 _ (130-844) 서울시 동대문구 장안 1동 420-3호
전 화 _ 02)2212-1227, 2213-1227 / **팩 스** _ 02)2247-1227
홈페이지 _ www.hyejiwon.co.kr
ISBN _ 978-89-8379-687-5
정 가 _ 17,000원
디자인 · 본문편집 _ 박혜경
표지디자인 _ 안홍준
영업마케팅 _ 김남권, 황대일, 서지영

정진완 지음

혜지원

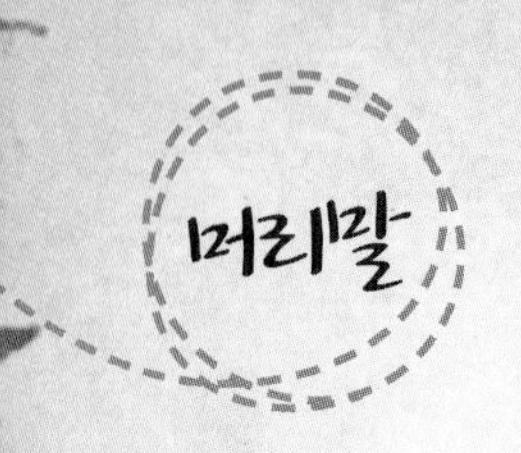

산과 들을 지나다 '이 꽃은 무슨 꽃일까?' 하고 궁금증을 가져본 적이 있나요?

이 책에서 소개하는 꽃들은 우리 주변에서 혹은 깊은 산에서 흔히 볼 수 있는 풀꽃들입니다. 아울러 학교에서 배우는 식물과 가정에서 어머니가 심어 기르시는 꽃, 수목원에서 볼 수 있는 꽃들도 함께 소개되어 있습니다.

산과 들로, 때로는 수목원으로 나들이 갈 때 이 책을 꼭 챙겨 가세요. 꽃의 이름은 물론 꽃에 얽힌 재미난 옛이야기들, 또 그 꽃만의 특징에 대해 자세히 설명하고 있어서 직접 꽃을 보면서 이야기를 읽으면 나들이가 더 재미있고 보람될 것입니다.

또, 책을 보다가 정말 찾아보고 싶은 꽃이 있다면 '볼 수 있는 곳'에서 알려주는 장소로 꽃을 직접 찾아 나서는 것도 좋은 방법입니다. 물론 가까운 식물원이나 수목원에 가면 이 책에서 알려주는 꽃들을 거의 모두 만나볼 수 있습니다. 하지만 우리 집 주변만 주의 깊게 둘러보아도 혹은 동네 뒷산에만 올라가 보아도 그저 이름 모를 풀꽃에 불과했던 그 꽃들이 그토록 많은 사연과 특징을 가진 아름다운 꽃이었다는 것을 알 수 있게 될 것입니다.

부디 이 책이 꽃에 대한 현장학습의 좋은 길잡이가 되길 기원 드립니다.

자연책 작가, 정진완
btv7@daum.net

차례

PART 1 이른 봄에 화사하게 피는 꽃

PART 2 꽃이 예쁜 꽃

PART 3 꽃이 특이한 꽃

PART 4 꽃이 큰 꽃

PART 9 나물로 유명한 맛있는 꽃

PART 10 독성이 있는 꽃

PART 11 나비와 벌이 좋아하는 꽃

PART 12 잎과 줄기에서 향기나 악취가 나는 꽃

PART 13 잎이 큰 꽃

PART 14 약용식물로 유명한 꽃

PART 15 기본으로 알아야 할 우리나라의 아름다운 야생난

PART 16 학교 교정에서 만나는 꽃

PART 17 동네와 아파트, 뒷동산에서 만나는 꽃

PART 18 궁궐, 왕릉, 사찰에서 만나는 꽃

PART 19 풀밭에서 만나는 꽃

PART 20 들판이나 낮은 산에서 만나는 꽃

PART 21 높은 산에서 만나는 꽃

PART 22 물가, 바닷가에서 자라는 식물과 수생식물

PART 23 풀처럼 자라는 덩굴식물

PART 24 이름이 특이한 꽃

PART 25 두뇌발달과 학습의욕에 좋은 꽃

이른 봄에 화사하게 피는 꽃

우리나라에서는 2월 중순 무렵이 되면 키 작은 풀꽃들이 꽃의 개화를 시작해요. 3월 말이 되면 성질 급한 식물들이 꽃을 피우고, 4월 말이 되면 우리나라 꽃의 30~40%가 꽃을 피우기 시작해요.

깽깽이 걸음처럼 줄을 지어 피어나는	깽깽이풀
꽃이 너무 예쁘고 아름다운	얼레지
꽃이 필 때면 오랑캐가 자주 쳐들어왔다는	제비꽃
나도, 너도 헷갈리는	너도바람꽃
꽃의 모양이 술잔 모양인	복수초
잎이 노루의 귀를 닮은	노루귀

깽깽이 걸음처럼 줄을 지어 피어나는

깽깽이풀

과명 매자나무과 여러해살이풀 **학명** *Jeffersonia dubia* **꽃** 4~5월 **열매** 5~8월 **높이** 20~30cm

깽깽이풀

▲ 깽깽이풀의 4월 꽃 ▲ 깽깽이풀의 잎

깽깽이풀은 개미가 씨앗을 물고 가다가 중간에 떨어트린 곳에서 싹이 난다고 해요. 그래서 위에서 내려다보면 깽깽이 걸음처럼 씨앗이 뿌려진 곳마다 일렬로 꽃이 피어난다고 해서 깽깽이풀이라고 해요. 어떤 사람은 강아지가 이 풀을 먹고 깽깽 거린다고 해서 깽깽이풀이라는 이름이 붙었다고 하고, 농부들은 일거리가 많은 봄철에 한가하게 꽃을 피운다고 해서 깽깽이풀이라고도 말해요.

깽깽이풀의 잎은 연잎과 비슷하고 뿌리는 노란색이에요. 그래서 한자로는 '황련'이라고 말해요. 꽃은 이른 봄인 4~5월에 피는데 꽃의 크기는 2cm 정도예요. 꽃잎은 6~8개, 꽃받침은 4개, 수술 8개, 암술 1개예요. 열매는 8월에 익는데 개미들이 좋아하기 때문에 잘 물고 다녀요. 그래서 열매 성분을 분석해보니 밀선에 당분 성분이 많아 개미들이 좋아한다는 것을 알았어요.

깽깽이풀은 우리나라의 중북부 지방과 경상남북도에서 볼 수 있지만 꽃이 예쁘기 때문에 캐가는 사람이 많아요. 이 때문에 현재는 멸종위기식물로 지정된 상태예요. 옛날에는 뛰어난 약용 성분 때문에 뿌리를 해열제나 해독, 장염, 결막염, 각종 염증에 사용한 기록이 있어요. 번식은 씨앗을 심거나 포기를 여러 포기로 나누어 심으면 가능해요.

볼 수 있는 곳

서울 홍릉수목원, 광릉 국립수목원, 용인 한택식물원, 포천 평강식물원, 오산 물향기수목원, 포항 기청산식물원 등에서 깽깽이풀을 만날 수 있어요. 식물원 중에서 깽깽이풀을 아주 많이 키우는 곳이 용인 한택식물원인데, 꽃이 핀 깽깽이풀을 보려면 4월초~4월 중순 사이에 방문해야 해요.

꽃이 너무 예쁘고 아름다운

얼레지

과명 백합과 여러해살이풀 학명 *Erythronium japonicum* 꽃 4월 열매 5~8월 높이 25cm

강원도 광덕산 얼레지

▲ 얼레지의 열매 ▲ 얼레지의 4월 꽃

얼레지는 잎의 알록달록한 무늬 때문에 붙은 이름이에요. 꽃은 4월이 피는데 봄꽃 중에서 가장 예쁘고 꽃의 크기도 큰 편이에요. 시골에서는 가짜 무릇이라는 뜻에서 '가재무릇'이라고 부르기도 해요. 잎은 사람이 식용할 수 있는데 푹신푹신한 질감이 있어요.

꽃은 3월말에서 4월 중순에 볼 수 있어요. 꽃의 길이는 10cm 내외이고 온도가 높아지면 꽃잎이 저절로 뒤로 말려가는 현상이 있어요. 꽃잎은 6장이고 수술은 6개, 암술대는 1개이고 꽃잎 안쪽에 W자 무늬가 있어요. 잎은 6~12cm 길이인데 꽃이 피기 전 잎을 수확하면 호텔 등에 고급나물로 판매할 수 있어요. 잎은 2장씩 올라오는데 이른 봄에는 초록색 잎이 별로 없기 때문에 얼레지 잎을 누구나 쉽게 알아볼 수 있어요.

이 잎은 생으로 먹기도 하지만 설사를 하기 때문에 보통은 끓는 물에 충분히 우려낸 후 잘 말린 뒤 '묵나물'로 먹어야 해요. 얼레지 묵나물은 보통 국거리용으로 좋은데 된장국으로 먹으면 흡사 미역국 같은 맛이 있어요. 그래서 강원도에서는 아이를 낳은 산모에게 미역이 없을 때는 얼레지로 국을 끓여줬다고 해요. 번식은 5월에 씨앗을 채취한 뒤 즉시 파종하면 되는데 싹은 다음해 봄에 발아하므로 1년을 땅속에 있다가 발아하는 셈이에요.

볼 수 있는 곳

얼레지꽃는 우리나라 전국의 높은 산에서 볼 수 있어요. 강원도 화천 광덕산은 얼레지꽃 군락이 있는 산으로 아주 유명해요. 얼레지꽃을 키우는 식물원은 우리나라에 별로 없지만 서울 홍릉수목원, 포천 평강식물원, 용인 한택식물원은 얼레지꽃을 제법 많이 키우는 곳이에요. 보통 4월초에 방문하면 얼레지 꽃이 개화한 것을 볼 수 있어요.

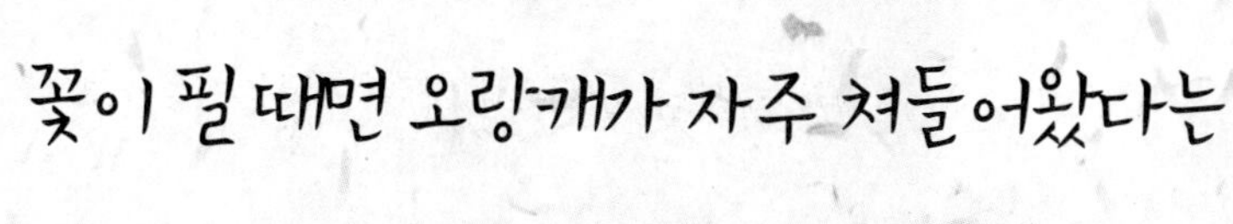

제비꽃

과명 제비꽃과 여러해살이풀 **학명** *Viola mandshurica* **꽃** 4~5월 **열매** 5~6월 **높이** 15cm

제비꽃

▲ 제비꽃 중에 꽃이 제일 작은 콩제비꽃
▲ 노란꽃이 피는 노랑제비꽃

우리나라에서 제비꽃은 봄소식을 알려주는 꽃으로 유명하지만 사실 제비꽃은 봄, 여름, 가을 내내 꽃을 볼 수 있는 식물이에요. 그만큼 비슷한 품종의 제비꽃이 많기 때문에 같은 장소에서 보라색 제비꽃과 흰색 제비꽃을 같이 보는 경우도 있어요. 공해에도 강할 뿐 아니라 장소를 구별하지 않고 잘 자라기 때문에 동네 풀밭, 왕릉, 교정에서도 볼 수 있어요. 제비꽃의 이름은 겨울을 나러 갔던 제비가 돌아올 무렵에 꽃이 핀다고 하여 붙은 이름이에요.

제비꽃의 대표라고 할 수 있는 보라색 제비꽃은 4~5월에 꽃이 피어요. 흔히 말하는 제비꽃은 보라색 꽃이 피는 제비꽃을 말하지만 꽃의 색상이 똑같고 잎 모양이 다른 보라색 제비꽃도 있으므로 구별할 줄 알아야 해요.

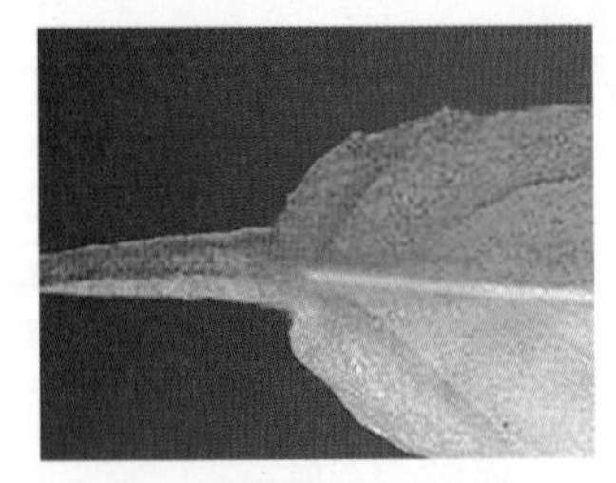
▲ 잎자루의 날개

뿌리에서 올라온 잎은 긴 피침형이며 길이 3~8cm, 폭은 1~2.5cm의 가느다란 편이고 잎의 가장자리에 둔한 톱니가 있어요. 꽃이 핀 다음에는 달걀꼴의 삼각형 잎이 달리는데 잎자루 윗부분에 날개가 있어요. 예를 들어 꽃이 보라색이고 잎자루 위쪽에 날개가 있다면 제비꽃이라고 할 수 있고, 꽃은 같은 색이더라도 잎자루의 날개가 없으면 다른 제비꽃이에요. 잎자루의 날개란 잎줄기에 가느다란 잎이 날개 모양으로 달려있는 것을 말하는데, 대부분의 식물들은 잎자루 날개가 없지만 몇몇 식물들은 잎자루 날개가 있으므로 이 날개를 보고 식물을 구별하는 경우도 많아요.

종지나물은 8.15 광복 이후 미국에서 들어온 제비꽃이에요. 그래서 미국제비꽃이라고도 말하는데 해방 후 미국산 자동차 바퀴 따위에 씨앗이 묻어 들어왔을 거예요. 우리나라 제비꽃과 달

▲ 미국제비꽃인 종지나물

▲ 잎자루에 날개가 없는 종지나물

리 꽃과 잎이 조금 큰 편이고 잎자루엔 날개가 없어요. 꽃의 색상은 자주색, 흰색, 황록색이 있어요. 그리고 남산제비꽃은 4~6월 사이에 흰색의 꽃이 피는 제비꽃이에요. 잎이 3개로 완전히 갈라진 뒤 다시 2개로 갈라지고 또 다시 여러 개로 갈라지면서 새의 발 모양으로 생겼기 때문에 잎을 보면 쉽게 알 수 있어요. 단풍제비꽃도 있는데 단풍제비꽃은 잎이 완전히 갈라지지 않을뿐더러 조금 두껍게 갈라지기 때문에 잎을 비교하면 구분할 수 있어요.

제비꽃은 오랑캐꽃이라고도 말해요. 이 꽃이 필 때 오랑캐가 자주 쳐들어와서 붙었다고도 하고, 꽃받침 부분이 오랑캐의 머리채를 닮았다고 해서 붙었다고도 해요. 잎은 사람이 식용할 수 있는데 부드러운 맛이 있어 나물로 먹을 수 있어요. 제비꽃은 영어로 '바이올렛'이라고 말하고, 번식은 포기나누기와 씨앗으로 할 수 있어요.

▲ 남산제비꽃

▲ 제비꽃의 열매 껍데기

볼 수 있는 곳

제비꽃은 우리 주변에서 가장 흔하게 만날 수 있는 식물이에요. 교내 화단이나 뒷동산, 산책로 같은 길가, 동네 뒷산의 풀밭, 도시공원의 풀밭에서도 볼 수 있어요.

나도, 너도 헷갈리는

너도바람꽃

과명 미나리아재비과 여러해살이풀 학명 *Eranthis stellata* 꽃 3월 열매 4월 높이 15cm

남양주 천마산의 너도바람꽃

▲ 화천 광덕산의 꿩의바람꽃　　▲ 군포 수리산의 변산바람꽃

우리나라 설악산에서 자라는 바람꽃은 고산식물중 하나예요. 그런데 바람꽃은 여름에 꽃이 핀답니다. 이와 달리 '너도바람꽃', '나도바람꽃', '변산바람꽃', '꿩의바람꽃'은 모두 봄에 피는 꽃들이에요.

너도바람꽃은 보통 3월 초순에서 3월 말 사이에 꽃을 볼 수 있어요. 서울에서는 천마산에서 볼 수 있는데 등산로의 돌계단 옆이나 계곡 가의 양지바른 곳에서 볼 수 있어요. 키는 10cm 정도에 불과하고 아직 눈이 녹지 않았기 때문에 잘 찾아봐야 하는데 등산로 주변에 새끼손가락 높이만한 작은 꽃이 피어있으면 대부분 너도바람꽃이에요.

변산바람꽃은 전북 변산지방에서 처음 발견되었다고 하여 변산바람꽃이라고 불리는데 서울에서는 수리산이 변산바람꽃을 볼 수 있는 곳이에요. 꽃이 피는 시기는 너도바람꽃처럼 3월 초순인데 역시 키가 10cm 정도에 불과해요.

천마산에서 너도바람꽃이 거의 다 질 무렵이 되면 '나도바람꽃', '만주바람꽃', '꿩의 바람꽃'이 보이기 시작해요. 바람꽃들은 대개 꽃의 색상이 흰색이지만 꽃잎 개수와 꽃잎 모양, 꽃밥 색상이 조금씩 달라요. 우리나라에는 바람꽃이라고 불리는 꽃이 10여 가지나 있으므로 매년 봄마다 하나씩 찾아보는 것도 좋은 생각이 되겠죠.

서양에서는 바람꽃을 '아네모네'라고 말해요. 그리스 로마 신화속의 아네모네는 바람이 불면 꽃이 피고, 다시 바람이 불어오면 꽃이 진다는 전설이 있어요. 우리나라에서도 겨울 추위가 잠시 누그러지고 봄바람이 살랑살랑 불어올 때 꽃이 피다가, 심한사온 추위로 다시 추워지면 꽃이 오므라드니까 바람꽃이라는 이름은 정말 잘 지은 것 같아요.

몇 년 전 봄에 바람꽃을 보기 위해 남양주 천마산에 간 적이 있었어요. 등산로 입구에서 가족과 함께 등산을 하고 내려오는 초등학생을 만났어요. 아저씨가 산 위에 바람꽃이 많으냐고 물어봤어요. 그러자 초등학생인 이 친구가 아는 척을 하는데 이름이 헷갈리니까 이렇게 대답하는 거예요. "위에 올라가면... 너도인가? 나도인가? 하는 바람꽃이 무지 많아요."
사실 천마산에서는 너도바람꽃과 나도바람꽃 둘 다 볼 수 있거든요.

볼 수 있는 곳

너도바람꽃은 남양주 천마산에서 볼 수 있어요. 또한 전라도를 제외한 전국의 높은 산에서 만날 수 있어요. 변산바람꽃은 군포 수리산, 부안 변산반도, 지리산, 마이산, 천안 광덕산, 제주 한라산과 경북지방의 일부 산에서 볼 수 있어요. 꿩의 바람꽃은 화천 광덕산, 남양주 천마산 등의 중부지방에서 볼 수 있고 광릉 국립수목원에서도 볼 수 있어요. 또한 용인 한택식물원과 포천 평강식물원에서 여러 가지 바람꽃을 만날 수 있지만, 도립수목원에서는 바람꽃을 키우지 않는 경우가 많아요.

꽃의 모양이 술잔 모양인

복수초

과명 미나리아재빗과 여러해살이풀 **학명** *Adonis amurensis* **꽃** 3~4월 **열매** 4~5월 **높이** 10~30cm

복수초의 4월 꽃

▲ 복수초의 꽃 ▲ 가지복수초의 꽃

복수초는 영어로 '아도니스'라고 말해요. 그리스신화를 읽은 독자라면 아도니스라는 미소년과 아프로디테의 사랑 이야기를 아실 거예요. 남몰래 사랑을 나누던 아도니스는 훗날 아프로디테의 애인인 아레스의 복수로 죽음을 맞이하는데 그때 아도니스가 죽은 자리에서 빨간색 꽃이 피어났다고 해요. 그 꽃이 바로 '붉은복수초'인데 아시아의 복수초와 달리 꽃의 색상이 빨간색이에요.

노란색 꽃의 복수초는 주로 아시아에서 볼 수 있으며 '복과 장수를 기원하는 식물'이란 뜻에서 福壽草(복수초)라는 이름이 붙었어요. 꽃은 3~4월에 피지만 정신없는 녀석은 구정 무렵 눈 속에서 피어나기도 해요. 말하자면 우리나라의 봄꽃 중 가장 일찍 꽃이 피는 꽃이라고 할 수 있겠죠. 꽃잎은 날씨가 화창하면 열리고 흐린 날에는 꽃잎을 닫는 속성이 있는데 꽃잎을 닫은 복수초의 꽃은 술잔 모습과 아주 흡사해요.

▲ 꽃받침잎이 짧은 가지복수초

꽃은 3~5cm 정도 크기이고 1~3송이가 달리는데 꽃잎은 20~30개, 꽃받침은 5장 이상이에요. 흔히 꽃받침잎이 8장 정도이고 꽃잎과 비슷한 크기이면 '복수초'이고, 꽃받침이 5장이고 꽃잎보다 짧으면 '가지복수초', 꽃받침잎이 5~6장이고 꽃잎보다 훨씬 짧으면 '세복수초'라고 말해요.

복수초는 우리 주변의 높은 산에서 볼 수 있고, 개복수초는 식물원에서 많이 볼 수 있어요. 세복수초는 제주도에서만 볼 수 있는데 잎이 먼저 올라오고 꽃이 나중에 필 뿐 아니라 줄기에 2~5개의 꽃이 피는 특징이 있어요.

미나리아재비과 식물인 복수초는 약간의 독성이 있지만 약으로 달여 먹을 수 있어요. 주로 종기, 심장 질환에 효능이 있고 소변을 잘 나오게 할 때 좋아요. 번식은 5월에 종자를 채취한 뒤 바로 파종하거나 포기를 나누어 심는 방법으로 할 수 있어요. 5월에 심은 종자는 이듬해 봄에 발아하기 때문에 대개 포기나누기로 번식하는 것이 좋아요.

볼 수 있는 곳

수목원에서 만나는 복수초는 대부분 가지복수초예요. 서울 홍릉수목원, 광릉 국립수목원 등 유명 수목원에서 만날 수 있어요. 수도권 산에서도 복수초를 많이 볼 수 있는데 대개 가지복수초인 경우가 많아요. 진짜 복수초는 화천 광덕산이나 점봉산 곰배령 같은 높은 산에서 볼 수 있고, 세복수초는 제주도 한라산에서 볼 수 있어요. 요즘은 가지복수초와 복수초를 나누지 않고 같은 꽃으로 취급하는 경우도 많아요.

잎이 노루의 귀를 닮은

노루귀

과명 미나리아재빗과 여러해살이풀 **학명** *Hepatica asiatica* **꽃** 3~4월 **열매** 4~6월 **높이** 10cm

노루귀의 3월 꽃

▲ 섬노루귀의 꽃 ▲ 청색 꽃이 피는 노루귀

봄에 가장 빨리 꽃이 피는 식물은 너도바람꽃, 변산바람꽃, 복수초, 얼레지가 있지만 이에 못지 않게 일찍 피는 꽃이 노루귀예요. 그래서 너도바람꽃을 보러 천마산에 갔다가 운 좋으면 근처 비탈진 계곡에서 노루귀를 만나는 경우도 있어요.

노루귀는 우리나라 전국의 산에서 흔하게 볼 수 있는 식물이에요. 수도권의 천마산과 수리산을 포함해 각 지방의 대도시 인근 높은 산에서 만날 수 있어요. 꽃이 피는 시기는 지역마다 다르지만 보통 3월초에 볼 수 있는데, 낙엽 밑에서 꽃대만 올라온 뒤 하얀 꽃이 피면 노루귀라고 할 수 있어요. 잎은 꽃대가 올라온 뒤 돋아나기 때문에 잎이 크게 성장한 뒤에는 꽃을 볼 수 없어요.

노루귀의 꽃은 흰색이지만 가끔은 청색이나 빨간색 꽃이 피는 경우도 있어요. 꽃잎처럼 보이는 것은 사실 꽃받침이므로 꽃잎이 없는 식물이에요. 열매는 5~6월에 볼 수 있어요. 잎은 꽃이 시든 뒤 돋아나는데 삼각형 모양이고 솜털이 있어요. 잎의 생김새가 노루의 귀를 닮았다 하여 노루귀라는 이름이 붙었어요.

노루귀와 비슷한 식물로는 우리나라 특산식물인 '섬노루귀'가 있어요. 경북 울릉도에서 자생하는 섬노루귀는 잎이 크게 자란 뒤에도 꽃이 남아있는 경우가 많으므로 꽃과 잎을 같이 볼 수 있어요. 또한 노루귀에 비해 꽃이 2배 정도 큰 편이에요. '새끼노루귀'는 제주도에서 볼 수 있는 식물인데 잎에 얼룩무늬가 있는 것이 특징이에요.

노루귀는 다른 식물과 달리 꽃대가 길게 올라오는 특징이 있어요. 다른 식물에 비해 왜소하기 때문에 씨앗이 퍼지는 반경이 아무래도 좁겠죠. 이 때문에 바람에 꽃씨가 잘 날아가도록 꽃대가 길게 올라오는 것이라고 할 수 있어요.

한의사들은 노루귀를 장이세신(獐耳細辛)이라고 부르며 약으로 사용하는데 두통 같은 각종 통증에 효능이 있어요. 번식은 종자 또는 포기나누기로 할 수 있어요.

볼 수 있는 곳

서울 홍릉수목원, 용인 한택식물원, 가평 유명산자연휴양림에서 볼 수 있어요. 특히 한택식물원과 유명산자연휴양림 내 야생화단지는 노루귀 군락이 있기 때문에 3월 초에 방문하면 여러 가지 꽃 색깔의 노루귀를 만날 수 있어요. 또한 남양주 천마산, 군포 수리산, 화천 광덕산, 충남 계룡산 등 전국의 비교적 높은 산에서도 볼 수 있어요.

꽃이 예쁜 꽃

키 작은 풀꽃 중에서 유난히 꽃이 아름다운 식물에 대해 알아보아요. 꽃을 좋아하는 친구들이라면 씨앗을 받아 가정에서 키울 수 있을 거예요.

금색 꿩의 다리를 닮은	금꿩의다리
비슷한 꽃이 너무 많아 헷갈리는	꿩의다리 식물이야기
잎이 주름치마처럼 땅바닥에서 사방으로 퍼지는	처녀치마
꽃이 꼴뚜기를 닮은	뻐꾹나리
주머니 모양의 꽃이 피는	금낭화
한 번 볼 때마다 1살씩 젊어지는	연영초, 큰연영초
꽃에 호피무늬가 있는	범부채
꽃이 앙증맞고 귀여운	민백미꽃

금색 꿩의 다리를 닮은

금꿩의다리

과명 미나리아재비과 여러해살이풀 학명 *Thalictrum rochebrunianum* 꽃 7~8월 열매 8~9월 높이 1~2.5m

금꿩의다리 8월 꽃

▲ 금꿩의다리 ▲ 금꿩의다리 잎

노란색 꽃술이 금색 꿩의 다리와 비슷하다고 해서 금꿩의다리라는 이름이 붙었어요. 우리나라 중부 이북의 깊은 산속에서 자라는 우리나라 특산식물이기도 해요. 대개 우리나라 특산식물은 식물원에서도 보존해야 할 의무가 있기 때문에 즐겨 키우는 경우가 많고 이 때문에 대부분의 수목원에서 금꿩의다리를 볼 수 있어요. 요즘은 가정집 정원에서도 원예애호가들이 키우는 경우가 많고 외국에서도 인기가 많은 식물이에요.

꽃은 7~8월에 원추화서로 개화를 해요. 꽃받침잎은 4개이고 꽃잎이 없어요. 이 때문에 분홍색의 꽃받침잎이 꽃잎처럼 보이기도 해요. 꽃의 크기는 1~2cm 정도이고 공 모양이었다가 꽃받침잎이 벌어지고 암술과 수술이 보이기 시작해요. 꽃은 색상이 예쁘고 꿀샘이 많아 벌들이 아주 좋아해요. 열매는 7~8월에 볼 수 있어요. 우리나라에는 '꿩의다리'라는 이름을 가진 식물이 20종정도 있는데 그중에서 금꿩의다리가 가장 아름다운 식물이에요.

잎은 줄기에서 어긋나게 달리고 3개의 작은 잎이 달려있어요. 작은 잎은 가장자리가 3개로 갈라지기 때문에 잎을 보면 금방 알 수 있어요. 뿌리는 약으로 달여 먹을 수 있는데 고혈압, 이질, 장염에 효능이 있어요. 번식은 가을에 종자를 채취한 뒤 늦가을인 11월에 파종하거나 포기나누기로 할 수 있어요. 하지만 포기나누기는 뿌리가 크기 때문에 번식성공률이 낮은 편이에요.

볼 수 있는 곳

인기가 많기 때문에 대부분의 도립수목원에서 금꿩의 다리를 볼 수 있어요. 야생에서는 주로 중부 이북의 깊은 산에서 볼 수 있어요.

비슷한 꽃이 너무 많아 헷갈리는

꿩의다리 식물이야기

과명 미나리아재빗과 여러해살이풀 학명 *Thalictrum actaefolium* 꽃 7~8월 열매 8~9월 높이 30cm~1.5m

▲ 은꿩의다리의 7월 꽃 ▲ 산꿩의다리

꿩의다리 식물들은 우리나라에 약 20여종이 있고 대개 높이 30cm~1.5m 정도예요. 식물에 따라 우리나라 강원도 북부에서 자라는 식물과 전국에서 자라는 식물, 남부지방에서 자라는 식물이 있어요. 꿩의다리 식물 중에서 두 번째로 예쁜 은꿩의다리는 높이 30~60cm이며 우리나라 남부지방의 산에서 볼 수 있어요. 꽃은 원추화서이고 7~8월에 개화를 하는데 꽃잎이 없고 4개의 꽃받침잎이 있어요. 수술은 여러 개인데 홍백색이거나 백색이에요. 열매는 좁은 달걀형이고 9~10월에 볼 수 있어요. 비슷한 식물로는 꽃이 자주색인 '자주꿩의다리'가 있어요.

산꿩의다리는 '큰산꿩의다리', '꿩의다리'와 비슷한 꽃이 피는 식물이며 강원도 북쪽과 북한땅에서 볼 수 있어요. 일반적으로 전국의 산에서 볼 수 있는 식물은 '큰산꿩의다리'일 확률이 높아요. 좀꿩의다리는 노란색 꽃이 피며 높이 50cm~1.5m의 비교적 키가 큰 식물이에요. 꽃의

▲ 바이칼꿩의다리 ▲ 좀꿩의다리

색상이 노란색이기 때문에 쉽게 구분할 수 있고, 산에서 흔히 볼 수 있어요. 바이칼꿩의다리는 북한 함경도와 러시아, 중국에서 볼 수 있는 희귀식물이지만 특이한 이름 때문에 애호가들이 많고 이 때문에 분재로 키우는 사람들이 많아요.

그 외에 잎의 생김새가 연잎과 비슷한 '연잎꿩의다리'와 '꼭지연잎꿩의다리', 남한땅 특정 지역에서 자생하는 '꽃꿩의다리'가 있는데 꽃꿩의다리는 멸종위기식물이에요. 이들 식물들의 번식은 씨앗이나 포기나누기로 할 수 있어요.

볼 수 있는 곳

흰색 꽃이 피는 꿩의다리는 집 근처 수목원에서 쉽게 만날 수 있어요. 그런데 '꿩의다리', '산꿩의다리', '큰산꿩의다리'는 구별이 애매하기 때문에 식물원들도 이름표를 틀리게 붙여놓은 경우가 많으며, 어떤 식물원의 경우에는 '은꿩의다리'라는 이름표를 버젓이 붙여놓은 곳도 있어요. 20여종의 꿩의다리 식물을 구별하려면 암술 모양, 턱잎 모양, 잎 모양, 수술 모양을 봐야하는데 암술의 경우 그냥 봐서는 잘 모르므로 사진을 찍어서 면밀히 관찰해야 해요. 식물애호가들이 분재로 즐겨 키우는 바이칼꿩의다리는 성남 신구대식물원, 연잎꿩의다리는 포항 기청산식물원에서 만날 수 있어요.

잎이 주름치마처럼 땅바닥에서 사방으로 퍼지는

처녀치마

과명 백합과 여러해살이풀 **학명** *Heloniopsis koreana* **꽃** 3~4월 **열매** 6~8월 **높이** 10~50cm

처녀치마의 꽃

▲ 처녀치마

처녀치마는 잎이 땅바닥에서 사방으로 퍼져 있다고 해서 붙은 이름이에요. 실제 이 식물을 보면 잎이 주름치마처럼 사방으로 퍼져있기 때문에 꽃이 피지 않았을 때도 알아보기 쉬운 식물 중 하나라고 할 수 있어요. 이른 봄에 꽃이 피는 식물로 유명하며, 우리나라 전국의 높은 산과 대도시 인근의 약간 높은 산에서도 볼 수 있어요.

꽃은 3월~4월 사이에 볼 수 있는데 잎의 중앙에서 긴 꽃대가 올라온 뒤 여러 꽃송이가 다닥다닥 붙어 있거나, 꽃송이가 붙은 상태에서 꽃대가 서서히 자라는 경우도 있어요. 꽃의 길이는 2cm 정도이고 자주색이거나 적자색, 약간 녹색인 경우도 있고 꽃잎은 6개, 수술도 6개인데 수술 길이가 꽃잎보다 길고, 전체 꽃대의 높이는 약 10~50cm 정도예요. 잎은 꽃이 피기 전부터 방석처럼 사방으로 퍼지면서 돋아나는데 각각의 잎 길이는 6~20cm 정도이고 가죽질처럼 윤이 반짝이고 끝이 조금 뾰족한 편이에요. 줄기는 연필처럼 굵은 편이기 때문에 잘 부러지지 않아요.

▲ 꽃대가 올라오기 전의 모습

볼 수 있는 곳

전국의 높은 산에서 볼 수 있는데 비옥하고 축축하고 그늘진 곳에서 볼 수 있어요. 고산식물이기 때문에 가급적 높은 산으로 올라가야 볼 수 있어요. 서울 홍릉수목원, 광릉 국립수목원, 용인 한택식물원, 청원 미동산수목원, 포천 평강식물원, 완주 대아수목원, 포항 기청산식물원에서도 만날 수 있어요. 이 가운데 용인 한택식물원은 처녀치마를 많이 키우는 식물원 중 하나예요.

꽃이 꼴뚜기를 닮은

뻐꾹나리

과명 백합과 여러해살이풀 **학명** *Tricyrtis macropoda* **꽃** 7~9월 **열매** 9~11월 **높이** 1m

뻐꾹나리

▲ 꼴뚜기를 닮은 뻐꾹나리의 꽃 ▲ 뻐꾹나리의 열매

꽃에 있는 가로무늬가 뻐꾸기 가슴에 있는 가로무늬와 닮았다고 해서 뻐꾹나리라고 말해요. 우리나라 경기도 이남지방에서 볼 수 있는 특산종이며, 매우 독특한 꽃 때문에 사람들이 많이 캐가는 식물중 하나예요. 예쁜 식물을 볼 때는 캐가는 것보다는 가을에 씨앗을 받아가는 것이 좋은 생각이 되겠죠.

꽃은 7월 말에 개화하는데 지역에 따라 8월에 개화를 하거나 9월까지 꽃이 남아있는 경우도 있어요. 꽃잎은 6개로 갈라지고 꽃잎 상단부에 가로 형태의 반점이 있고 수술은 6개, 암술대는 3개이고, 꽃의 크기는 3cm 정도예요. 열매는 긴 송곳 모양이고 길이 3cm 정도예요.

잎은 줄기에서 어긋하고 긴타원형이거나 타원형이며 길이 5~15cm 정도예요. 잎의 하단부는 줄기를 감싸고 어린잎은 나물로 무쳐먹을 수 있는데 맛이 아주 좋지는 않아도 먹을 만해요. 번식은 포기를 나누어 심어도 되지만 종자 번식이 잘되기 때문에 보통 10월에 종자를 받아 심는 것이 좋아요.

볼 수 있는 곳

경기도 이남지방의 높은 산에서 볼 수 있어요. 인기가 많은 식물이기 때문에 서울 홍릉수목원, 광릉 국립수목원, 용인 한택식물원, 오산 물향기수목원, 평창 한국자생식물원, 대구수목원, 포항 기청산식물원, 진주 반성수목원 등 대부분의 수목원이나 식물원에서도 볼 수 있어요.

주머니 모양의 꽃이 피는

금낭화

과명 현호색과 여러해살이풀 학명 *Dicentra spectabilis* 꽃 4~6월 열매 6~7월 높이 50cm

▲ 금낭화의 꽃

▲ 원예종인 흰금낭화

옛날 우리나라의 양반집 며느리들은 비단으로 만든 복주머니를 차고 다녔는데 이를 금낭(錦囊)이라고 말해요. 금낭화는 꽃의 모양이 금낭을 닮았다고 해서 붙은 이름이에요. 그래서 어떤 지방에서는 이 꽃을 '며느리주머니'라고도 부르죠. 우리나라 중부지방의 높은 산에서 볼 수 있는 금낭화는 4월 중순~6월 초순 사이에 꽃이 피는 대표적인 봄꽃이에요.

주머니 모양의 꽃은 줄기에서 총상화서로 달리고 색상은 분홍색이에요. 흰색 꽃이 피는 금낭화도 있는데 이를 흰금낭화라고 말해요. 자세히 보면 주머니 모양의 꽃은 꽃잎 4개가 모여서 만든 것을 알 수 있어요. 2장의 꽃잎은 바깥쪽에서 불룩한 형태를 만들고 나머지 2장은 안쪽에 흰색 돌기를 만들어요. 수술은 6개이고 암술은 1개, 열매는 6~7월에 볼 수 있어요.

▲ 금낭화 ▲ 금낭화의 잎

잎은 어긋나고 잎자루가 매우 길고, 작은 잎이 3개씩 2회 갈라지고 작은 잎의 크기는 3~6cm 정도이고 가장자리가 3~5개로 깊게 갈라지거나 완전히 갈라진 모양이에요. 현호색과의 식물들은 잎에 독성 성분이 있으므로 가급적 먹지 않는 것이 좋지만, 뿌리는 약용성분이 있어 부스럼, 관절통, 마비증세에 약으로 달여 먹기도 해요. 번식은 씨앗을 파종하거나 꺾꽂이, 포기나누기로 할 수 있어요.

볼 수 있는 곳

중부지방의 높은 산에서 볼 수 있는데 특히 설악산이나 천마산의 계곡 가에서 볼 수 있어요. 인기가 많기 때문에 각 지역의 도립수목원에서도 금낭화를 키우는 경우가 많아요. 도시공원이나 주택가 정원, 아파트단지에서도 조경수로 심은 금낭화를 만날 수 있어요.

오늘 만난 꽃

한 번 볼 때마다 1살씩 젊어지는

연영초와 큰연영초

과명 백합과 여러해살이풀 학명 *Trillium kamtschaticum* 꽃 5~6월 열매 6~7월 높이 30cm

연영초

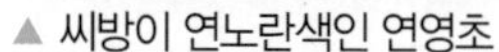

▲ 씨방이 연노란색인 연영초

▲ 씨방이 흑자색인 큰연영초

이 식물은 나이를 연장한다는 뜻에서 늘어놓을 연(延), 나이 령(齡)자를 써 연영초라고 말해요. 이 식물의 꽃을 보면 그때마다 1살씩 젊어진다고 하여 식물학자들이 좋아하는 꽃이에요. 원래 정확한 한글 표기법은 연령초이지만 식물학자들이 '누가 뭐래도 우린 연영초라고 부를래요' 라고 해서 '연영초'라고 부르고 있어요. 예를 들어 '금꿩의다리'는 한글학자 입장에서는 '금꿩의 다리'라고 띄어쓰기해야 하지만 식물학자 사이에서 식물이름은 붙여 쓰기를 하는 것이 원칙이랍니다.

연영초는 높이 약 30cm 정도로 자라는 우리나라 희귀식물이에요. 경기도, 강원도, 충청북도, 경상북도, 지리산 등의 아주 깊은 산에서 볼 수 있어요. 꽃은 5~6월에 흰색으로 피고 보통 1개의 꽃이 붙어있어요. 꽃의 크기는 4~6cm 정도이고 꽃받침조각은 3개, 꽃잎도 3개, 수술은 6개이고 암술대 윗부분이 3개로 갈라진 모양이에요. 잎은 줄기에서 3개씩 돌려나는데 잎의 길이는 각각 7~17cm 정도예요. 옆에서 보면 잎이 축 늘어진 것이 삿갓모자를 닮았다고 하여 '왕삿갓나물'이라고도 말해요. 이 식물은 꽃을 따면 식물 전체가 바로 죽어버리는 특징이 있으므로 꽃을 가급적 따지 않는 것이 좋아요. 번식은 종자와 포기나누기로 할 수 있어요.

비슷한 식물인 '큰연영초'는 울릉도와 강원도 이북에서 자생하며 꽃의 암술 밑 씨방이 흑자색이므로 쉽게 구분할 수 있어요.

볼 수 있는 곳

연영초는 우리나라 전국의 높은 산에서 볼 수 있고, 큰연영초는 울릉도와 강원도 북부의 심산유곡에서 볼 수 있어요. 또한 서울 홍릉수목원, 가평 유명산자연휴양림 안의 야생화단지, 평창 한국자생식물원, 청양 고운식물원에서 연영초를 볼 수 있고, 용인 한택식물원에서는 큰연영초를 볼 수 있어요.

꽃에 호피무늬가 있는

범부채

과명 붓꽃과 여러해살이풀 학명 *Belamcanda chinensis* 꽃 7~8월 열매 8~9월 높이 1m

잎이 부챗살처럼 퍼지고 꽃에 빨간색 호랑이 반점이 있다고 해서 범부채라고 말해요. 인기가 많기 때문에 수목원은 물론 동네공원이나 주택가 정원에서도 종종 만날 수 있어요.

▲ 호피무늬가 있는 범부채의 꽃

꽃은 7~8월에 피며 지름 5cm 정도이고 가지 끝에서 여러 개씩 달려요. 꽃잎은 6개로 나누어지고 수술은 3개, 암술대는 윗부분이 3개로 갈라진 모양이에요. 열매는 긴 주머니모양이고 9월에 익으면 저절로 벌어지고 작은 콩알 모양의 씨앗이 수북하게 들어있어요.

잎은 어긋나고 납작한 칼 모양이며 부챗살처럼 퍼지고 길이 30~50cm 정도인데 잎의 밑 부분이 서로 포개져 있어요. 뿌리는 황색이고 가느다란 수염뿌리가 많이 달려있고 달여서 복용하면 몸속의 독성이나 결핵, 부종, 두통, 기침에 효능이 있어요. 어린잎은 사람이 섭취할 수 있지만 독성 성분이 있으므로 충분히 데쳐서 나물로 무쳐먹어야 해요.

번식은 씨앗을 파종하거나 포기를 나누어 심는 방법으로 할 수 있어요.

볼 수 있는 곳

전국의 높은 산이나 해안가 부근의 야산에서 볼 수 있지만 캐가는 사람이 많아 멸종 단계에 접어든 상태예요. 그러나 각 지역의 도립수목원에서 심어 기르는 경우가 많을 뿐 아니라 주택가 화단에서도 심어 기르는 것을 간혹 볼 수 있을 정도로 애호가들이 아주 많은 꽃이라고 할 수 있어요.

꽃이 앙증맞고 귀여운

민백미꽃

과명 박주가릿과 여러해살이풀 학명 *Cynanchum ascyrifolium* 꽃 5~7월 열매 9월 높이 60cm

민백미꽃

뿌리가 국수다발처럼 생겼다고 하여 백미꽃이라는 이름이 붙었어요. 흰색 꽃이 피는 꽃은 '민백미꽃', 흑자색꽃이 피는 것은 '백미꽃', 노란색꽃이 피는 것은 '선백미꽃', 녹색 꽃이 피는 것을 '푸른백미꽃'이라고 말하는데 우리 주변의 수목원에서 가장 흔하게 만날 수 있는 꽃은 대개 민백미꽃이에요.

▲ 꽃을 가까운 거리에서 본 모습

민백미꽃은 5~7월에는 흰색 꽃이 잎겨드랑이에서 여러 송이가 다발로 달려요. 꽃받침은 5개로 갈라지고 화관(꽃부리) 역시 5개로 갈라져 꽃잎이 5장인 것처럼 보여요. 꽃의 중앙에는 둥근 형태의 보조 꽃부리가 있고 중앙에 수술과 암술이 있어요. 열매는 10월에 있는데 가느다란 연필심 모양이고 길이 1~2cm 정도예요.

잎은 줄기에서 마주나고 길이 10~15cm 정도이고 잎의 가장자리는 밋밋하고 잎자루는 짧은 편이에요. 어린잎은 나물로 먹을 수 있지만 박주가릿과 식물 또한 약간의 독성이 있는 식물들이 많으므로 가급적 먹지 않는 것이 좋아요. 국수다발 모양의 뿌리는 관절통, 두통, 신장염, 각종 종기에 달여 먹으면 효능이 있고, 번식은 종자 또는 포기나누기로 할 수 있어요.

볼 수 있는 곳

백미꽃과 민백미꽃은 전국의 산과 들판에서 종종 볼 수 있어요. 선백미꽃은 강원도 높은 산에서 볼 수 있는 희귀식물이에요. 식물원 중에는 홍릉수목원, 광릉 국립수목원, 포항 기청산식물원, 대구수목원에서 민백미꽃을 볼 수 있고, 포항 경북수목원은 백미꽃, 평창 한국자생식물원과 성남 신구대식물원은 선백미꽃, 전주 한국도로공사수목원은 푸른백미꽃을 볼 수 있어요.

꽃이 특이한 꽃

우리나라에는 꽃이 특별하게 생긴 풀꽃들이 많아요. 개중에는 꽃처럼 보이지 않는 꽃이 피는 식물들도 있어요.

할아버지들이 아주 좋아하는	삼지구엽초
족두리모양의 꽃이 피는	족도리풀, 만주족도리풀
꽃이 아주 작아서 돋보기로 봐야하는	머위
뾰족한 돌기가 나중엔 꽃으로 변하는	절굿대
김밥에 넣어먹는	우엉
산에서 독사에 물리면 짓이겨 바르는	진득찰
괴상망측한 이 꽃도 차로 우려먹으면 맛있는	쇠뜨기

할아버지들이 아주 좋아하는

삼지구엽초

과명 매자나무과 여러해살이풀 학명 *Epimedium koreanum* 꽃 4~5월 열매 5~6월 높이 30cm

▲ 삼지구엽초 ▲ 삼지구엽초의 꽃

삼지구엽초는 몸에 좋을 뿐 아니라 원기를 북돋아준다고 해서 할아버지와 할머니들이 아주 좋아하는 약초 식물이에요. 이 때문에 산에서 이 꽃을 만나면 캐가는 사람이 많고 그만큼 자생지 훼손이 심각해 멸종위기에 몰린 식물이기도 해요. 볼 때 마다 식물을 캐 가면 결국 지구상의 모든 식물은 멸종되어 사라져 버릴 거예요. 그러므로 식물을 캐가기 보다는 가을에 씨앗을 받아 가는 것이 더 좋은 생각이라고 할 수 있겠죠.

삼지구엽초는 한방에서 음양각(陰羊藿)이라고 말해요. 아이를 낳지 못하거나 부실한 몸에 특효가 있고 사지마비와 건망증에 효능이 있으니 약초로써 인기가 높을 수밖에 없겠죠.

꽃은 4~5월에 총상화서로 피는데 꽃은 크기는 1~2cm 정도이고 꽃받침조각 8개, 꽃잎 4개,

수술 4개, 암술 1개인데 꽃의 모양이 조금 특이해 한번 보면 잊히지 않아요. 열매는 5~6월에 볼 수 있고 길이 1cm 정도의 기둥 모양이에요. 잎은 어긋나고 긴 잎자루에서 잔가지가 3개로 갈라지고 각각의 잔가지에 잎이 3개씩 달려 있어요. 즉 가지가 3개로 갈라진다는 뜻에서 삼지(三枝), 잎이 총 9개 달려있다는 뜻에서 구엽(九葉), 이렇게 해서 삼지구엽초란 이름이 붙었죠.

전설에 따르면 아주 먼 옛날 새끼를 100마리나 가진 양이 있었다고 해요. 양을 키우는 할아버지가 어느 날 그 양을 자세히 관찰하니 삼지구엽초를 뜯어먹고 교미를 하는 것이었어요. 그래서 민간에서는 아이를 낳지 못하는 부부에게 삼지구엽초를 달여 먹이면 좋다는 이야기가 생긴 것이죠. 번식은 5월 중순에 열매가 터지지 않도록 채취한 뒤 뿌리면 되는데 발아성공률이 낮은 편이에요. 보통 10월에 꺾꽂이와 포기나누기로 번식시키는 것이 좋아요.

▲ 삼지구엽초의 잎

볼 수 있는 곳

경기도와 강원도 높은 산의 계곡에서 볼 수 있지만 훼손상태가 심각해 요즘은 거의 만날 수 없어요. 서울 홍릉수목원, 광릉 국립수목원, 가평 유명산자연휴양림, 평창 한국자생식물원, 용인 한택식물원, 오산 물향기수목원, 태안 천리포수목원, 전주 한국도로수목원, 대구수목원, 포항 기청산식물원 등에서 삼지구엽초를 볼 수 있어요.

오늘 만난 꽃

족두리 모양의 꽃이 피는

족도리풀과 만주족도리풀

과명 쥐방울덩굴과 여러해살이풀 학명 *Asarum sieboldii* 꽃 4~5월 열매 6~8월 높이 10~30cm

▲ 만주족도리풀, 서울족도리풀, 각시족도리풀은 꽃의 갈라진 부분이 뒤로 젖혀지는 특징이 있어요.

▲ 족도리풀과 개족도리풀은 꽃의 갈라진 부분이 뒤로 젖혀지지 않아요.

꽃 모양이 시집갈 때 여자 머리에 쓰는 '족두리'를 닮았다고 하여 '족도리풀'이라는 이름이 붙었어요. 실제 꽃을 보면 족두리 형태의 관 모양이기 때문에 금방 이해할 수 있을 거예요.

족도리풀의 잎은 뿌리에서 여러 개가 올라온 뒤 4월 무렵에 줄기 아래 부분에 여러 개의 꽃이 피어요. 꽃은 통 모양이고 크기 2cm 정도이고 끝부분이 3갈래로 얇게 갈라지고 수술은 12개, 암술대는 6개예요. 대개 족도리풀은 위에서 보면 잎만 보이기 때문에 꽃을 못보고 가는 경우가 많은데, 잎을 들쳐보면 줄기 아래쪽에 꽃이 숨어있는 것을 볼 수 있어요.

이 꽃은 향이 없어 벌이 날아오지 않지만 나비 애벌레가 족도리풀의 잎을 좋아해 애호랑나비

▲ 족도리풀의 잎　　▲ 개족도리풀의 잎

같은 나비는 족도리풀에 알을 낳는 경우가 많아요. 뿌리는 독성 성분이 있어 생으로 먹을 수 없지만 은단껌 성분을 포함 약용 성분이 우수해 항균, 기침, 통증에 달여 먹기도 해요.

족도리풀은 우리나라에 약 6~7종의 비슷한 식물이 있으므로 구별할 줄 알아야 해요. '족도리풀'은 꽃의 갈라진 부분이 뒤로 젖혀지지 않고 앞쪽으로 휘는 경향이 있어요. '각시족도리풀'과 '만주족도리풀'은 꽃의 갈라진 부분이 뒤로 완전히 젖혀지는 특징이 있지만 '족도리풀'과 서로 구분하는 것이 조금 애매한 경우도 있어요. 또한 잎에 얼룩무늬가 있으면 '개족도리풀', 잎이 자주색이면 '자주족도리풀', 꽃받침통부에 흰점이 있으면 '무늬족도리풀'이라고 말해요. 번식은 종자 또는 포기나누기로 할 수 있어요.

볼 수 있는 곳

만주족도리풀은 전국의 산에서 볼 수 있어요. 무늬족도리풀은 충청이북의 높은 산에서 볼 수 있는 희귀식물이고 개족도리풀은 전라도와 제주도에서 볼 수 있는 특산식물이에요. 전국의 수목원에서 족도리풀을 만날 수 있지만 만주족도리풀이나 서울족도리풀을 키우는 경우도 많아요. 세세하게 구별하려면 꽃의 모양, 줄기의 털 유무를 파악해야 하는데 이렇게 구분하는 것이 어려우므로 대부분 족도리풀이라고 말해요.

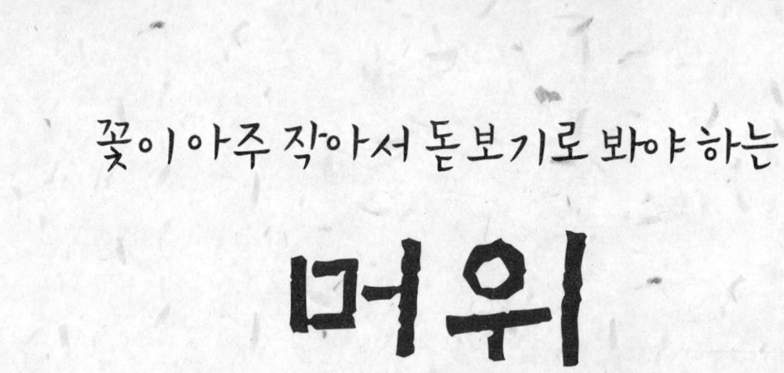

꽃이 아주 작아서 돋보기로 봐야 하는

머위

과명 국화과 여러해살이풀 **학명** *Petasites japonicus* **꽃** 3~4월 **열매** 5~6월 **높이** 50cm

머위의 잎과 꽃

머위는 어머니들이 해주는 머위나물을 말해요. 시장에 가면 머우, 머구, 머위대라고 말하는 것을 들은 적 있을 거예요. 쌉싸래하고 맛있을 뿐 아니라 이른 봄에 가장 먼저 커다란 잎이 돋아나기 때문에 겨울잠에서 깨어난 곰들이 가장 빨리 먹는 식량 중 하나예요.

▲ 꽃 부분을 확대한 모습

꽃은 3~4월에 피는데 잎과 전혀 다른 해바라기 모양이기 때문에 처음에는 알아보지 못하는 경우가 많아요. 해바라기처럼 생긴 꽃무리의 안을 들여다보면 지름 7~10mm 정도의 자잘한 꽃들이 모여 있는 것이 보이는데 육안으로는 잘 보이지 않기 때문에 돋보기로 관찰해야 해요. 꽃은 양성이거나 암꽃, 수꽃이 있는데 통 모양이고 끝 부분이 꽃잎처럼 갈라져 있어요.

잎은 꽃에서 조금 떨어진 곳의 땅 속 뿌리에서 올라오는데 꽃과 조금 떨어져있기 때문에 머위잎인줄 모르는 경우가 많아요. 꽃의 둘레에 부채처럼 큰 잎이 보이면 그것이 바로 머위 잎이에요. 이 잎은 여름에 긴 잎자루가 생기면서 높이 50cm 정도로 자라고, 잎자루와 잎을 머위대라고 하여 나물로 먹을 수 있어요. 국화과 식물은 대개 쓴 맛이 강하지만 독성 성분이 없어 식물 전체를 사람이 섭취할 수 있는데 머위도 그 중 하나라고 할 수 있어요. 잎과 잎자루는 나물, 장아찌, 쌈으로 먹을 수 있어요. 번식은 봄, 가을에 포기나누기로 하거나 봄, 가을에 씨앗을 파종해 할 수 있어요.

볼 수 있는 곳

우리나라 남부지방에서 볼 수 있어요. 또한 전국의 도립수목원에서 만날 수 있어요.

오늘 만난 꽃

뾰족한 돌기가 나중엔 꽃으로 변하는

절굿대

과명 국화과 여러해살이풀 **학명** *Echinops setifer* **꽃** 7~9월 **열매** 8~10월 **높이** 1.5m

절굿대의 꽃

▲ 절굿대의 꽃잎이 벌어지기 전 모습

▲ 날카로운 가시가 있는 절굿대의 잎

절굿대는 자잘한 꽃들이 두상화서로 둥글게 모여 있어요. 꽃이 모여 있는 모습이 절구질할 때 사용하는 절구공이를 닮았다고 하여 절굿대라는 이름이 붙었어요. 절구공이란 어머니가 마늘을 빻을 때 사용하는 요리용 방망이를 말해요.

두상화서란 자잘한 꽃들이 사람 머리 모양으로 둥글게 모여서 피는 것을 말해요. 꽃은 7~8월에 줄기나 가지 끝에서 둥근 고슴도치 형태로 피는데 처음에는 꽃잎이 벌어지지 않기 때문에 뾰족한 가시처럼 보여요. 날씨가 따뜻해지면 꽃잎이 벌어지면서 뾰족한 부분마다 하나의 꽃이라는 것을 알 수 있어요. 각각의 자잘한 꽃은 관 모양이기 때문에 흔히 관상화라고 말해요. 각각의 관상화 크기는 지름 0.5cm, 길이 1cm 정도이고 윗부분이 5갈래로 갈라진 모양이고 수술과 암술이 있어요. 잎은 어긋나고 가장자리가 깊게 갈라지고 만지면 꺼끌꺼끌할 뿐 아니라 날카로운 가시가 있으므로 만지지 않는 것이 좋아요.

국화과 식물들은 대개 어린잎을 나물로 먹을 수 있듯 절굿대의 어린잎도 나물로 먹을 수 있어요. 뿌리와 꽃은 약용 성분이 뛰어나 해열제, 구충에 효과가 있고 산모가 젖이 안 나올 때도 달여 먹을 수 있어요. 번식은 가을에 종자를 채취한 뒤 즉시 파종하거나 포기나누기로 할 수 있어요.

볼 수 있는 곳

우리나라 전국의 산이나 들판에서 흔히 볼 수 있는데 주로 양지바른 풀밭에서 자라는 경우가 많아요. 꽃과 이름이 특이하기 때문에 각 지역의 도립수목원에서도 즐겨 키우고 있어요.

김밥에 넣어 먹는

우엉

과명 국화과 두해살이풀 **학명** *Arctium lappa* **꽃** 7~9월 **열매** 9~10월 **높이** 1.5~2m

우엉의 꽃

김밥에 넣는 우엉은 이 식물의 뿌리로 만든 반찬이에요. 원래 중국에서 자생하지만 우리나라에 보급된 뒤 재배농가를 통해 알려진 식물이죠.

▲ 우엉의 잎

우엉은 꽃보다 잎이 먼저 땅에서 올라온 뒤 사람 얼굴만 한 크기로 잎이 자라기 시작해요. 잎은 심장모양이고 가장자리에 톱니가 있고, 잎자루가 긴 편이에요. 땅 속 뿌리도 나름대로 자라기 시작하면서 길이 1m 정도로 땅속에서 자라기 시작해요. 1m 정도 자란 뿌리는 맛이 없으므로 보통 60cm 정도 자란 뿌리를 캐어 시장에 판매하는데 섬유질이 풍부할 뿐 아니라 이눌린 성분이 함유되어 있어 다이어트를 하는 사람들에게 인기가 많죠.

꽃은 7~8월에 산방화서로 달리는데 총포는 둥근 모양이고 표면에 가시가 고슴도치처럼 달려 있고, 위쪽에 자주색 꽃이 있어요. 가시는 열매로 성숙할 때까지 남아있는데 이 열매가 땅에 떨어지면 쥐들이 지나가다가 걸리는 경우가 많죠.

우엉은 뿌리, 잎, 열매를 약용하는데 부스럼, 피부병, 각종 염증, 부종, 치통, 두통, 당뇨병에 좋고 항암 효능과 몸속 독성을 해독하는 작용이 있어요. 뿌리는 생으로 먹기도 하지만 보통은 조림으로 먹고 섬유질이 많아 변비에 특히 효능이 좋아요. 번식은 종자로 할 수 있어요.

볼 수 있는 곳

우엉은 재배하는 식물이므로 산보다는 농촌의 농가 주변이나 밭 주변에서 볼 수 있어요. 또한 각 지역의 수목원에서도 만날 수 있어요.

오늘 만난 꽃

산에서 독사에 물리면 짓이겨 바르는

진득찰

과명 국화과 한해살이풀 **학명** *Sigesbeckia glabrescens* **꽃** 8~9월 **열매** 9~10월 **높이** 1m

진득찰

▲ 진득찰의 꽃

진득찰은 꽃과 열매에 끈끈한 선모가 있어 옷에 붙으면 진득하게 붙어 다닌다고 해서 붙은 이름이에요. 꽃이 아름답지 않기 때문에 꺾어 가는 사람이 없어 전국의 산, 들판, 등산로에서 흔히 볼 수 있어요.

꽃은 8~9월에 볼 수 있는데 대개 9월초에 개화해요. 꽃은 원줄기나 가지 끝에 산방화서로 달리고 붉은색 또는 노란색 꽃잎으로 보이는 설상화는 8개 정도이고 끝이 3개로 갈라진 모양이에요. 중앙에는 관 모양의 관상화가 15개 정도 모여 있고 윗부분이 5개로 갈라진 모양이에요. 꽃 둘레에는 5개의 총포가 주걱 모양으로 있고 끈적거리는 잔털이 있어요. 열매는 9~10월에 볼 수 있는데 흑갈색이고 다른 물체에 잘 붙어 다녀요.

잎은 마주나고 삼각꼴이거나 마름모꼴이고 가장자리에 톱니가 있어요. 잎자루는 짧고 잔털이 있으며 줄기에도 잔털이 있어요. 비슷한 종으로는 털진득찰이 있는데 줄기와 꽃 둘레에 긴털이 많기 때문에 척 보면 털북숭이처럼 보이곤 해요.

산에서 독사에 물렸을 경우에는 응급처치를 해야 하는데 이런 경우 진득찰의 잎을 짓이겨 바르면 효과가 있어요. 또한 진득찰을 달여 먹으면 각종 염증이나 부스럼, 두통, 간염, 고혈압에 효능이 있고 번식은 종자로 할 수 있어요.

볼 수 있는 곳

대도시 인근의 조금 높은 산이나 시골의 들판에서 볼 수 있어요. 또한 서울 홍릉수목원, 광릉 국립수목원, 평창 한국자생식물원에서 만날 수 있어요.

괴상망측한 이 꽃도 차로 우려먹으면 맛있는

쇠뜨기

과명 속새과 여러해살이풀 학명 *Equisetum arvense* 꽃 4~5월 열매 포자 높이 40cm

▲ 쇠뜨기 ▲ 쇠뜨기의 생식경

쇠뜨기는 도시의 풀밭이나 시골 풀밭, 논두렁, 둑길에서 흔히 볼 수 있는 식물이에요. 이른 봄에 풀밭에서 뱀 머리처럼 생긴 것이 돋아나는데 쇠뜨기의 생식경이라고 말해요. 생식경은 쇠뜨기가 번식하는 주요 수단이며 일종의 꽃이라고 할 수 있어요.

생식경에는 포자낭수가 달려있고 포자낭 안에는 포자라는 씨앗이 있는데 이 씨앗이 바람에 날려 번식할 수 있어요. 아무튼 생식경의 생김새가 징그러운 뱀 머리를 닮았다 하여 '뱀밥'이라고도 불리지만, 초록색 잎을 소들이 잘 먹기 때문에 '쇠뜨기'라는 이름이 정식 이름이 되었어요.

뱀 머리처럼 생긴 생식경은 사람이 먹을 수 있는데 대개 뜨거운 물에 우려서 차로 마시는 경우가 많아요. 약용 성분이 있는 뿌리와 잎은 잘 말린 뒤 달여 먹으면 피로회복, 해열, 월경과다,

요로감염 등에 효능이 있고, 우려낸 물은 샴푸 대용으로 사용할 수 있을 뿐 아니라 식기류 세척에도 사용할 수 있어요. 생식경을 먹을 때는 깨끗이 세척한 뒤 차로 우려먹거나 술로 담가먹는 것이 좋아요.

번식은 5월에 포자낭이 부풀어 오를 때 채취하여 포자를 수확한 뒤 땅에 뿌리고 얇게 흙을 덮어주어야 해요. 포자를 채취하는 것이 어렵다면 포기를 나누어 심는 방법으로 번식해도 상관없어요.

볼 수 있는 곳

농촌 풀밭에서 가장 흔하게 볼 수 있는 식물이에요. 때때로 도시의 화단에서도 자라기도 하고, 교내 뒷동산 풀밭에서도 만날 수 있어요.

꽃이 큰 꽃

키 작은 풀꽃 중에서 꽃이 유난히 큰 식물에 대해 알아보아요. 개중에는 꽃의 지름이 20cm 정도로 자라는 풀꽃도 있어요.

상사병에 걸린 상사화

무궁화의 사촌 언니인 부용과 미국부용

키워 기르는 식물 접시꽃

꽃이 물레처럼 생긴 물레나물

동양에서 재배역사가 가장 긴 작약

뿌리가 곰쓸개보다 더 쓰다고 해서 용담과 과남풀

해를 따라 고개를 움직인다고 하는 해바라기

상사병에 걸린

상사화

과명 수선화과 여러해살이풀 **학명** *Lycoris squamigera* **꽃** 8월 **열매** 없음 **높이** 60cm

▲ 상사화의 꽃 ▲ 상사화

상사화는 상사병과 관련된 이름이에요. 누군가를 남몰래 짝사랑하면 마음에 상사병이 생기죠. 상사화는 잎이 자랄 때는 꽃이 없고, 꽃이 필 때는 잎이 없기 때문에 서로 너무 그리워한 나머지 상사병에 걸린 식물이라는 뜻에서 상사화란 이름이 붙었다고 해요.

상사화는 사찰에서 심는 꽃으로도 유명해요. 전설에 따르면 먼 옛날 어느 스님이 속세의 여인과 사랑에 빠졌다고 해요. 하지만 스님은 결혼을 할 수 없으므로 그녀를 짝사랑할 뿐 고백을 하지 못했던 것이죠. 상사병에 걸린 스님은 절 마당에 이름을 알 수 없는 풀을 심으며 마음을 달랬다고 해요. 그런데 스님이 심은 풀은 꽃은 피었지만 열매를 맺지 못했다고 해요. 스님은 자신의 이루어질 수 없는 사랑을 이 꽃에서 본 것 같아 훗날 상사화라고 불렀다고 해요.

꽃은 8월에 길이 60cm 정도의 꽃대가 올라온 뒤 4~8개의 꽃이 산형화서로 달려요. 꽃은 나팔 모양이고 길이 10cm 정도이고 꽃잎 6개, 수술 6개, 암술 1개가 있어요. 상사화라고 불리는 식물들은 대개 열매를 맺지 못하는 특징이 있고, 이 꽃 역시 열매가 열리자 않거나 열매가 열려도 번식을 못하는 경우가 많아요. 잎은 꽃대가 자라기 전인 봄철에 볼 수 있는데 납작하고 긴 줄 모양이고 길이 20~30cm, 폭 18~25cm 정도예요.

▲ 진노랑상사화

우리나라에서 상사화라고 불리는 식물은 흰 꽃이 피는 '흰상사화', 진노란색 꽃이 피는 '진노랑상사화', 분홍색꽃이 피는 '분홍상사화', 전북 부안에서 발견된 '위도상사화', 제주도에서 자라는 '제주상사화' 등이 있어요. 백양산에서 발견된 우리나라 특산식물인 '백양꽃'도 상사화의 한 종류인데 주황색 꽃이 피는 것이 특징이에요.

상사화는 열매를 맺지 못하기 때문에 번식에 어려운 점이 많다고 해요. 하지만 포기나누기를 해도 번식이 잘되는 편이고, 서로 다른 종을 교배하여 번식하는 경우가 많아요.

볼 수 있는 곳

상사화는 추위에 약하기 때문에 남부지방에서 기르는 경우가 많아요. 남부지방의 유명 사찰이나 유서 깊은 한옥집, 그리고 남부지방의 유명 식물원에서도 만날 수 있어요.

오늘 만난 꽃

무궁화의 사촌 언니인

접시꽃

과명 아욱과 두해살이풀 **학명** *Althaea rosea* **꽃** 6~7월 **열매** 8~10월 **높이** 1~2.5m

접시꽃

▲ 흰접시꽃

'촉규화'라고도 불리는 접시꽃은 우리나라 농촌에서도 많이 키우는 식물이에요. 강원도나 남부 지방의 농촌에 가면 마당이나 장독대 옆에 접시꽃을 키우는 것을 많이 봤을 거예요. 서울에서는 어린이대공원 식물원 앞에 접시꽃을 많이 키우는 것을 볼 수 있어요.

접시꽃은 꽃을 보면 알 수 있듯 무궁화와 비슷한 꽃이에요. 원래 중국서부와 서아시아가 원산지이며 우리나라에 들어온 것은 삼국시대로 추정되고 있어요. 꽃이 크고 쑥쑥 잘 자라기 때문에 예로부터 촉규화라고 불리면서 선비들이 시를 지을 때 즐겨 인용한 식물이기도 해요. 도종환님의 '접시꽃당신'이란 시도 아마 이 꽃이 없었다면 태어나지 않았을 것 같아요.

▲ 접시꽃의 잎

접시꽃은 보통 6월에 개화를 해요. 잎겨드랑이나 줄기에서 나팔꽃 모양의 꽃이 촘촘히 달리고 꽃받침은 5개, 꽃잎도 5개예요. 꽃 색상은 대개 붉은색을 많이 볼 수 있지만 연한 분홍색이거나 흰색인 접시꽃도 있어요. 수술은 많고 암술대는 1개인데 암술머리가 여러 개로 갈라진 모양이에요. 이 꽃은 사람이 섭취할 수 있지만 생으로 먹으면 맛이 없으므로 보통은 각종 서양요리에 사용할 수 있어요.

열매는 9월에 볼 수 있는데 시든 양파 모양이고 그 안에 접시처럼 납작한 씨앗이 세로 방향으로 차곡차곡 끼워져 있어요. 잎은 어긋나고 가장자리가 5~7개로 갈라지고 짧은 톱니가 있어요. 접시꽃은 꽃의 생김새가 부용꽃과 비슷하므로 보통 잎을 보고 구분해야 해요. 접시꽃의 잎은 칼로 손을 베었을 때 짓이겨 바르면 좋아요.

접시꽃이란 이름은 꽃이 접시를 닮았다 하여 붙은 이름이고 촉규화라는 이름은 잎이 아욱잎을 닮았다고 하여 붙은 이름이에요. 우리나라에서는 시골집에서 키우는 고리타분한 꽃으로 알려져 있지만 서양에서는 허브로도 아주 유명하기 때문에 학명에 'Althaea'라는 글자가 들어가 있어요. 이는 그리스어의 '치료시키다'라는 뜻을 가지고 있어요. 한의약에서는 접시꽃의 꽃이나 잎, 뿌리를 달여 처방하는데 이질, 두통, 변비, 이뇨에 효능이 있어요.

▲ 꽃잎이 겹꽃인 접시꽃

볼 수 있는 곳

시골집 마당, 주택가 정원에서 흔히 볼 수 있어요. 요즘은 각 지방의 자동차도로나 아파트단지에서 접시꽃을 울타리용으로 심어놓은 것도 볼 수 있어요. 또한 대부분의 도립수목원에서 접시꽃을 만날 수 있어요.

오늘 만난 꽃

대문 옆에 심는 접시꽃

먼 옛날 중국 어느 곳에 꽃나라가 있었답니다. 꽃나라 임금님인 화왕은 궁궐 뜰에 세상에서 제일 큰 화원을 만들고 싶어 했답니다. 화왕은 그곳에다 이 세상의 모든 꽃을 수집해서 키우고 싶어 했었죠. 그래서 그는 큰 화원을 만든 뒤 "천하의 모든 꽃들은 속히 내가 있는 어화원으로 모이도록 하라"고 공표하였답니다. 꽃들의 임금님인 화왕의 명령이 떨어지자 이 세상의 모든 꽃들은 기다렸다는 듯이 어화원으로 날아오기 시작했어요.

그런데 꽃나라와 멀리 떨어진 서역국에는 옥황상제의 명을 받고 이 세상의 모든 꽃을 모아 기르는 동산이 있었습니다. 때마침 이곳을 지키는 꽃감관이 어느 산의 산신령님을 만나러 가기 위해 동산을 비운 상태였어요. 꽃감관이 키우고 있던 꽃들은 화왕의 전갈이 전해지자 술렁대기 시작했습니다. 게다가 화왕은 내일까지 도착한 꽃들만 어화원에 받아주기로 했다는 소문이 퍼지자 이곳의 꽃들은 갈피를 잡지 못했어요. 아무래도 안 되겠다 싶었는지 꽃들이 너도나도 어화원으로 날아가기 시작했어요. 갈피를 잡지 못하던 남아있던 꽃들도 친구들이 떠나자 덩달아 어화원으로 날아가기 시작했답니다. 순식간에 꽃감관이 가꾸던 동산에서 모든 꽃들이 떠나버리고 말았던 것이죠. 그래서 동산은 텅 비어버렸고 헐벗은 나무만 남아있었죠.

꽃들이 떠난 다음날 산신령님을 만나고 돌아온 꽃감관은 꽃들이 사라진 것을 보고 크게 상심하고 말았어요. 온갖 정성을 다해 키운 꽃들이 말 한마디 없이 모두 떠난 것에 꽃감관은 큰 배신감을 느끼고 말았어요. 그런데 그때 어딘가에서 작은 목소리가 들려왔어요.
"감관님, 슬퍼하지 마세요. 저는 아직 여기 남아있답니다."
꽃감관이 소리가 들리는 쪽으로 가보니 대문 밖에서 접시꽃이 방긋 웃고 있었어요.
"너구나! 다른 꽃들은 모두 어디 갔니?"
"모두 감관님이 안 계시니까 인사도 없이 떠났답니다."
"허락도 없이 가다니 그 녀석들이 괘씸하구나. 하지만 너는 왜 가지 않았니?"
"저라도 여기를 지켜야죠. 저마저 이곳을 떠나면 집을 누가 지킬까요?"
"고맙다. 내가 너를 진정 몰랐구나. 나는 지금까지 너에게 별 관심이 없었는데 너만 내 곁을 지켰구나. 앞으론 너를 더욱 사랑해야겠구나."

그 후 꽃감관은 접시꽃을 대문을 지키는 꽃으로 삼았습니다. 동산에 아름다운 꽃들이 넘쳐나도 대문 옆에는 반드시 접시꽃을 심었던 것이죠. 이 전설이 유래되어 지금도 동서양을 막론하고 접시꽃을 키울 때는 꼭 대문 옆에 심는다고 해요.

키워 기르는 식물

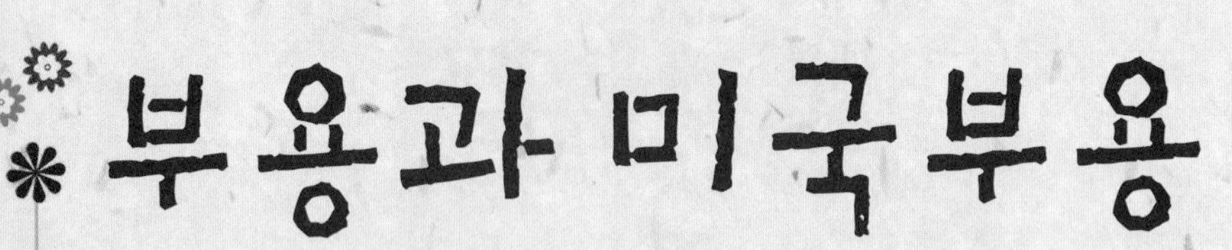

부용과 미국부용

과명 아욱과 여러해살이풀 **학명** *Hibiscus mutabilis* **꽃** 7~10월 **열매** 10월 **높이** 1~3m

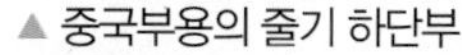
▲ 중국부용의 줄기 하단부

▲ 중국부용의 잎

부용은 키워 기르는 식물로서 중국부용과 미국부용이 있어요. 중국부용은 목본 성질이 있는 나무이고 미국부용은 초본 성질이 있는 여러해살이풀이에요. 나무와 풀을 분류하는 방법은 아주 간단한데 추운 겨울에 줄기가 남아있고 해마다 계속 성장하면 나무이고, 추운 겨울에 지상부 줄기가 시들어 없어지면 초본이라고 말해요. 여러해살이풀은 지상부 줄기가 시들어 없어져도 땅 속 뿌리가 계속 살아있기 때문에 이듬해 봄에 다시 줄기가 올라오는 것이죠. 꽃은 중국부용이 8~10월에 피는 경우가 많고 미국부용은 7~8월에 피는 경우가 많아요. 꽃의 크기는 지름 12~20cm 정도인데 미국부용의 꽃이 조금 더 큰 편이에요.

중국부용과 미국부용은 잎의 모양으로 구별할 수도 있어요. 중국부용은 대개 잎이 3~7갈래로 갈라져 있고 미국부용은 잎 모양이 타원형인 경우가 많아요. 미국부용도 아래쪽 잎은 갈라진 경우가 많으므로 구별하기 어려운 경우도 있는데, 이 경우에는 줄기 아래가 나무처럼 딱딱하거나 갈색이면 중국부용, 초본류처럼 초록색 줄기이면 미국부용이라고 할 수 있어요.

부용(芙蓉)은 중국에서 전해온 이름으로 연꽃처럼 크고 화사한 꽃이 핀다고 하여 붙은 이름이에요. 예로부터 아름다운 꽃으로 정평 났기 때문에 동양에서는 미인을 비유할 때 부용화라고 비유하는 경우가 많아요. 한방에서는 부용의 잎, 뿌리, 꽃을 달여 먹기도 하는데 몸속 독성 성분을 없애고 열을 내리고 충혈에 효능이 있어요. 번식은 종자 번식과 포기나누기로 할 수 있어요.

볼 수 있는 곳

도시 공원에서 울타리용이나 관상수로 심은 미국부용을 흔히 볼 수 있어요. 예를 들어 여의도 공원에도 미국부용을 심어놓은 것을 볼 수 있어요. 수목원에서도 부용을 만날 수 있는데 어떤 곳은 미국부용을, 어떤 곳은 중국부용을 심어놓았어요.

꽃이 물레처럼 생긴

물레나물

과명 물레나물과 여러해살이풀 **학명** *Hypericum ascyron* **꽃** 6~8월 **열매** 9월 **높이** 1m

물레나물의 꽃

▲ 물레나물

물레나물은 꽃잎이 물레처럼 돌려난다고 해서 붙은 이름이에요. 우리나라 전국의 산과 들에서 볼 수 있으며 꽃잎이 풍차처럼 비틀어진 것이 특징이에요.

꽃은 6~8월에 피고 지름 4~6cm 정도예요. 꽃받침조각 5개, 꽃잎 5개이고 수술이 많고 암술은 1개인데 암술머리가 5개로 갈라진 모양이에요. 열매는 8~9월에 볼 수 있는데 원추형이고 한쪽에 능선이 있어요.

줄기는 높이 50cm~1m 정도로 자라고 줄기가 여러 개로 갈라진 뒤 각각의 줄기마다 여러 송이의 꽃이 열려요. 줄기의 잎은 마주나는데 잎자루가 없으며 잎의 밑 부분이 줄기를 감싼 형태이고 잎의 가장자리엔 톱니가 없어요.

어린잎은 나물로 무쳐먹을 수 있는데 그다지 맛은 없어요. 꽃잎 역시 독성 성분이 없으므로 심심할 때 조금씩 따먹을 수 있어요. 잎과 뿌리는 잘 말린 뒤 약으로 사용할 수 있는데 부스럼, 두통, 각종 통증에 효능이 지혈 효과가 있고 번식은 종자와 포기나누기로 할 수 있어요.

볼 수 있는 곳

전국의 산과 계곡, 농촌의 논둑에서도 볼 수 있어요. 꽃이 예쁘기 때문에 야생화 애호가들이 정원에서 키우는 경우도 많아요. 또한 각 지역의 도립수목원에서 쉽게 만날 수 있어요.

오늘 만난 꽃

물레나물과 비슷한 고추나물 친구들

고추나물 (물레나물과, Hypericum erectum)

물레나물을 이야기하다보면 흔히 고추나물과 헷갈려하는 사람들이 많아요. 잎 모양이 둘 다 똑같기 때문에 그런 현상이 발생하는 것이겠죠. 또한 서울 사람들이 즐겨가는 홍릉수목원에서는 물레나물을 심은 곳에 '물레나물'이라는 이름표를 붙여놓고 그곳에 고추나물을 함께 심어놓았기 때문에 사람들이 자꾸 혼동하고 있는 것이죠.

물레나물은 꽃의 크기가 4~6cm 이므로 아이 주먹만 한 꽃이 피고, 고추나물은 꽃의 크기가 1.5~2cm 정도이므로 50원 동전만한 크기의 꽃이 피는 셈이죠. 또한 고추나물은 키가 30~60cm 정도이고, 잎과 꽃에 검정색 반점이 있으므로 충분히 구별할 수 있어요.

▲ 고추나물

▲ 꽃에 있는 검정색 반점

▲ 잎에 있는 검정색 반점

애기고추나물 (물레나물과, Hypericum japonicum)

고추나물에 비해 키가 더 작고 꽃도 작은 식물이 애기고추나물이에요. 키는 10~50cm 정도이고 꽃의 지름은 1cm 정도예요. 주로 산지의 물가나 습한 곳에서 볼 수 있어요.

▲ 애기고추나물

▲ 애기고추나물의 꽃

▲ 애기고추나물의 잎

동양에서 재배역사가 가장 긴

작약

과명 작약과 여러해살이풀 **학명** *Paeonia lactiflora* **꽃** 5월 **열매** 6~8월 **높이** 50~80cm

흰색 꽃이 피는 백작약

▲ 꽃잎이 겹꽃인 작약 종류

작약은 중국 이름인 작약(芍藥)에서 유래된 이름이에요. 중국은 상형문자인 한자를 사용하기 때문에 각각의 꽃과 나무마다 그 식물의 생김새를 글자로 표현한 한문 이름이 있어요. 예를 들어 작(芍)은 작약꽃을 뜻하고, 약(藥)은 약국에서 판매하는 약을 뜻하기도 하지만 작약꽃을 뜻하기도 해요. 작약 이름에 약(藥)자가 있는 것을 보면 알 수 있듯 이 식물의 뿌리는 한의약에서 매우 중요한 한약재라고 해요.

또한 중국에서는 사람에게 인품이 있듯 꽃에도 품격이 있다고 하여 여러 가지 꽃들을 각각의 품계로 나누었는데 이를 화품(花品)이라고 말해요. 화품에 의하면 제일 위 단계인 첫 번째 꽃으로 모란이 선정되었고 두 번째 품계에 작약이 선정되었어요. 이 때문에 한, 중, 일 삼국은 아주 옛날부터 모란과 작약을 마당에 즐겨 심어왔는데 재배 역사로 보면 작약이 2700년 전인 진나라때 재배한 기록이 있고 모란은 1800년 전인 남북조시대에 재배한 기록이 있어요. 즉 동양에서 작약은 가장 오랫동안 재배해온 식물이라고 할 수 있어요. 식물의 재배 역사로 살펴보면 서양에서 장미 재배를 시작할 무렵, 동양에서는 작약 재배를 시작했던 것이죠.

작약은 5~6월에 꽃이 피고 꽃받침잎은 5개이고 꽃잎은 10개 정도예요. 원래 작약꽃은 꽃잎이 홑꽃이지만 요즘 나오는 원예종 작약은 겹꽃이 많아요. 꽃의 지름은 5~15cm 정도이고, 수술은 많고 자방은 3~5개예요. 꽃의 색상으로 분류하면 꽃이 빨간색이면 '작약', 꽃이 흰색이면 '백작약'이라고 말해요. '산작약'은 아주 깊은 산에서 만날 수 있지만 자생지가 거의 남아있지 않은 멸종위기 식물이에요.

잎은 어긋나고 뿌리에서 올라온 잎은 1~2회 깃꼴로 갈라지고 줄기 잎은 3개로 깊게 갈라지기도 해요. 열매는 6~8월에 볼 수 있는데 8월에 성숙하고 저절로 과피가 열리고 콩알 같은 씨앗이 들어있어요.

약용 성분이 매우 뛰어난 뿌리는 한약재로 사용하는데 거담, 이뇨, 지혈, 빈혈, 항균, 항염, 신체허약, 각종 통증, 타박상에 효능이 있어요. 어린 순은 나물로 무쳐먹을 수도 있지만 독성 성분이 있으므로 가급적 먹지 않는 것이 좋아요. 번식은 8월에 씨앗을 채취한 다음 몇 가지 처리를 거친 뒤 파종하거나 포기나누기로 할 수 있어요.

▲ 작약의 꽃

볼 수 있는 곳

작약은 전국의 깊은 산에서 운 좋으면 볼 수 있어요. 대개는 주택집 정원이나 농가 마당, 관광지, 사찰에서 원예용 작약을 키우는 경우가 많아요. 서울 홍릉수목원, 광릉 국립수목원, 가평 꽃무지풀무지수목원, 용인 한택식물원, 태안 천리포수목원, 전주 한국도로공사수목원, 대구 수목원에서도 작약을 볼 수 있어요.

오늘 만난 꽃

뿌리가 곰쓸개보다 더 쓰다고 해서

용담과 과남풀

과명 용담과 여러해살이풀　학명 *Gentiana scabra*　꽃 8~10월　열매 11월　크기 30~60cm

▲ 꽃받침 갈래조각이 뒤로 젖혀지는 용담　▲ 꽃받침 갈래조각이 꽃에 붙어있는 과남풀

우리나라에는 "인내와 곰의 쓸개는 쓰다"라는 속담이 있어요. 용담의 뿌리는 곰쓸개보다 몇십 배 더 쓰기 때문에 용의 쓸개라는 뜻에서 용담(龍膽)이라는 이름이 붙었어요. 용담의 뿌리가 정말 쓸까? 하고 궁금한 분들이 있을 것 같아요. 이런 분들은 소화불량으로 구토를 했을 때 입 속에서 느끼는 쓴 맛을 머릿속에 떠올려 보세요. 용담의 뿌리는 구토한 뒤 느끼는 그 뒷맛과 비슷한 맛이라고 할 수 있어요.

꽃은 8~10월 사이에 개화를 하고 줄기 끝과 잎겨드랑이에서 여러 송이씩 붙어요. 용담의 꽃이 피면 여름이 거의 끝날 무렵이므로 가을이 시작된다고 봐도 무방해요. 꽃의 길이는 5~6cm 정도이고 꽃받침갈래조각은 5갈래로 갈라지고 뒤로 말리거나 수평으로 벌어져있어요. 만일 꽃받침 갈래조각이 꽃의 뒤에 붙어있으면 과남풀이라고 말해요.

통모양의 꽃은 통꽃 윗부분이 5갈래로 갈라져있고 갈래 사이에 작은 조각이 있으며 5갈래로 갈라진 잎은 뒤로 말려있어요. 수술은 5개, 암술은 1개예요. 과남풀도 통꽃 윗부분이 5갈래로 갈라져있지만 뒤로 조금만 말려있는 것이 특징이에요. 열매는 11월에 볼 수 있고, 번식은 종자, 꺾꽂이, 포기나누기로 할 수 있어요. 용담의 뿌리는 한약재로 이용하는데 각종 통증과 부스럼, 습진, 황달에 달여 먹으면 효능이 있어요.

▲ 용담의 잎

볼 수 있는 곳

전국의 높은 산 고산지대 풀밭에서 볼 수 있어요. 대부분의 도립수목원에서도 용담과 과남풀을 볼 수 있어요.

오늘 만난 꽃

착한 농부를 부자로 만든 금강산의 용담 이야기

아주 먼 옛날 금강산에 마음씨 착한 농부가 살고 있었어요. 이 농부는 길을 잃거나 사냥꾼에게 쫓기는 동물을 잘 보살펴주었다고 해요. 그러던 어느 겨울날, 농부가 땔감을 구하러 가다가 눈 쌓인 숲 속에서 토끼 한 마리를 발견했어요. 토끼는 눈밭에서 어떤 식물의 뿌리를 캐서 핥아먹고 있었어요. 농부는 토끼가 하는 행동이 하도 이상해서 이렇게 물었어요.

"토끼야, 넌 이 추운 겨울에 그곳에서 뭘 하고 있는 거니?"
그러자 토끼가 대답했어요. "병으로 누워있는 주인님을 위해 약초를 구하고 있어요."

이렇게 대답한 토끼는 자신이 핥아먹었던 약초를 입에 물고 잽싸게 사라졌어요. 토끼가 사라지자 농부는 토끼가 했던 것처럼 뿌리를 캐 핥아보았어요. 그런데 뿌리가 하도 써서 먹을 수가 없었어요. 농부는 뿌리를 버리고 집으로 돌아갔어요. 그러던 그날 밤이었어요. 농부의 꿈속에서 금강산 신령님이 나타났어요.

"오늘 네가 만난 토끼가 바로 나다. 네가 사냥꾼에게 쫓기는 짐승들을 많이 구해준다고 하니 너에게 보답을 하고 싶구나. 오늘 네가 봤던 뿌리는 사람들에게 좋은 약초이므로 그걸 캐서 시장에 팔아 보거라."

꿈에서 깬 농부는 혹시나 하는 마음에 다음날 아침 그 약초를 캐러 갔어요. 그런 뒤 장날에 그 약초를 팔았는데 순식간에 몽땅 팔리고 말았어요. 훗날 사람들은 그 뿌리를 용담이라고 하였고, 각종 통증과 부스럼을 치료할 때 사용했다고 해요.

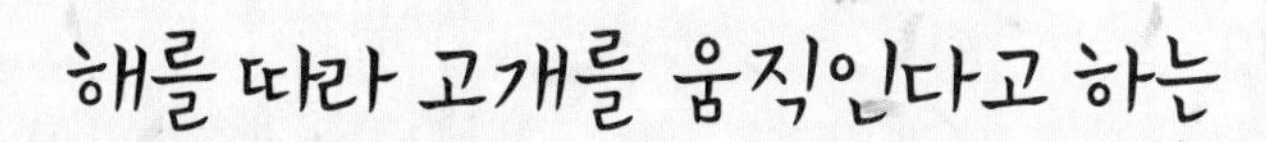

해를 따라 고개를 움직인다고 하는

해바라기

과명 국화과 한해살이풀　학명 *Helianthus annuus*　꽃 8~9월　열매 9~10월　높이 2~3m

서울 하늘공원의 해바라기

해바라기는 장미꽃처럼 재배 역사가 아주 긴 식물이에요. 미국의 어느 유적지를 발굴할 때 해바라기 씨앗이 발견된 적이 있는데 그것으로 보아 최소한 5천년 전부터 사람들이 재배해왔던 것으로 보고 있어요.

▲ 해바라기의 중앙에 있는 관상화들

해바라기의 꽃은 8~9월에 개화하는데 꽃의 전체 지름은 10~60cm 정도이고 꽃잎처럼 보이는 설상화(혀꽃)와 중앙의 관상화로 이루어져 있어요. 즉 우리가 꽃이라고 여기는 부분은 하나의 꽃이 아니라 꽃잎처럼 보이는 노란색의 설상화 수십 개와 중앙에 자잘하게 보이는 관상화 수백 개가 모여서 하나의 꽃처럼 보이는 것이죠. 중앙에 있는 관상화를 돋보기로 확대하면 관 모양의 자잘한 꽃이 모여 있는 것을 확인할 수 있어요.

해바라기는 흔히 해를 따라 고개를 돌린다고 말하는데 실제로는 그렇지 않아요. 그러나 어떤 식물학자는 어린 해바라기의 경우 광합성을 잘하기 위해 해를 따라 고개를 움직인다고 주장하기도 해요.

열매는 10월에 채취하는데 관상화가 있는 부분에 열매가 차곡차곡 열리고 열매를 까면 해바라기 씨앗이 있어요. 이 씨앗은 생으로 먹어도 맛있지만 보통은 식용유를 만들거나, 초콜릿을 발라 과자로 판매하는 것이 이익률이 더 높다고 해요. 씨앗에는 기름성분이 많이 함유되어 있으므로 과식하면 뚱뚱해질 수도 있지만, 견과류를 많이 섭취하면 두뇌발전에 좋다고 하므로 적당히 먹어도 좋을 것 같아요. 번식은 2~3개의 씨앗을 땅에 심으면 되는데, 발아성공률이 비교적 높은 편이에요.

볼 수 있는 곳

해바라기는 도시공원, 가정집 정원, 동네의 작은 텃밭에서 흔히 만날 수 있어요.

꽃이 아주 작은 꽃

꽃의 크기가 10mm 정도인 작은 꽃이 피는 풀꽃을 공부해 보아요. 꽃이 작기 때문에 돋보기로 관찰하는 것이 좋아요.

열매가 삼각형 모양인	냉이
줄기 끝이 둥글게 말려있는	꽃마리
두루미를 닮은	두루미꽃과 큰두루미꽃
꽃이 너무 작아서 잘 보이지 않는	대극

열매가 삼각형 모양인

냉이

과명 십자화과 두해살이풀 **학명** *Capsella bursapastoris* **꽃** 5~6월 **열매** 6월 **높이** 10~50cm

▲ 냉이의 꽃

▲ 서울 태릉의 냉이 군락

냉이는 우리나라에 비슷한 식물이 60여종이나 있어요. 그렇지만 이름에 냉이라는 글자가 들어간 식물은 대부분 사람이 먹을 수 있는 식물들이에요. 하지만 대부분 퍽퍽한 편이기 때문에 사람이 즐겨먹는 것은 냉이의 어린잎 밖에 없어요. 이 때문에 가정에서 먹는 냉이국도 '냉이'의 어린잎을 먹는 것이지 다른 잎을 먹는 것은 아니에요. 냉이와 비슷한 식물 중 사람들에게 많이 알려진 식물로는 '나도냉이', '다닥냉이', '말냉이', '개갓냉이', '속속이풀', '좁쌀냉이', '황새냉이', '꽃냉이', '장대냉이', '물냉이', '논냉이', '는쟁이냉이' 등이 있어요. 이들 냉이류는 대부분 비슷하기 때문에 꽃 색상, 잎 모양, 열매 모양을 자세히 관찰해야 구별할 수 있어요.

이 가운데 사람들이 즐겨먹는 냉이는 열매가 삼각형이라는 것이 특징이에요. 조금 과장해서 말하면 냉이류 중에서 열매가 삼각형이면 무조건 우리가 먹는 냉이나물이라고 할 수 있어요.

▲ 냉이의 삼각형 열매 ▲ 냉이의 잎

냉이의 꽃은 5~6월에 원줄기 끝에서 흰색으로 개화를 해요. 꽃의 지름은 5mm 정도이고 꽃받침잎은 4개, 꽃잎도 4개이고, 4개의 수술과 1개의 암술이 있어요. 열매는 6~8월에 볼 수 있는데 길이 6~7mm, 폭 5~6mm의 삼각형 모양이에요. 뿌리에서 올라온 잎은 땅에서 방석처럼 퍼지고, 길이 10cm 이상이고, 가장자리에 뭉뚝한 톱니가 있어요. 줄기잎은 어긋나고 잎 하단부가 줄기를 반쯤 감싸고 가장자리에 톱니가 있어요. 줄기 위쪽 잎의 가장자리는 톱니가 거의 사라지고 없지만 그렇다고 밋밋한 모양은 아니에요.

냉이의 어린잎을 수확하려면 반드시 꽃이 피기 전 수확하는 것이 좋아요. 꽃이 핀 다음에는 나물로 먹기에는 맛이 퍽퍽하기 때문이에요. 번식은 열매가 터지기 전 수확한 뒤 햇볕에 잘 말리면 씨앗을 받을 수 있는데, 이 씨앗을 땅에 뿌려주면 가을에 다시 발아를 해요. 가을에 다시 발아를 하면 어린잎을 가을에도 수확할 수 있기 때문에 맛있는 냉이국은 봄과 가을에 먹을 수가 있는 것이죠.

볼 수 있는 곳

도시의 공원 풀밭에서는 냉이를 거의 볼 수 없지만 다른 냉이류는 흔하게 볼 수 있어요. 도시에서는 왕릉 풀밭, 수목원 풀밭, 조금 높은 동네 뒷산의 풀밭에서 냉이를 볼 수 있어요. 농촌에서는 동네 야산에서도 냉이를 흔하게 볼 수 있어요.

줄기 끝이 둥글게 말려있는

꽃마리

과명 지치과 여러해살이풀 **학명** *Trigonotis peduncularis* **꽃** 4~7월 **열매** 6~8월 **높이** 30cm

꽃마리의 꽃

▲ 꽃마리의 꽃과 잎 ▲ 참꽃마리

꽃마리는 줄기 끝이 말려있다고 해서 붙은 이름이에요. 말려 있는 부분엔 꽃이 붙어있는데 크기는 지름 2~3mm 정도일 정도로 아주 작아요. 그래서 꽃이 다닥다닥 붙어있고, 아주 흔하게 볼 수 있는 풀꽃이지만, 관심을 갖지 않으면 찾을 수가 없어요. 넓은 풀밭에서 가느다란 줄기에 낙지발판처럼 둥근 꽃이 달려있다면 꽃마리일 확률이 높아요.

꽃은 4~7월에 줄기 위에서 총상화서로 모여 달려요. 꽃의 색상은 하늘색이고 꽃받침은 5개, 꽃잎은 1개인데 끝부분이 5갈래로 갈라져 있고, 수술은 5개이지만 중앙에 숨어있어, 육안으로는 보이지 않아요. 열매는 6~8월에 볼 수 있으며 아주 작은 크기의 4각형 모양이에요. 줄기는 10~30cm 길이인데 털이 있고 잔가지가 갈라지고 뿌리에서 올라온 잎은 약간 주걱모양이고 줄기 잎에 어긋나게 달리고 가장자리가 밋밋해요. 어린잎은 사람이 먹을 수 있고 약간 오이 냄새가 나기 때문에 샐러드로도 먹을 수 있어요.

꽃마리는 뿌리, 잎, 꽃을 말린 뒤 약으로 달여 먹을 수 있어요. 소변이 잘 나오지 않거나 설사, 이질, 부스럼 증세에 효능이 있어요. 비슷한 식물로는 꽃이 훨씬 큰 참꽃마리가 있지만 참꽃마리는 높은 산에서 만날 수 있어요. 번식은 종자로 할 수 있어요.

볼 수 있는 곳

꽃마리는 교내 화단, 동네 뒷산, 돌계단 옆, 논두렁, 공원 풀밭, 경사진 풀밭에서 흔하게 볼 수 있어요. 시골은 물론 도시의 풀밭에서도 잘 자라기 때문이에요.

꽃받이(꽃바지)와 꽃다지

꽃받이 (지치과 한해살이풀 또는 두해살이풀, Bothriospermum tenellum)

꽃받이는 꽃마리와 크기도 비슷할 뿐 아니라 꽃 모양도 비슷한 식물이에요. 하지만 줄기 끝이 말리지 않고, 꽃마리에 비해 꽃이 훨씬 적게 달려요. 꽃마리처럼 전국의 풀밭에서 흔하게 볼 수 있는 식물이에요. 키는 5~30cm 정도이고 꽃의 지름은 2~3mm, 꽃의 개화시기는 4~9월이에요.

▲ 꽃받이

▲ 꽃받이의 꽃

▲ 꽃받이의 줄기

꽃다지 (십자화과 두해살이풀, Draba nemorosa)

꽃다지는 꽃마리와 이름만 비슷할 뿐 냉이류와 비슷한 꽃이 피는 식물이에요. 꽃의 색상도 노란색이고 이른 봄에 풀밭에서 피기 때문에 쉽게 구별할 수 있어요. 꽃다지는 오히려 냉이류와 혼동되는 경우가 많은데 꽃 색상, 잎 모양, 열매 모양으로 구분할 수 있어요. 꽃다지는 우리 주변의 풀밭에서 흔하게 볼 수 있는 식물이에요.

▲ 꽃다지

▲ 꽃다지의 꽃과 열매

▲ 꽃다지의 잎

두루미를 닮은

두루미꽃과 큰두루미꽃

과명 백합과 여러해살이풀 **학명** *Maianthemum bifolium* **꽃** 5~6월 **열매** 6~9월 **높이** 15cm

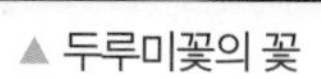

▲ 두루미꽃의 꽃

▲ 두루미꽃

두루미꽃은 꽃이 핀 모습을 옆에서 관찰하면, 두루미가 날개를 펴고 서있는 모습 같다고 해서 붙은 이름이에요. 꽃은 5~6월에 총상화서로 달리고 하나의 꽃대마다 10~20개의 꽃이 붙어 있어요. 꽃받침조각은 3개이고 꽃잎은 없지만 4개의 화피가 꽃잎처럼 보이고 수술은 4개, 암술은 1개이고 암술머리가 2개로 갈라진 모양이에요.

잎은 줄기에 2장씩 붙고 줄기에서 갈라져서 꽃대가 올라오는데, 땅 속 뿌리줄기가 사방에 퍼져 있기 때문에 보통 여러 개의 줄기가 땅 속에서 올라오곤 해요. 열매는 8~9월에 볼 수 있는데 지름 5mm 정도이고 빨간색으로 익고, 열매마다 1~2개의 씨앗이 들어있어요.

비슷한 식물인 '큰두루미꽃'은 울릉도에 자생지가 있고, 두루미꽃에 비해 1.5배 정도 크고 꽃이 더 알차게 붙어있어 20~50개 정도 붙어있을 뿐 아니라, 열매마다 3개 정도의 씨앗이 들어있어요. 또한 두루미꽃은 암술머리가 2개로 갈라지고 큰두루미꽃은 암술머리가 3개로 갈라진다는 특징이 있어요.

꽃대에서 꽃이 나온 모습을 관찰해도 서로 구별할 수 있어요. 두루미꽃은 같은 위치에서 1개 혹은 2개의 꽃이 돋아나 꽃이 엉성하게 달려있는 반면, 큰두루미꽃은 같은 위치에서 평균 3개의 꽃이 돋아나기 때문에 꽃이 더 알차게 달려있어요. 두루미꽃은 풀 전체를 한약재로 사용할 수 있는데 지혈 효능이 탁월해 각종 출혈 증세에 효능이 있어요. 번식은 종자로 할 수 있고, 뿌리줄기를 잘라 심어도 번식시킬 수 있어요.

화피_ 꽃받침도 아니고 꽃잎도 아닐 때 사용하는 식물학 용어예요. 즉 꽃받침과 꽃잎의 구별이 명확하지 않을 때 화피라고 말해요.

볼 수 있는 곳

두루미 꽃은 전국의 높은 산에서 볼 수 있는데 대개 큰 나무 아래 응달이나 등산로 가에서 볼 수 있어요. 큰두루미꽃은 울릉도에서 볼 수 있어요. 또한 대부분의 도립수목원에서 두루미꽃을 볼 수 있어요.

오늘 만난 꽃

꽃이 너무 작아서 잘 보이지 않는

대극

과명 대극과 여러해살이풀 학명 *Euphorbia pekinensis* 꽃 5~6월 열매 7월 높이 80cm

대극

대극과 식물들은 대개 독성이 있지만 수목원 약초원에 가면 키우는 경우가 많아요. 그만큼 한약재로 인기 있는 식물이라는 뜻이죠. 줄기를 꺾으면 흰 수액이 나오는데 독성이 아주 심하기 때문에 대극을 볼 때는 함부로 꺾지 않는 것이 좋아요.

▲ 대극의 꽃

대극의 꽃은 5~6월에 배상화서로 개화를 해요. 배상화서란 잎이 대접 모양으로 변형되어 그 안에 퇴화된 수꽃과 암꽃이 있는 형태라고 할 수 있어요. 대극의 꽃 또한 퇴화된 형태인데 수꽃은 수술이 1개이고 암꽃은 3개의 암술대가 있고 암술머리가 2개로 갈라져 있어요.

꽃의 크기는 1.5mm 정도예요. 육안으로는 잘 보이지 않으므로 돋보기로 관찰해야 하는데 잘 관찰해보면 암술과 수술이 보일 거예요. 식물중에는 현미경으로 들여다봐야 볼 수 있는 꽃도 있으니 식물학이 참 신기한 것이죠. 잎은 줄기에서 돌려나거나 어긋나고 잎자루가 없고 잎의 가장자리에 잔톱니가 있지만 거의 밋밋하게 보이는 경우가 많아요.

한약재로 사용하는 부위는 뿌리인데 관절염, 설사, 부스럼, 이뇨, 임파선염, 가래에 특효가 있어요. 비슷한 식물로는 '흰대극', '등대풀' 등이 있고 번식은 종자로 할 수 있어요.

볼 수 있는 곳

산과 들판, 고산지대에서 볼 수 있어요. 또한 대부분의 도립수목원에서 만날 수 있어요.

오늘 만난 꽃

개불알풀 & 큰개불알풀 & 선개불알풀

▲ 개불알풀

개불알풀

(현삼과 두해살이풀, Veronica didyma)

열매의 생김새가 개의 불알처럼 생겼다 하여 개불알풀이라고 말해요. 높이 5~15cm이고 꽃받침과 꽃의 크기가 비슷해요. 전국의 풀밭과 들판에서 흔히 볼 수 있지만 매연이 많은 곳에서는 볼 수 없어요.

▲ 큰개불알풀

큰개불알풀

(현삼과 두해살이풀, Veronica persica)

개불알풀과 거의 비슷하지만 높이 10~30cm까지 자라고 꽃받침에 비해 꽃이 훨씬 큰 편이에요. 충청도 이남의 풀밭이나 논두렁에서 만날 수 있어요.

▲ 선개불알풀

선개불알풀

(현삼과 두해살이풀, Veronica arvensis)

개불알풀 종류중에서 꽃이 제일 작은 식물이며 꽃의 크기는 지름 4mm예요. 꽃의 크기가 꽃받침보다 훨씬 작으므로 다른 개불알풀과 구별할 수 있어요. 남부지방에서는 높이 30cm까지 자라기도 하지만 서울같은 중부지방에서는 보통 10cm 내외로 자라고, 매연 많은 서울 도심지 잔디밭에서도 흔히 볼 수 있어요. 꽃이 작기 때문에 알아보지 못하는 경우가 많은데 잔디밭을 자세히 뒤져보면 선개불알풀이 매우 많다는 것을 알 수 있어요.

꽃에서 향기가 나는 꽃

나무 꽃과 달리 야생화 꽃은 향기가 강하지 않고 대부분 연한 편이에요. 하지만 몇몇 야생화들은 강한 향기와 은은한 향기로 자신을 뽐내는 경우가 있어요. 여기서는 향기가 있는 야생화 꽃에 대해 알아보아요.

은은한 향기가 나는 독초	은방울꽃
마늘향이 나는 고급나물	산마늘
들국화라고 불리는 꽃	산국과 감국
고소한 향기가 나는	벌깨덩굴
미나리향과 겨자향이 은은하게 풍기는	미나리냉이
근처에만 가도 향기가 진동하는	마타리
은은한 향기가 나는	가는다리장구채

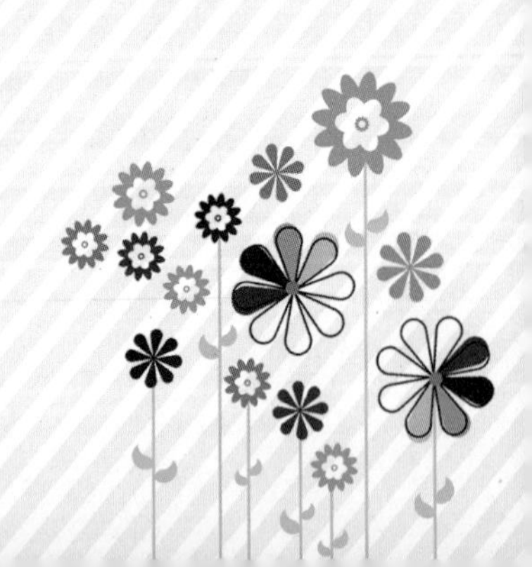

은은한 향기가 나는 독초

은방울꽃

과명 백합과 여러해살이풀 학명 *Convallaria keiskei* 꽃 4~5월 열매 6~9월 높이 25~40cm

은방울꽃

▲ 은방울꽃의 잎

▲ 은방울꽃의 6월 열매

꽃 모양이 은방울을 닮았다고 하여 은방울꽃이란 이름이 붙었어요. 꽃은 대개 5월에 피는데 이 때문에 '오월화'라고도 불리고, 프랑스에서는 이성 친구에게 선물하는 순결의 꽃으로 유명하죠. 특히 프랑스에서는 5월 1일을 '은방울꽃의 날'이라고 기념하는데 이 날 은방울꽃을 선물 받은 사람은 행복해진다는 전설이 예로부터 내려오고 있답니다.

꽃은 4~5월에 총상화서로 피는데 줄기를 따라 10~20여 송이가 달리고 꽃의 크기는 6mm 정도예요. 꽃은 윗부분이 6갈래로 갈라지고 수술은 6개, 암술대는 1개이고, 연한 향기가 있어요. 아름다운 꽃과 달리 이 꽃은 독성식물로 아주 유명한 식물이기도 해요. 꽃, 잎, 뿌리 전체에 유독 성분이 함유되어 있으므로 생으로 섭취하면 목숨을 잃을 수 있어요. 하지만 한방에서는 식물 전체를 햇볕에 잘 말린 뒤 달여 먹기도 하는데 각종 마비 증세와 이뇨, 부스럼, 종기, 심장이 약한 사람에게 효능이 있어요. 번식은 종자 번식과 포기나누기로 할 수 있는데, 일반적으로 포기나누기로 하는 것이 좋고 번식도 아주 잘되는 편이에요.

이른 봄에 등산을 하다보면 은방울꽃의 어린잎을 만날 수 있어요. 어린잎은 산마늘 잎이나 둥굴레 잎과 비슷하기 때문에 쌈으로 먹으려고 따는 사람들이 많아요. 특히 산마늘 잎과 아주 비슷하기 때문에 산나물을 좋아하는 사람들이 산마늘이라고 우기며 따먹기도 하는데, 그러다가 사고가 나서 병원에 실려 오는 사람이 우리나라엔 매년 봄마다 꼭 한두 명씩 있어요.

볼 수 있는 곳

우리나라 전국의 높은 산에서 볼 수 있어요. 꽃이 아름답기 때문에 가정집에서도 키우는 것을 많이 볼 수 있을 뿐 아니라, 각 지역의 도립수목원에서도 쉽게 만날 수 있어요.

마늘향이 나는 고급 나물

산마늘

과명 백합과 여러해살이풀 **학명** *Allium microdictyon* **꽃** 5~7월 **열매** 7~9월 **높이** 40~70cm

산마늘의 5월 꽃

▲ 산마늘

▲ 줄기 밑 초상엽이 적갈색인 산마늘

산마늘은 산에서 나는 마늘이란 뜻에서 이름이 붙었어요. 또한 '명이나물'이라고도 말하는데 이 식물을 먹으면 장수를 한다는 전설 때문이죠. 먼 옛날 울릉도에서는 폭설이 내리면 육지와 배가 오고가지 않았기 때문에 식량이 떨어지는 경우가 많았다고 해요. 그래서 늦겨울이 되면 먹을 것이 없어 성인봉에 올라 나물을 캐러 다녔는데 온통 눈밭이므로 나물이 있을 리가 없었죠. 그런데 그 무렵이면 눈 쌓인 산비탈에서 산마늘 싹이 올라오곤 했죠. 하도 배가 고파서 뿌리째 뽑아 먹었는데 마늘 맛이 나고 야들야들한 것이 별미 중의 별미였다고 해요. 산마늘이 산채나물로 유명해진 것은 울릉도 사람 덕이라 할 수 있겠죠.

봄에 산에서 나물을 잘못 먹으면 목숨을 잃는 경우도 있는데 대부분 산마늘인줄 알고 따먹다가 다른 잎을 따먹고 벌어진 일이에요. 예를 들어 은방울꽃 어린잎과 박새 어린잎은 산마늘 어린잎과 비슷하기 때문에 이 둘을 따먹고 벌어지는 일이죠.

산에서 산마늘, 은방울꽃, 박새 어린잎을 구별하는 방법은 아주 간단해요. 산마늘의 어린잎은 앞뒷면이 거의 같은 녹색이지만, 은방울꽃 어린잎은 앞면이 녹색이고 뒷면은 분으로 칠한 듯한 회록색이에요. 잎을 따서 냄새로 구별할 수도 있는데 산마늘 잎은 연하게 마늘향이 나는 경우가 많아요. 박새는 독초라는 것이 익히 알려져 있어 산 아래 마을 사람들은 따먹지 않지만 다른 도시에서 등산 온 사람들이 산마늘인줄 알고 종종 따먹죠. 봄마다 식물원을 찾아다니며 박새 어린잎을 관찰하면 나중엔 산에서도 쉽게 알아볼 수 있을 거예요.

산마늘의 꽃은 5~7월에 산형화서로 피는데 수십 개의 자잘한 꽃이 원 모양으로 모여 피어요. 대개 파와 부추류의 꽃들이 이런 식으로 개화를 하죠. 각각의 작은 꽃은 지름 3mm 정도이고 꽃턱잎은 2개로 갈라지고 6장의 화피가 꽃잎처럼 보이고 수술은 6개인데 향기를 맡아보면 은

▲ 산마늘의 열매

은한 마늘향이 나기도 해요. 열매는 7~9월에 볼 수 있는데 작은 콩알 3개가 뭉쳐있는 형태이고 성숙하면 저절로 터지면서 씨앗이 노출되죠.

잎은 2~3개씩 달리는데 길이 20~30cm 정도이고 어린잎은 쌈으로, 꽃이 피기 전 성숙한 잎은 간장 장아찌로 먹을 수 있어요. 약간 새콤한 마늘 맛이 나므로 어린잎은 고추장에 찍어먹기 딱 좋죠. 이 때문에 등산 온 사람들이 점심 도시락을 먹을 때 같이 먹기위해 따먹다가 은방울꽃 잎을 따먹고 구토, 복통 증상에 시달리는 것이죠. 잎과 뿌리를 햇볕에 말린 뒤 달여 먹으면 구충, 구풍, 이뇨, 감기, 해독 작용이 있고 자양강장, 괴혈병 치료에도 사용할 수 있어요. 번식은 포기를 나누어 심으면 되는데 번식이 비교적 잘되는 편이에요.

볼 수 있는 곳

주로 강원도의 높은 산과 울릉도에서 볼 수 있어요. 사람들이 즐겨 따먹기 때문에 최근 멸종위기식물로 지정되었죠. 각 지역의 도립수목원에서도 약초원이나 산채식물전시원에 가면 산마늘을 만날 수 있고, 경복궁에서도 산마늘을 볼 수 있어요.

오늘 만난 꽃

들국화라고 불리는 꽃

산국과 감국

과명 국화과 여러해살이풀 **학명** *Dendranthema boreale* **꽃** 9~10월 **열매** 10~11월 **높이** 1~1.5m

산국의 10월 꽃

▲ 산국의 잎　　▲ 감국의 10월 꽃

여러분은 흔히 들국화란 말을 들어보셨을 거예요. 들국화란 가을에 들판이나 산에서 피는 국화과 식물들을 말하는데 국화과 식물들은 흰색도 있고 노란색도 있죠. 사람들이 들국화라고 말하면 대개 산국이나 감국을 보고 말하는 것이에요. 산국은 가을이 되면 산이나 들판에서 흔히 볼 수 있는 식물이에요. 단풍이 막 떨어질 무렵인 10월 중순에 들판을 노랗게 물들인 꽃이 있다면 십중팔구 산국이죠.

산국 꽃은 10월에 산형화서로 달리는데 꽃의 크기가 1원~50원짜리 동전 크기라고 할 수 있어요. 꽃잎(혀꽃)의 길이가 가운데 둥근면보다 짧거나 비슷한 경우가 많아요. 국화차 재료로 유명한 감국은 꽃이 산국과 같은 시기에 피고 꽃의 크기는 500원짜리 동전만한 크기예요. 꽃잎(혀꽃)의 길이는 가운데 둥근면보다 길거나 같은 경우가 많죠. 이 둘을 같은 장소에서 보면 꽃의 크기가 확연히 다르기 때문에 쉽게 구별할 수 있지만 야생에서는 같은 장소에서 피지 않기 때문에 보통은 동전을 꺼내 꽃 크기를 재보고 판단해야 해요. 꽃 크기가 50원 동전보다 작으면 산국, 50원 동전의 두 배 크기이면 감국인 셈이죠.

산국은 뿌리에서 줄기가 모여 올라온 뒤 가지가 많이 갈라지고 잎은 줄기에서 어긋나게 달리는데 잎 가장자리가 깊게 갈라지고 잎 끝이 뾰족한 편이고 광택이 거의 없고, 줄기는 백색 털이 있어요. 감국 잎은 잎에 약간의 광택이 있고 잎 끝이 덜 뾰족하고 줄기에 잔털이 있어요. 한 눈에 봤을 때 키가 1~1.5m 정도 되고 작은 꽃이 참 많이 붙어있으면 산국, 큰 꽃이 듬성듬성 달려있으면 감국이라고 할 수 있는데, 감국도 영양상태가 좋으면 꽃이 많이 달려요. 사실 잎으로는 구분이 잘 안되기 때문에 보통 꽃 크기를 보고 구분하는 경우가 많죠.

원래 국화차는 소금물에 데친 감국꽃을 잘 말린 뒤 뜨거운 물에 우려 마시는 것을 말하지만 요즙은 산국도 국화차의 재료로 많이 사용하죠. 국화차는 마음을 진정시키고 몸의 독성을 없앨뿐 아니라 가벼운 두통이나 피부 부스럼에 효능이 있어요. 어린잎은 나물로 먹을 수 있지만 조금 쓴 편이고 번식은 종자, 포기나누기로 할 수 있어요.

볼 수 있는 곳

산국은 전국의 산과 들판의 양지바른 곳에서 흔하게 볼 수 있어요. 늦가을인 10월에 자동차를 타고 시골길을 가다보면 들판이나 산기슭에 노란색 꽃이 흐드러지게 핀 것을 볼 수 있는데 대부분 산국이에요. 감국도 전국의 산과 들판에서 볼 수 있어요. 국화차는 사찰에서도 즐겨 마시기 때문에 유명 사찰의 마당에서도 산국이나 감국을 만날 수 있어요. 서울의 경우 홍릉수목원에서 10월경 산국과 감국을 만날 수 있어요.

고소한 향기가 나는

벌깨덩굴

과명 꿀풀과 여러해살이풀 **학명** *Meehania urticifolia* **꽃** 5월 **열매** 7~8월 **높이** 15~30cm

벌깨덩굴

벌깨덩굴은 잎이 깻잎모양이고 꽃에 털이 많아 첫인상이 그리 좋지만은 않아요. 아저씨 역시 벌깨덩굴을 처음 봤을 때 꽃잎의 털 때문에 별로 관심을 갖지 않았어요. 그러다 어느 날 벌깨덩굴 옆을 지나가는데 별안간 고소한 향기가 나는 거예요. 어디서 이 향기가 날까 찾아보니 벌깨덩굴의 꽃과 잎에서 향기가 흘러나왔죠. 기분을 편안하게 하는 고소하고 부드러운 향기를 맡고 싶다면 이번 여름에 꼭 벌깨덩굴을 만나보세요.

▲ 벌깨덩굴의 꽃

꽃은 5월에 피는데 한쪽 방향을 향해 4개씩 여러 줄로 꽃이 달려요. 꽃은 입술모양에 길이 4~5cm 정도이고 아래쪽 입술에 자주색 반점과 긴 털이 있고, 4개의 수술이 있어요. 비슷한 꽃인 '벌깨풀'은 아랫입술에 반점이 없고 꽃 전체가 진한 자주색이므로 쉽게 구별할 수 있어요. 줄기는 사각형이고 높이는 15~30cm 정도이고, 마주난 잎은 깻잎처럼 생겼고 약간 푹신푹신한 느낌이 들고 뒷면에 잔털이 있어요.

벌깨덩굴은 잎 모양이 깻잎을 닮았고 꽃에 벌이 좋아하는 꿀샘이 많다고 해서 붙은 이름이에요. 재미있게도 이 식물은 꽃이 필 때까지는 덩굴 성질이 있고, 꽃이 진 뒤에는 덩굴 성질을 잃어버린다는 특징이 있어요. 번식은 꽃이 피거나 질 무렵에 땅에서 기는 줄기를 잘라 땅에 꽂으면 잘 되는 편이에요.

볼 수 있는 곳

우리나라 높은 산골짜기 응달에서 볼 수 있어요. 또한 대부분의 수목원에서 만날 수 있어요.

오늘 만난 꽃

광대나물 & 광대수염 & 송장풀

▲ 광대나물

광대나물

(꿀풀과 두해살이풀, Lamium amplexicaule)

아주 이른 봄인 2월에 꽃이 피기도 하지만 보통 3~5월에 꽃을 피워요. 전국 각지에서 풀밭이나 논두렁에서 볼 수 있지만 남부지방에서는 아주 흔하게 볼 수 있어요. 꽃 아래쪽 잎이 광대들이 입는 옷 장식과 닮았다고 하여 광대나물이라는 이름이 붙었어요.

▲ 광대수염

광대수염

(꿀풀과 여러해살이풀, Lamium album)

꽃받침의 끝이 수염 같이 갈라진다고 해서 광대수염이란 이름이 붙었어요. 꽃 모양이 송장풀과 비슷하지만 송장풀은 아래 입술에 빨간색 무늬가 있고, 광대수염은 아래 입술이 흰색이므로 구별할 수 있어요. 높은 산의 반응달 지역에서 볼 수 있어요.

▲ 송장풀

송장풀

(꿀풀과 여러해살이풀, Leonurus macranthus)

꽃에서 썩은 된장냄새가 나서 송장풀이라고 말해요. 꽃에 빨간색 무늬가 있는 것이 속단 꽃과 비슷하지만 줄기 잎 모양이 다르고, 속단은 꽃에서 나쁜 냄새가 나지 않으므로 구별할 수 있어요. 전국 높은 산 풀밭에서 볼 수 있어요.

미나리향과 겨자향이 은은하게 풍기는

미나리냉이

과명 십자화과 여러해살이풀 **학명** *Cardamine leucantha* **꽃** 6~7월 **열매** 7~8월 **높이** 70cm

미나리냉이

▲ 미나리냉이의 꽃

냉이는 십자화과 식물이에요. 십자화과 식물들은 꽃잎 4개가 십자가 형태로 피는 것이 특징이죠.

미나리냉이 또한 십자화과 식물이며 냉이꽃과 비슷한 십자가 형태의 꽃이 개화를 해요. 꽃은 냉이와 비슷하고 잎은 미나리와 비슷하기 때문에 미나리냉이라는 이름이 붙었던 것이죠.

꽃은 6~7월에 총상화서로 달리고 연한 향기가 있는데 미나리향과 겨자향이 조금 섞인 듯한 향기예요. 꽃받침 4개, 꽃잎 4개, 수술 6개, 암술은 1개이고 꽃의 크기는 지름 5~8mm 정도예요. 열매는 7월에 익고 가느다란 원기둥 모양이에요. 잎은 어긋나고 길이 15cm 정도이고 작은 잎이 5~7개 붙어있고 작은 잎의 길이는 4~8cm 정도예요. 어린잎은 나물로 먹을 수 있는데 약간 겨자 맛이 나고 아주 맛나지 않기 때문에 시장에서 나물로 팔지는 않아요.

뿌리는 한약재로 사용할 수 있는데 백일해와 타박상 같은 각종 상처에 효능이 있어요. 꽃이 냉이류에 비해 크고 아름답기 때문에 한옥집 화단에 심기 딱 좋은데 대개 군락으로 심는 것이 보기 좋아요. 번식은 종자와 포기나누기로 할 수 있어요.

볼 수 있는 곳

전국 산골짜기나 개울가에서 볼 수 있는데 주로 축축한 곳의 응달에서 많이 볼 수 있어요. 각 지역의 도립수목원에서도 흔하게 볼 수 있어요.

오늘 만난 꽃

근처에만 가도 향기가 진동하는

마타리

과명 마타리과 여러해살이풀　**학명** *Patrinia scabiosaefolia*　**꽃** 7~8월　**열매** 8~10월　**높이** 1.5m

마타리의 꽃

늦여름에 높은 산에 오르다보면 어딘가에서 야릇한 꽃향기가 진동하는 경우가 있어요. 꽃향기가 분명한데 분명 좋지만은 않은 야릇한 냄새가 풍긴다면 십중팔구 마타리꽃 향기라고 할 수 있어요. 또한 뿌리에서 똥 썩는 냄새가 난다하여 패장(敗醬)이라고도 불리는데 이 때문에 "고약한 냄새를 따라가 맡아보니"에서 '맡아보니'가 변해 '마타리'라는 지금의 이름이 되었다는 이야기도 있어요. 그만큼 향기가 강한데 어쩔 때는 향이 좋고 어쩔 때는 아주 고약한 냄새가 나기도 해요.

▲ 마타리

마타리의 꽃은 7~8월에 피지만 빠르면 6월에 피기도 하고 초가을인 9월까지 개화하기도 해요. 꽃은 산방화서로 달리고 각각의 꽃은 지름 4mm 정도이고 화관 끝이 5갈래로 갈라져 꽃잎처럼 보이고 4개의 수술과 1개의 암술이 있어요. 잎은 마주나는데 하단 잎은 깊게 갈라지고 상단 잎은 긴 피침형이에요. 줄기는 가지가 많이 갈라지고 각각의 가지마다 꽃이 달리고, 8~10월에 볼 수 있는 열매는 작은 타원형이에요.

마타리는 꽃의 향이 비록 좋지 않지만 식물 전체가 강건할 뿐 아니라 바람에도 잘 쓰러지지 않아 관상용으로 즐겨 심는 경우가 많아요. 어린잎은 나물로 먹고 뿌리는 약재로 사용할 수 있는데 충수염, 이질, 해독에 효능이 있어요. 번식은 종자 번식과 포기나누기로 할 수 있어요.

볼 수 있는 곳

농촌의 들판과 높은 산의 양지바른 곳에서 흔히 볼 수 있어요. 또한 대부분의 도립수목원에서 마타리를 만날 수 있어요.

은은한 향기가 나는

가는다리장구채

과명 석죽과 여러해살이풀 **학명** *Silene jenisseensis* **꽃** 7~8월 **열매** 9월 **높이** 30cm

가는다리장구채

가는다리장구채는 강원도 양양, 속초, 평창, 인제 등의 고산지역에서 볼 수 있는 멸종위기식물이에요. 꽃이 장구 모양이고 가느다란 다리처럼 줄기가 올라온다 하여 가는다리장구채라고 말해요.

▲ 가는다리장구채의 7월 꽃

꽃은 7-8월에 피며 연한 황색이거나 연한 빨간색이고 길이 1~2cm 정도의 원통형 꽃받침에서 5장의 꽃잎이 있고, 꽃잎은 끝이 2개로 갈라진 모양이고, 수술은 10개, 암술대는 3개예요. 그림에서 긴 수염처럼 나온 것이 수술인 셈이죠.

꽃은 부드러운 향이 나는데 비슷한 식물인 '끈끈이대나물'에 비해 향기가 약한 편이고, 줄기는 높이 약 30cm 정도로 자라지만 쓰러져 있는 경우가 많고, 잎은 가느다란 줄 모양이에요.

장구채류의 식물은 대부분 약재로 사용할 수 있어요. 뼛속이 후끈후끈 아프거나, 식은땀을 흘리는 증세, 몸이 점점 허약해지는 증세에 효능이 있어요. 비슷한 식물로는 '장구채', '가는장구채', '울릉장구채', '오랑캐장구채', '분홍장구채'가 있고 꽃이 큰 '말뱅이나물'과 '비누풀'도 유사 식물이에요.

볼 수 있는 곳

강원도 양양, 속초, 평창, 인제 등의 높은 산의 암석지대에서 볼 수 있어요. 가는다리장구채를 키우는 수목원이 국내에 별로 없지만 성남 신구대식물원에서는 볼 수 있어요.

오늘 만난 꽃

장구채와 가는장구채

장구채 (석죽과 두해살이풀, Silene firma)

장구채는 우리나라 높은 산은 물론 농촌 들판에서 흔히 볼 수 있어요. 높이 약 30~80cm 정도이고 수수깡 같은 줄기가 올라온 뒤 7월에 1~3cm 길이의 장구 모양 꽃이 피어요. 장마철이 지나면 비바람에 쓰러져있는 경우가 많아요. 서울에서는 홍릉수목원에서 볼 수 있어요.

▲ 장구채

▲ 장구채의 꽃

▲ 장구채의 잎

가는장구채 (석죽과 한해살이풀, Silene seoulensis)

가는장구채도 장구 모양의 꽃이 피지만 줄기가 아주 약해 덩굴처럼 자라는 특징이 있어요. 높이는 50cm 정도이고 땅속에 옆으로 기는 뿌리가 있어 군락을 이루는 경우가 많아요. 대개 중부 이남의 산속 응달에서 많이 볼 수 있어요. 서울의 경우 홍릉수목원에서 볼 수 있고 광릉 국립수목원에서도 만날 수 있어요.

▲ 가는장구채

▲ 가는장구채의 꽃

▲ 가는장구채의 잎

꽃을 먹을 수 있는 꽃

풀꽃 중에서 꽃을 먹을 수 있는 식물에 대해 공부하는 장이에요. 어떤 꽃은 꿀샘이 많아 맛있고, 또 어떤 꽃은 아삭한 맛 때문에 심심풀이로 따먹을 수 있을 거예요.

너무 시큼해서 기분풀이로 좋은	괭이밥
마녀가 된 기분으로 먹을 수 있는	꿀풀
뿌리가 둥굴레차의 원료인	둥굴레
꽃이 싱싱하고 아삭한	풀솜대
꽃을 먹으면 도라지 뿌리맛이 나는	도라지
인삼맛이 나는	개별꽃

너무 시큼해서 기분풀이로 좋은

괭이밥

과명 괭이밥과 여러해살이풀 **학명** *Oxalis corniculata* **꽃** 5~8월 **열매** 6~8월 **높이** 10~30cm

괭이밥의 꽃

▲ 괭이밥의 열매 ▲ 서서 자라는 선괭이밥

괭이밥은 땅을 기면서 자라기 때문에 누워있는 괭이밥이란 뜻에서 '눈괭이밥'이라고도 말해요. 줄기가 땅을 기지 않고 서있는 괭이밥은 '선괭이밥'이라고 말하죠. 고양이가 속이 안 좋을 때 뜯어먹는 풀이라고 해서 괭이밥이란 이름이 붙었어요.

꽃은 5~8월에 산형화서로 달리고 하나의 꽃대에 1~8개의 꽃이 개화를 해요. 꽃받침잎은 5개이고 꽃잎도 5개, 수술은 10개이고 암술대는 5개예요. 열매는 6~8월 사이에 볼 수 있는데 위가 뾰족한 기둥 모양이에요. 괭이밥은 땅 속 뿌리줄기가 옆으로 퍼져있기 때문에 보통 여러 개의 줄기가 한꺼번에 올라오고 줄기의 높이는 10~30cm 정도예요.

선괭이밥은 직립해서 자라기 때문에 30~40cm 높이까지 자라는 경우가 많죠.

▲ 시큼한 맛이 있는 괭이밥의 잎

잎은 어긋나고 긴 잎자루가 있고 하트 모양의 작은 잎이 3개씩 붙어있는데, 잎을 따 먹으면 시큼한 맛이 있어요.

꽃 역시 생으로 먹을 수 있는데 매우 시큼하므로 입 안이 텁텁할 때 심심풀이로 먹으면 좋아요. 이것은 잎과 꽃에 구연산, 주석산, 사과산 같은 시큼한 성분이 함유되어있기 때문인데, 이런 성분들은 입 안의 세균을 살충하는 효과가 있어요.

뿌리째 채취한 괭이밥은 잘 말린 뒤 달여 먹을 수 있는데 설사, 부스럼, 치질, 이질, 두통에 효능이 있고 몸 속 독성 성분을 해독하는 효과가 있어요. 타박상이나 상처가 나서 피가 날 때는 괭이밥 잎을 짓이겨 발라 살충 및 지혈을 할 수도 있어요.

번식은 8월에 채취한 종자로 할 수 있는데 일단 발아를 하면 번식력이 매우 왕성하기 때문에 군락을 이루는 경우가 많아요. 참고로, 괭이밥의 꽃과 잎을 먹을 때는 보통 봄에 먹는 것이 좋아요. 여름에는 각종 해충이나 벌레가 꽃 속에 숨어있을 수도 있으므로 먹기 전 깨끗하게 세척하는 것이 좋은 생각이에요.

볼 수 있는 곳

농촌에서는 길가나 논두렁에서 흔히 볼 수 있어요. 도시에서는 공원 풀밭이나 궁궐 풀밭, 돌계단 옆에서 흔히 볼 수 있어요. 각 지역의 수목원에서도 약용식물원에 가면 괭이밥을 키우는 경우가 많아요.

마녀가 된 기분으로 먹을 수 있는

꿀풀

과명 꿀풀과 여러해살이풀 학명 *Prunella vulgaris* 꽃 7~8월 열매 7~8월 높이 30cm

▲ 사람이 먹을 수 있는 꿀풀의 꽃 ▲ 꿀풀의 꽃과 잎

영화 해리포터를 보면 딱총나무 마술지팡이가 나오는 것을 볼 수 있어요. 서양의 마녀들은 흔히 딱총나무로 마술지팡이를 만들었기 때문에 딱총나무 마술지팡이는 왠지 모르게 특별해 보이는 것 같아요. 천하의 마녀들도 자기 몸을 치료하려면 무언가 약초가 필요했을 거예요. 꿀풀은 마녀가 키우는 약초로 유명해 마녀들의 정원에서 흔히 보는 식물이었다고 해요.

꿀풀은 우리의 아버지와 어머니가 어렸을 때 동네 뒷산에서 흔히 따먹던 꽃이라고 해요. 꽃을 따서 뒷부분을 쪽쪽 빨아먹으면 꿀을 먹을 수 있었기 때문에 먹을 것이 없었던 과거에는 흔히 먹었던 꽃이죠. 이렇게 따먹어도 몸에 이상이 없었던 이유는 꿀풀과의 식물들은 대부분 약용 성분이 매우 우수한 식물이기 때문이에요. 예를 들어 '벌깨덩굴', '광대수염', '광대나물'도 꿀풀과 식물인데 대개 약용 성분이 뛰어나다고 해요.

꿀풀은 동네 뒷산에서도 흔히 볼 수 있는 식물이에요. 꽃은 7~8월에 피는데 원기둥에 자잘한 꽃들이 수상화서로 달려있어요. 원기둥의 높이는 5cm 정도이고 보통 20~30개의 작은 꽃이 달려있어요. 작은 꽃은 입술 모양의 꽃잎이 있고 수술은 4개예요. 열매는 7~8월에 볼 수 있는데 이 열매로 번식시킬 수 있어요. 줄기는 네모진 형태이고 높이 20~30cm 정도이고, 마주나는 잎은 가장자리에 톱니가 있는 경우도 있고 없는 경우도 있어요. 어린잎은 나물로 먹거나 차로 우려마실 수 있고, 뿌리 또한 차로 우려마실 수 있어요. 꿀풀차는 시력을 좋게 한다는 전설이 있죠.

꿀풀은 흔히 하고초(夏枯草)라고 말하는데 이는 한약방에서 유통되는 이름이에요. 하고초는 간염, 신장염, 결핵, 부스럼, 항균, 방광염에 효능이 있어요. 최근엔 암을 예방한다고 소문까지 퍼져 남부지방에서 꿀풀을 대규모로 재배하는 마을까지 생겼어요. 번식은 종자로도 할 수 있지만 보통은 포기나누기로 번식하는 것이 좋아요. 일단 번식이 되면 스스로 왕성하게 번식하므로 금방 군락을 이루죠.

▲ 흰꿀풀

볼 수 있는 곳

우리나라 전국의 산이나 들판에서 흔히 볼 수 있어요. 농촌에서는 마을 뒷산 같은 야산에서도 흔히 볼 수 있을 뿐 아니라 논두렁에서도 볼 수 있어요. 또한 각 지역의 도립수목원에 있는 약용식물원에서 꿀풀을 볼 수 있어요.

뿌리가 둥굴레차의 원료인

둥굴레

과명 백합과 여러해살이풀 학명 *Polygonatum odoratum* 꽃 4~6월 열매 7~10월 높이 30~60cm

둥굴레의 꽃

▲ 둥굴레의 잎 ▲ 둥굴레의 열매

여러분들도 구수한 둥굴레차를 한번쯤 마셔보셨을 거예요. 보통은 생수나 보리차를 즐겨 음용하지만 한번쯤 질릴 때가 되면, 누구나 둥글레차를 찾게 되죠. 매일 마셔도 몸에 좋은 둥굴레차는 바로 이 식물의 뿌리로 만든 것이랍니다.

둥굴레의 뿌리는 손가락처럼 굵은데 차로 마시기 위해 햇볕에 말리면 울퉁불퉁한 것이 참 못생겼죠. 둥굴레차는 못생겨도 맛은 좋다는 말처럼 고소한 맛이 자르르 흐르기 때문에 차로 인기있을 뿐 아니라 피로회복이나 과로에 좋아서 당뇨병이 있는 사람들에겐 설탕 대용으로 그만이죠.

꽃은 4~6월에 잎겨드랑이에서 1~2개씩 달리고, 길이 2cm 정도이며, 통 모양으로 생겼고, 부드러운 향기가 있어요. 꽃의 아래 부분은 6갈래로 갈라져있고, 수술은 6개, 암술은 1개인데, 수술이 중앙으로 뭉쳐있어요. 꽃은 사람이 먹을 수 있는데 아삭하고 싱싱한 질감에 약간 단 맛과 비린 맛이 섞여 있어요.

7~10월에 볼 수 있는 열매는 10월에 짙은 파란색으로 익고, 이 열매는 사람이 먹을 수 있을 뿐 아니라, 새들이 무척 좋아해요.

잎은 어긋나고 주름이 있지만 가장자리가 조금 날카롭기 때문에 간혹 손을 벨 수도 있어요. 그런데 어린잎은 아주 맛나기 때문에 사찰에서 산채요리를 만들 때 많이 사용하고, 호텔 한식당에서는 고급 요리에만 사용하는 최고급 산채나물이라고 해요. 사찰에서는 둥굴레 잎을 데친 뒤 밀쌈 같은 요리로 만들어먹기 때문에 그다지 맛이 없지만, 갖은 양념을 한 뒤 기름에 볶아 먹으면 이 세상에 없는 정말 고소한 나물이 만들어지므로, 어머니에게 추천해보세요. 초원에 사는

포유동물도 둥굴레 잎에는 환장한다고 하므로 정말 맛있다는 것을 짐작할 수 있을 것 같아요.

▲ 잎에 얼룩무늬가 있는 무늬둥굴레

둥굴레 뿌리는 흔히 차로 마시지만, 생으로도 먹을 수 있고, 고구마처럼 구워먹거나 삶아먹을 수 있기 때문에, 시골에서는 보릿고개 때 즐겨 캐먹었다고 해요. 비슷한 식물로는 '산둥굴레', '큰둥굴레', '왕둥굴레'와 잎에 무늬가 있는 '무늬둥굴레(반엽둥굴레)' 등 20여종이 있어요. 번식은 가을에 채취한 종자를 바로 파종하면 되는데, 잎이 예쁘기 때문에 정원에서 키워도 좋아요. 참고로, 둥굴레의 이름은 잎맥이 잎 양쪽 끝으로 둥글게 모아지기 때문에 붙은 이름이에요.

볼 수 있는 곳

우리나라 전국의 산에서 볼 수 있어요. 또한 각 지역의 수목원에서도 둥굴레를 만날 수 있어요.

오늘 만난 꽃

꽃이 싱싱하고 아삭한

풀솜대

과명 백합과 여러해살이풀 **학명** *Smilacina japonica* **꽃** 5~7월 **열매** 6~8월 **높이** 20~50cm

풀솜대의 꽃

풀솜대는 대나무의 하나인 '솜대'를 닮은 풀이라는 뜻에서 붙은 이름이에요. 또한 풀솜대는 식물 전체에서 사찰에서 맡을 수 있는 향기가 나기 때문이 '지장보살'이라는 별명이 있어요. 따라서, 산을 좋아하는 사람들이 산에서 지장보살을 만났다고 하면, 대개 풀솜대를 봤다는 뜻이랍니다.

▲ 풀솜대

풀솜대의 꽃은 5~7월에 줄기 끝에서 달리는데 언뜻 보면 두루미꽃과 비슷하게 생겼어요. 하지만 잎이 2개씩 올라오는 두루미꽃과 달리 풀솜대의 잎은 둥굴레와 비슷하기 때문에 확실히 구별할 수 있죠. 꽃의 지름은 5mm 정도이고 화피 끝이 6갈래로 갈라지고 수술 6개, 암술대 1개이고, 암술머리가 3개로 갈라져 모양이에요. 이 꽃은 사람이 먹을 수 있는데 은은한 향이 나고 맛은 둥글레 꽃과 거의 똑같아요. 열매는 6~8월에 볼 수 있는데 열매 역시 사람이 먹을 수 있어요.

풀솜대의 잎은 둥굴레 잎과 거의 비슷해요. 어린잎은 사람이 먹을 수 있는데 맛은 둥굴레 잎에 비해 못하지만 둥굴레 잎에 비해 부드럽기 때문에 데쳐서 쌈으로 먹는 경우가 많죠. 뿌리는 달여 먹을 수 있는데 자양강장, 편두통, 부스럼, 변비에 좋고 각종 통증에도 효능이 좋아요. 번식은 종자 번식이 잘되는 편이에요.

볼 수 있는 곳

우리나라 전국의 높은 산에서 볼 수 있고, 각 지역의 도립수목원에서도 만날 수 있어요.

풀솜대를 지장보살이라고 하는 이유

첫 번째 이야기

아주 먼 옛날 어느 마을에 외동딸과 함께 사는 구두쇠 부자가 살았어요. 그녀의 아버지는 심술궂고 하는 일마다 지독한 구두쇠였어요. 딸은 아버지에게 착하게 살자고 말했지만 아버지는 매번 딸의 말을 듣지 않았어요. 그러던 어느 날 아버지의 친구가 죽었다는 전갈이 왔어요. 아버지가 초상집에 참석하려고 문 을 나서자 딸이 나와서 이렇게 말했어요.

"아버님, 그 댁에 가시거든 관을 한 번 열어보세요."

구두쇠는 초상집에 간 뒤 친구의 아들에게 딸의 이야기를 하고 관 뚜껑을 열어보았어요. 관 안에는 구렁이가 또아리를 틀고 있었어요. 깜짝 놀란 구두쇠는 집으로 와 며칠 동안 밥을 먹지 못하고 고민에 빠졌어요.

"돈이 아무리 많으면 뭐하나? 죽으면 나도 구렁이가 될 텐데..."

아버지가 하도 고민을 하자 딸이 이렇게 말했어요.
"아버님, 지금도 늦지 않았답니다. 앞으로 사람들에게 자선을 베풀며 사시길 바라요."

구두쇠는 딸의 말을 듣고 그렇게 하기로 했어요. 그는 자기 재산을 모두 남에게 베풀기 시작했던 것이죠. 그러다가 아버지가 죽자, 딸이 아버지를 이어 자선을 베풀기 시작했어요. 그리하여 모두 베풀고 보니 나중엔 집도 없고 가지고 있는 것은 입고 있는 옷 밖에 없었죠. 그러던 어느 날, 딸이 걷다가 한 여자 거지를 만났어요. 줄 것은 옷밖에 없고 하니 딸은 여자 거지에게 땅을 파라고 했어요. 땅을 다 파자 딸은 옷을 벗어 여자 거지에게 베풀고는 자신은 땅속에 누워 몸을 감추었어요. 그래서 땅지(地), 감출장(藏)자의 지장보살(地藏普薩)이라고 말해요.

두 번째 이야기

아주 먼 옛날 어느 마을에서 기근이 무척 심해 사람들이 산이나 들판으로 먹을 것을 구하러 다녔다고 해요. 하지만 어떤 식물이 먹을 수 있는 식물인지 알 수 없었죠. 이때 산에서 스님을 만났는데 스님이 풀솜대를 캐 먹으라고 말했답니다. 그 후 스님의 소개로 끼니를 이어갈 수 있었다고 해서 마을사람들은 풀솜대에게 지장보살이라는 별명을 붙였다고 해요. 그럼 왜 하필 지장보살이라는 별명이 붙었을까요? 그것은 산에서 풀솜대를 만나면 알 수 있어요. 풀솜대는 키가 작기 때문에 낙엽 속에 몸을 감춘 상태로 자라는 경우가 많아요. 그 모습이 땅 속에 몸을 감춘 부처님(지장보살)을 연상시킨 것이죠.

꽃을 먹으면 도라지 뿌리맛이 나는

도라지

과명 초롱꽃과 여러해살이풀 학명 *Platycodon grandiflorum* 꽃 7~8월 열매 8월 높이 50cm~1m

백도라지

여러분은 쓰디 쓴 도라지 반찬을 좋아하시나요? 도라지 반찬은 도라지의 뿌리로 만든 반찬이에요. 재미있게도 도라지 꽃을 한쪽 따먹으면 도라지 뿌리와 똑같은 쓴 맛이 나는 것을 알 수 있어요. 물론 꽃잎은 뿌리와 달리 매우 야들야들하고 촉감이 좋은 편이지만 쓴 맛만큼은 뿌리 맛과 같아요.

도라지의 쓴 맛은 '사포닌'이라는 성분 때문이에요. 사포닌은 식물의 뿌리와 줄기, 껍질, 잎에 함유되어 있는 매우 중요한 성분으로 항암, 노화방지, 콜레스테롤 저하에 효능이 있고, 이뇨에도 효능이 있어요. 사포닌이 많이 함유된 대표적인 식물이 인삼인데 인삼의 사포닌 성분은 매우 뛰어나기 때문에 도라지와 감히 비교할 수가 없겠죠. 아무튼 도라지의 꽃잎이 뿌리처럼 쓰다는 것은 꽃잎에 사포닌이 다량 함유되었다는 뜻이에요. 그렇지 않다면 꽃잎이 그렇게 쓸 리가 없겠죠.

▲ 도라지의 꽃

도라지의 꽃은 7~8월에 피는데 꽃받침은 5갈래이고 수술은 5개, 암술은 1개이고 암술머리는 5개로 갈라져 있어요. 꽃 색상은 파란색과 흰색이 있는데 흰색 도라지는 특별히 백도라지라고 말해요. 뿌리는 감기와 가래에 효능이 좋아 한약재로 즐겨 사용하곤 해요.

여름에 도라지의 꽃을 먹을 때는 반드시 꽃 봉우리 안에 개미나 해충이 있는지 확인하는 것이 좋아요. 원래 식용 꽃을 먹을 때는 봄꽃 위주로 먹는 것이 안전하고, 여름 가을꽃은 벌레 같은 해충들이 꽃 안에 알을 까는 경우가 많으므로 먹지 않는 것이 좋아요. 그러나 깨끗하게 세척한 상태라면 재미삼아 먹어볼 만 할 거예요.

볼 수 있는 곳

도라지는 전국의 산지에서 볼 수 있지만 대부분 시골 농가에서 키워 기르는 경우가 많아요. 도시에서도 주택가 화단에서 도라지를 키우는 것을 가끔 볼 수 있어요. 수목원에서도 도라지를 볼 수 있지만 안 키우는 수목원도 몇 군데 있어요.

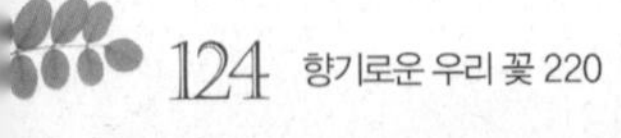

인삼 맛이 나는

개별꽃

과명 석죽과 여러해살이풀 **학명** *Pseudostellaria heterophylla* **꽃** 4~5월 **열매** 6~7월 **높이** 8~12cm

인삼과 유사한 약효가 있는 개별꽃

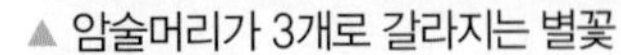
▲ 암술머리가 3개로 갈라지는 별꽃

▲ 암술머리가 5개로 갈라지는 쇠별꽃

개별꽃은 우리 주변의 풀밭에서 흔히 볼 수 있는 식물이에요. 뿌리에 인삼과 비슷한 약용성분이 있어 '태자삼(太子參)'이라는 별명이 있죠. 말 그대로 인삼의 자식이란 뜻이에요. 그래서인지 몰라도 개별꽃의 꽃을 따 먹으면 인삼과 비슷한 맛이 나는 것을 알 수 있어요. 개별꽃의 꽃은 4~5월에 볼 수 있는데 보통 잎겨드랑이에서 1~5송이의 꽃이 개화를 해요. 꽃의 크기는 1.5cm 정도이고 꽃받침은 5개, 꽃잎도 5개, 수술은 10개, 암술대는 3개가 있어요. 이 꽃은 인삼 맛이 나고 사람이 먹을 수 있는데, 잎과 줄기, 뿌리도 인삼 맛이 나는 것이 특징이에요. 비슷한 식물로는 큰개별꽃, 긴개별꽃 등이 있는데 대부분 인삼 맛을 느낄 수 있어요.

또 다른 비슷한 식물인 '별꽃'과 '쇠별꽃'은 인삼 맛이 나지 않는 전혀 다른 성분의 식물이에요. 숲에서 개별꽃을 만나면 쉽게 알아볼 수 있지만, 별꽃과 쇠별꽃은 거의 똑같이 생겼기 때문에 구분하지 못하는 경우가 많아요. 별꽃은 암술머리가 3개로 갈라지고, 쇠별꽃은 암술머리가 5개로 갈라지고 꽃밥이 연분홍색이에요.

참고로, 개별꽃은 뿌리의 약용 성분이 암을 예방할 수 있다고 하여 캐가는 사람이 정말 많다고 해요. 이 때문에 최근 멸종위기 식물로 지정된 상태이므로 뿌리째 캐가는 것을 권장하지 않아요. 만일 꽃잎을 따먹고 싶다면 꽃 전체가 훼손되지 않도록 꽃잎 한쪽만 따먹길 바라요. 그래도 너무 궁금해서 뿌리까지 먹고 싶은 분이 있다면, 6~7월에 종자를 받아서 직접 번식시킨 뒤 먹는 것이 좋겠죠.

볼 수 있는 곳

개별꽃은 주로 참나무 숲 아래 풀밭에서 볼 수 있어요. 별꽃은 유럽에서 들어온 식물이며 풀밭, 들판, 길가에서 흔히 볼 수 있어요. 쇠별꽃은 들판이나 논밭의 축축한 곳에서 볼 수 있어요.

벼룩나물 & 벼룩이자리 & 점나도나물

▲ 꽃밥이 노란색인 벼룩나물

벼룩나물

(석죽과 두해살이풀, Stellaria alsine)

별꽃, 쇠별꽃과 혼동하는 식물이에요. 수술은 5~7개이고 꽃밥이 노란색이에요. 수술은 보통 끊어져서 사라질 수도 있으므로 꽃밥 색상을 보고 구분하는데 꽃밥이 노란색이면 벼룩나물이에요. 전국에서 자라며, 도시의 동네 뒷산 풀밭에서도 흔히 볼 수 있어요.

▲ 풀밭에서 흔히 보는 벼룩이자리

벼룩이자리

(석죽과 한해살이풀, Arenaria serpyllifolia)

꽃의 지름은 5mm 정도이고 꽃잎은 5장, 수술은 10개, 암술머리는 3개로 갈라져요. 꽃받침이 꽃잎보다 큰 것으로 구별할 수 있어요. 전국에서 자라며, 도시의 동네 뒷산 풀밭에서도 흔히 볼 수 있어요. 꽃이 아주 작기 때문에 관심을 갖지 않는 한 잘 보이지 않아요. 잡초 사이에 가느다란 줄기가 길게 서있고 작은 흰색 꽃이 붙어있으면 대개 이 식물이에요.

▲ 꽃잎이 얇게 갈라지는 점나도나물

점나도나물

(석죽과 두해살이풀, Cerastium holosteoides)

흔히 별꽃과 혼동하는 식물이에요. 줄기는 흑자색, 꽃의 지름은 1cm 정도에요. 10개의 수술, 1개의 암술대가 있고 암술머리가 5개로 갈라져요. 꽃잎 끝이 얇게 갈라지기 때문에 별꽃과 구별할 수 있어요. 꽃받침과 꽃잎이 같은 길이이면 점나도나물, 꽃잎이 꽃받침보다 2배 크면 큰점나도나물, 줄기가 녹색이면 유럽점나도나물이에요. 시골 풀밭에서 볼 수 있지만, 유럽점나도나물은 도시 풀밭에서도 볼 수 있어요.

잎을 먹을 수 있는 꽃

야생화나 식용식물의 잎을 먹으려면 대개 꽃이 피기 전 어린잎을 먹는 것이 좋아요. 꽃이 피면 곤충들이 주목을 하고 날아오는데 이때 꽃에서 꿀만 빼먹는 것이 아니라 잎도 공격을 하겠죠. 이 때문에 식물은 꽃이 필 무렵이면 잎에 독성 성분을 축척해 곤충이 잎을 많이 먹지 못하도록 방어를 한다고 해요. 그래서 꽃이 핀 이후의 식물 잎은 생으로는 먹을 수 없을 정도로 쓴 맛이 많이 나는 편이죠. 이 때문에 식물 잎을 먹을 때는 가급적 어린잎을 먹는 것이 좋으며, 사실 우리가 먹는 산나물 반찬도 꽃이 피기 전 어린잎을 수확한 것이라고 해요.

진대는 도라지의 언니

잔대

과명 초롱과 여러해살이풀 학명 *Adenophora triphylla* 꽃 7~9월 열매 8~9월 높이 1.2m

암술이 꽃 길이의 절반만큼 나와 있는 잔대

▲ 잔대의 화서 모양

▲ 암술이 꽃 길이만큼 나와 있는 층층잔대

잔대는 사람들에게 많이 알려지지 않았지만 봄에 먹을 수 있는 나물 중 생으로 먹을 수 있는 가장 맛있는 나물 중 하나예요. 아직은 재배를 하지 않기 때문에 생산량이 적지만 어린잎을 샐러드로 먹으면 그 맛이 아삭하고 고소하기 때문에 아주 죽이죠. 보통 2월말에 경동시장 같은 채소도매시장에서 잔대 잎을 팔기도 하므로 2월말이 되면 어머니에게 잔대 잎으로 샐러드를 해달라고 부탁해 보세요.

잔대는 우리나라 전국의 산지에서 볼 수 있는 식물이에요. 뿌리가 도라지와 비슷하기 때문에 농촌에서는 '개도라지'라고 말해요. 꽃은 7~9월에 연한 하늘색으로 피고 줄기나 가지 끝에서 원추화서로 달리고 종 모양이에요. 꽃잎 끝은 5개로 갈라진 뒤 약간 뒤로 젖혀지고 수술은 5개, 암술은 1개인데 암술이 꽃 아래에 절반정도 나와 있어요. 만일 암술이 꽃 길이보다 더 길게 꽃 아래에 나와 있다면 층층잔대이므로 쉽게 구별할 수 있어요.

줄기는 1.2m 정도로 성장하고 줄기 잎은 여러 개가 돌려나거나 마주나기도 하고 어긋나는 경우도 있어요. 줄기 잎도 어린잎처럼 먹을 수 있으나 줄기 잎은 생으로 먹기에는 퍽퍽하므로 충분히 데쳐서 나물로 무쳐먹는 것이 좋으며 가급적 여린 잎을 골라서 먹는 것이 좋아요.

잔대의 뿌리는 도라지처럼 한약재로 사용하는데 인삼 못지않은 효능이 있다고 하여 '사삼'이라는 별명이 있어요. 기침, 감기, 가래에 효능이 있고 몸을 튼튼히 하는 자양강장, 피부를 뽀얗게 하는 항균 작용을 하기도 할 뿐 아니라 100가지 독을 푸는 약초라 하여 한약을 제조할 때 이곳저곳에 많이 들어가죠.

잔대의 이름은 꽃이 핀 모습과 줄기 모습이 '술잔 받침대'처럼 생겼다고 붙은 이름이에요. 비슷

▲ 층층잔대의 화서 모양

한 식물은 '모시대'와 '층층잔대' 등 수십 종이 있고, 번식은 종자와 포기나누기로 할 수 있어요.

볼 수 있는 곳

전국의 산과 들판에서 볼 수 있는데 주로 높은 산에서 많이 볼 수 있어요. 도립수목원의 약초원이나 야생화원에서도 만날 수 있어요.

어린잎을 국으로 먹을 수 있는

쑥

과명 국화과 여러해살이풀 학명 *Artemisia princeps* 꽃 7~9월 열매 9~10월 높이 1.2m

▲ 쑥 ▲ 사철쑥

흔히 "쑥대밭되었다"라는 말을 들어보셨을 거예요. 여기서 쑥대밭이란 쑥이 마구 자라서 난장판이 되었다는 뜻이에요. 쑥은 그만큼 쑥쑥 잘 자라고 제멋대로 자라는 경향이 있죠. 만일 봄마다 쑥을 캐지 않는다면, 우리나라 들판은 말 그대로 쑥 때문에 쑥대밭이 될 거예요.

사실 쑥의 이름도 쑥쑥 잘 자라는 식물이기 때문에 붙은 이름이라고 해요. 쑥 때문에 생긴 말은 여러 가지가 있어요. 방학 동안 머리를 한 번도 감지 않고 학교에 가면 '쑥대머리'라고 친구들이 놀리죠. '들쑥날쑥'도 쑥에서 유래된 말이라고 할 수 있어요. 하다못해 "정신 쑥 빠지는 소리하고 있네"라든가 "눈알이 쑥 들어갔어"에서의 쑥도 유래를 잘 찾아보면 쑥에서 나온 말 같기도 해요.

▲ 사철쑥의 꽃 ▲ 참쑥

쑥은 쑥대밭이란 말 때문에 종종 나쁜 의미로 사용하기도 해요. 오죽하면 헝클어지게 자라는 쑥도 대나무 옆에서 키우면 똑바로 자란다는 속담까지 생겼을까요? 그러나 맹자가 말하길 "7년 된 병에 3년 묵은 쑥을 구한다"라고 하듯 쑥은 약용 성분이 매우 뛰어난 식물이에요. 그리고 맹자의 말처럼 약용 쑥을 사용하려면 3년 된 쑥이 가장 좋다고들 말하죠.

쑥은 우리나라에 약 30종이 있는데 대개 7~9월에 꽃을 볼 수 있어요. 꽃은 두상꽃이 원추화서 모양으로 달리는데 각 품종마다 꽃의 모양이 조금씩 틀려도 전체적인 느낌은 비슷해요. 꽃의 길이는 품종에 따라 2~5mm 정도에요. 잎은 땅속의 뿌리가 옆으로 퍼지면서 땅 곳곳에서 올라오는데 어린잎은 쑥국이나 쑥떡을 만들어먹을 수 있어요. 줄기 잎은 어긋나는데 하단 잎은 4~8개로 갈라지고 상단 잎은 점점 갈라지지 않고 줄 모양의 잎이 달리기도 해요. 열매는 9~10월에 볼 수 있어요.

쑥은 보통 1.2m 높이까지 자라지만 여름 전까지는 땅에 기듯 무릎 높이로 천천히 자라곤 해요. 그러다가 장마철 전후에 쑥쑥 자라기 시작하고 8월이면 1.2m 높이까지 자라는데 때론 2m까지 자라는 쑥도 있어요. 잎이 넓고 꽃이 많이 달리기 때문에 비바람이 불면 쓰러지는 경우가 많고 이 때문에 쑥대밭이란 말이 나왔을 거예요. 쑥은 30종이 있지만 대개 사람이 먹을 수 있고 이중에 약효가 좋은 쑥은 특별히 약용쑥이라고 말하고 인진쑥은 약용쑥 중에서 가장 효능이 좋은 쑥이에요.

쑥을 약용으로 사용하려면 보통 단옷날 전후에 수확하는 것이 좋아요. 약용쑥은 부스럼, 위장병, 복통, 코피, 지혈, 여성냉증, 생리불순, 자궁출혈, 피부병에 효능이 있고 기를 원활하게 흐르도록 해주죠. 쑥은 특유의 향에 살충성분이 있기 때문에 쑥을 태우면 모기를 쫓을 수도 있어요. 또한 쑥찜질에 사용하거나 쑥탕 등 목욕제로 사용하면 각종 피부질환에도 효능이 있어요.

쑥의 번식은 종자 번식보다는 포기나누기나 꺾꽂이로 하는 것이 좋아요. 포기를 나누어 심어도 번식이 아주 잘되기 때문에 일정한 구역을 정해 번식시키는 것이 좋아요. 만일 밭이나 경작지에서 번식시키다가는 순식간에 쑥이 다른 경작물을 침략할 수도 있기 때문이에요.

▲ 참쑥의 꽃

볼 수 있는 곳

전국의 산지에서 자라며, 도시의 동네 뒷산에서도 흔히 볼 수 있고, 왕릉 풀밭에서도 많이 볼 수 있어요. 농촌에서는 도로변 풀밭, 경작지 주변 풀밭, 무덤가 등 다양한 곳에서 만날 수 있어요. 또한 도립수목원의 약초원에 가면 쑥을 키우는 것을 볼 수 있어요.

오늘 만난 꽃

어린잎을 먹을 수 있는

메밀

과명 마디풀과 여러해살이풀 **학명** *Fagopyrum esculentum* **꽃** 6~10월 **열매** 10월 **높이** 40cm~1m

메밀의 9월 꽃

▲ 강원도 정선의 봄메밀밭

메밀은 우리가 즐겨먹는 메밀국수와 메밀차의 재료가 되는 식물이에요. 메밀국수는 메밀 씨앗을 가루 낸 뒤 밀가루와 섞어 국수를 만든 것을 말하고, 메밀차는 메밀 씨앗을 볶은 뒤 뜨거운 물을 우려 마시는 것을 말하죠. 둘 다 구수한 맛이 일품이기 때문에 애호가들이 많고 특히 일본은 메밀을 이용한 요리가 많이 발달한 편이에요.

메밀의 꽃은 7~10월에 무한화서 모양으로 달리고 꽃의 끝부분은 5갈래로 갈라져 꽃잎처럼 보여요. 수술은 여러 개이고 암술대는 3개, 꽃에서는 그윽한 향기가 있고, 벌들이 좋아해요. 열매는 보통 10월에 성숙하고, 열매 안을 까면 세모꼴의 메일씨앗이 있어요. 이 씨앗은 생으로 먹을 수 있는데 보통 가루를 내어 메밀국수, 메밀만두, 메밀과자, 메밀빵, 메밀떡, 메밀묵, 메밀전, 시리얼을 만들 때 사용하고, 메밀씨앗은 루틴과 섬유질 성분이 많아 다이어트 식품으로 각광받죠.

줄기는 빨간색을 띠고 줄기 속은 비어 있어요. 잎은 마름모꼴인데 줄기 하단 잎은 마주나고 줄기 상단 잎은 어긋나는 경우가 많아요. 어린잎은 부드럽기 때문에 날것으로 먹거나 나물로 무쳐 먹을 수 있어요.

메밀은 황무지에서 잘 자랄 뿐 아니라 떨어진 잎이 거름이 되는 효과가 있어 황무지를 옥토로 만든다는 특징이 있어요. 이 때문에 우리나라뿐 아니라 중국과 일본에서도 오래전부터 경작한 주요한 식량자원인데, 일본만 이상하게 메밀을 많이 먹는 풍습이 지금까지 내려온 것이죠. 아마도 일본은 땅 자체가 지진이 많은 구조이다 보니 옥토가 별로 없고, 이 때문에 수익 좋은 쌀

농사보다는 메밀 농사를 계속 할 수밖에 없었겠죠.

우리나라의 메밀은 대개 강원도에서 많이 재배하는 편이에요. 봄철 보릿고개 때 먹을 것이 없었던 조선시대에 황무지에서 잘 자라는 메밀재배를 적극 권장하였는데 그 흔적이 강원도에 많이 남아있는 것이죠. 예를 들어 강원도 봉평 이효석 생가와 강원도 정선에 메밀밭이 많고, 경상북도 산골마을에도 메밀밭이 많이 남아있는 편이죠.

메밀은 우리나라 기후에서도 2~3모작이 가능한 식물이에요. 이 때문에 봄에 나는 메밀은 봄메밀, 가을에 나는 메밀은 가을메밀이라고 말하는데, 봄메밀은 메밀차 용도로 좋고, 가을메밀은 메밀가루 용도로 좋아요. 한방에서의 메밀은 주요한 약 중 하나인데 이질, 부스럼, 장염, 화상, 뇌출혈, 시력에 효능이 있다고 해요. 번식은 종자로 할 수 있어요.

▲ 메밀의 잎

볼 수 있는 곳

메밀은 중국에서 들어온 식물이지만 조선시대에 많이 재배하면서 전국의 산지에서 볼 수 있고 남부지방의 섬에서도 볼 수 있어요. 대개 메밀밭이었다가 지금은 다른 밭으로 바뀐 밭 주변에서 흔히 볼 수 있어요. 수목원 중에는 포항 경북수목원에 메밀밭이 크게 조성되어 있지만 다른 수목원은 메밀을 키우지 않는 경우가 많아요. 단일 규모로는 강원도 봉평의 메밀밭이 국내에서 가장 큰 편인데, 가을메밀만 키우므로 보통 9월에 가야 볼 수 있어요.

땅두릅나물로 유명한

독활

과명 두릅나뭇과 여러해살이풀 학명 *Aralia cordata* 꽃 7~8월 열매 9~10월 높이 2m

▲ 독활의 꽃 ▲ 독활의 잎

여러분은 매년 봄이면 어머니가 해주는 고급나물인 두릅나물을 기억하실 거예요. 살짝 익혀서 초고추장에 찍어먹는 어린잎이라고 말하면 기억하실지도 모르겠네요. 우리가 먹는 두릅나물은 두릅나무의 어린순인 '두릅'과 독활의 어린순인 '땅두릅' 두 가지가 있어요. 두릅은 조금 비싸기 때문에 보통의 가정집에선 가격이 조금 싼 땅두릅을 즐겨 먹곤 하죠.

독활은 바로 '땅두릅'을 채취하는 식물로 유명해요. 배년 봄이면 땅에서 독활의 어린순이 올라오는데 이 순을 따가지며 살짝 데친 후 초고추장에 찍어먹는 것이죠. 그러나 요즘 나오는 땅두릅은 대개 농장에서 재배한 것이라고 해요.

독활은 높이 2m 정도로 자라는 식물이에요. 나무처럼 보이지만 실은 여러해살이 풀인 셈이

▲ 나무처럼 자라는 독활

죠. 꽃은 7~8월에 볼 수 있는데 작은 꽃이 원추화서의 공처럼 모여서 피고, 공처럼 모여 있는 꽃들이 다시 산형화서 모양으로 달리고, 꽃의 색상은 백록색이에요. 잎은 어긋나고 홀수 2회깃꼴겹잎이므로 작은 잎이 여러 장 붙어 있어요.

뿌리는 한약방에서 독활이라 하며 각종 통증이나 두통, 종기, 마비증세의 약으로 사용하죠. 독활(獨活)이란 이름은 나무처럼 강건하게 자라는 이 식물이 바람에 잘 흔들리지 않기 때문에 붙었다고 해요. 번식은 종자와 포기나누기로 할 수 있어요.

볼 수 있는 곳

전국의 산이나 계곡 가, 강가에서 볼 수 있어요. 또한 각 지역의 수목원에서도 만날 수 있어요.

오늘 만난 꽃

봄에 입맛나라고 어머니가 해 준 나물무침

참나물

과명 산형과 여러해살이풀　학명 *Pimpinella brachycarpa*　꽃 6~8월　열매 9월　높이 50cm~1m

참나물의 꽃

여러분은 봄철이면 어머니가 입맛 나라고 해주시는 참나물무침을 아실 거예요. 쌉싸래해서 별로 맛있다는 생각이 들지 않아 편식하는 분이라면 아주 싫어했던 참나물무침. 사실 쌉싸래한 맛이 입에 침을 고이게 하면서 입맛을 나게 만들죠. 요즘 나오는 참나물은 대개 재배한 것인데, 쌉싸래한 맛을 좋아하는 사람들이 상추와 함께 쌈을 싸먹을 때 즐겨 먹곤 해요.

참나물은 6~8월에 흰색의 꽃이 복산형화서 모양으로 개화를 해요. 하나의 산형화서에 보통 10개의 자잘한 꽃이 달리고 이 산형화서가 또 산형화서를 이루어 큰 집단을 만들므로 보통 하나의 꽃대에 150여개의 자잘한 꽃이 달려있어요.

▲ 참나물의 잎

어긋난 잎은 잎자루가 줄기를 감싸고 작은 잎이 보통 3개씩 달려있고 작은 잎은 가장자리에 톱니가 있고, 작은 잎 중 아래 두 잎은 크게 갈라져서 잎이 총 5장 붙어있는 것처럼 보이는 경우도 있어요. 어린잎은 쌈으로 먹거나 각종 무침에 미나리처럼 넣어 먹을 수 있고, 생즙으로 먹기도 해요. 쓴맛이 싫어한다면 데쳐서 나물로 먹는 것이 좋아요.

약성이 우수한 뿌리는 한약재로 사용하는데 당뇨병, 고혈압, 신경통에 효능이 있고 지혈에도 효능이 있어요. 번식은 종자와 포기나누기로 할 수 있죠.

볼 수 있는 곳

우리나라 전국의 깊은 산 응달이나 등산로에서 볼 수 있어요. 산에서 채취할 경우에는 비슷하게 생긴 독성식물이 많으므로 반드시 작은 잎 개수가 3개인지 확인해야 하며, 잎을 비벼서 쌉싸래한 향이 나는지 확인하는 것이 좋아요. 만일 잎을 비볐는데 역겨운 냄새가 난다면 독초라고 할 수 있으니 피하는 것이 좋죠. 또한 각 지역의 도립수목원에서도 참나물을 만날 수 있어요.

차를 좋아하는 사람들이 몰래 찾는

소엽(차즈기)

과명 꿀풀과 한해살이풀 학명 *Perilla frutescens* 꽃 8~9월 열매 9월 높이 20~80cm

소엽의 꽃

▲ 소엽

자주색 깻잎처럼 보이는 이 식물은 '소엽'이 정명이지만 흔히 '차즈기'라고 말해요. 꽃집에서도 이 식물을 파는 경우가 있기 때문에 꽃에 관심 있는 사람이라면 한 번쯤 봤을 거예요.

식중독에 특효가 있는 이 식물은 먼 옛날 중국의 명의 화타가 시골길을 가다가 식중독에 걸린 청년을 이 식물의 잎을 달여 구했다고 해서 사람을 소생시키는 잎이라는 뜻에서 '소엽(蘇葉)'이란 이름이 붙었죠. 참고로, 꽃집에서 구입하는 소엽에는 미국 원산 소엽도 있는데 미국 원산 소엽은 독성식물이므로 구입 후 잎을 먹지 않는 것이 좋아요.

소엽의 꽃은 8~9월에 총상화서로 피고 연한 자주색의 입술모양 꽃이 피어요. 꽃받침 끝은 7갈래로 갈라지고 입술모양 꽃 안에는 긴 수술 2개와 짧은 수술 2개가 있는 2강수술이 있어요. 줄기는 네모지고 잎은 마주나는데 잎자루가 길고 가장자리에 톱니가 있고 잎의 색상은 자주색이에요. 어린잎은 나물로 먹을 수 있는데 보통은 차로 우려마시는 것이 좋아요. 또한 비슷한 식물인 청소엽은 잎의 색상이 녹색인데 역시 사람이 먹을 수 있는 식물이에요.

화타의 전설이 있듯 소엽은 약재상에서도 인기가 많은 한약재예요. 잎과 뿌리 모두 약으로 사용하는데 잎은 감기, 해독에 좋을 뿐 아니라 특히 식중독에 아주 좋고, 뿌리는 감기, 빈혈, 현기증, 기침에 효능이 있어요. 번식은 종자로 할 수 있어요.

볼 수 있는 곳

중국에서 약용식물로 들어온 식물이므로 보통 재배하는 경우가 많아요. 따라서 산보다는 밭 주변에서 볼 수 있어요. 각 지역의 수목원에 있는 약초원이나 야생화원에서 소엽을 만날 수 있어요.

나물로 유명한 맛있는 꽃

야채를 좋아하는 분들은 나중에 어른이 되어서 나물반찬을 즐겨 먹는 경우가 많다고 해요. 그러다보니 호기심이 충만해져 산에서 공해에 오염되지 않는 나물을 직접 채취하기도 하죠. 산에서 재미삼아 산나물을 채취하고 싶은 분이라면 일단 3가지를 명심하는 것이 좋아요. 첫째는 이상하게 생긴 식물은 건들지 않는 것이 좋다는 것이에요. 이상하게 생긴 식물은 대부분 독초인 경우가 많기 때문이죠. 두 번째로는 미나리아재빗과 식물은 건들지 않기죠. 미나리아재빗과 식물은 대개 독초인데 대부분 잎의 생김새가 손바닥 형태로 갈라져있어요. 즉 잎의 생김새가 단풍잎처럼 갈라져있다면 대부분 미나리아재빗과 식물이므로 건들지 않는 것이 상책이겠죠. 마지막으로 꽃이 예쁜 백합과 식물인데 절반은 먹을 수 있지만 절반은 독초일 확률이 높아요. 그러므로 꽃이 예쁘다고 따먹을 생각을 가지는 것도 좋은 판단이 아니겠죠.

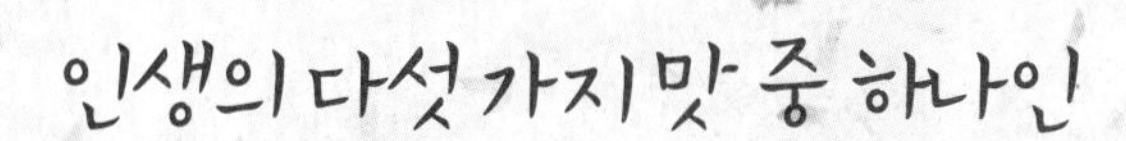

씀바귀와 노란선씀바귀

과명 국화과 여러해살이풀 **학명** *Ixeridium dentatum* **꽃** 5~7월 **열매** 7~8월 **높이** 30~50cm

▲ 꽃잎이 20~30개이고 흰색인 선씀바귀 ▲ 잎이 주걱 모양인 좀씀바귀

흔히 세상을 살아가는 데는 다섯 가지의 맛이 있다고 해요. 식초의 신맛, 소금의 짠맛, 씀바귀의 쓴맛, 장미 가시에 찔리는 아픈 맛, 사탕의 단맛이 그것이에요. 여러분도 인생의 쓴맛을 미리 경험하고 싶다면 씀바귀의 뿌리를 한 번 먹어보세요. 아마도 선생님에게 야단맞는 것보다 더 쓰디 쓴 맛을 느끼실 것 같아요.

씀바귀는 뿌리의 맛이 너무 쓰다고 해서 붙은 이름이에요. 씀바귀나물은 뿌리를 무쳐먹는 것을 말하는데 대충 데치면 쓴 맛이 사라지지 않기 때문에 여러 번 삶은 뒤 소금물에서 또 우려낸 뒤 무쳐먹는 것이 좋아요. 매년 봄 춘곤증으로 입맛이 없을 때 잃어버린 미각을 찾아주기 때문에 인기 있는 나물이라고 할 수 있겠죠.

씀바귀의 꽃은 5~7월에 산방화서로 달리는데 보통 꽃잎(혀꽃)이 5~11개 달린 것을 진짜 씀바귀라고 하고, 꽃잎 수가 적고 흰색이면 '흰씀바귀'라고 해요. 진짜 씀바귀와 흰씀바귀는 시골의 산지에서 볼 수 있고 도시의 풀밭에서는 거의 볼 수 없어요.

도시의 풀밭에서 흔히 만나는 꽃잎이 20~30개이고 노란색인 씀바귀는 '노란선씀바귀', 꽃잎 수가 많고 흰색이면 '선씀바귀', 잎이 주걱 모양이면 '좀씀바귀', 잎이 길고 가장자리에 톱니가 없으면 '벋음씀바귀', 잎이 피침형이고 날카로우면 '벌씀바귀', 잎이 손가락모양으로 갈라지고 갈래조각이 둥글게 생겼으면 '갯씀바귀'라고 말해요.

씀바귀는 공통적으로 잎과 줄기를 꺾으면 사포닌이 함유된 흰색 수액이 있어요. 사포닌은 도라지 뿌리에도 함유된 성분이며 식물에서 쓴 맛을 담당하는 성분이죠. 우리나라에서 씀바귀를 먹는 이유는 여름 더위를 물리치기 위해서라고 해요. 일단 봄에 씀바귀를 먹어두면 여름철 무더

▲ 도시에서 흔히 보는 노란선씀바귀

위를 이길 수 있다는 뜻이죠. 요즘이야 가정마다 선풍기며 에어컨이 있으니까 여름 더위를 쉽게 넘길 수 있겠지만 아저씨가 학장시절에는 정말이지 여름마다 더위 때문에 많은 고생을 했었죠. 참고로, 씀바귀를 먹으려면 대개 꽃이 피기 전 수확하는 것이 좋아요. 꽃이 핀 후에는 빽빽하고 아주 쓰기 때문에 나물로서의 가치가 없다고 해요.

한약방에서는 뿌리를 포함한 씀바귀 전체를 한약재로 사용하는데 당뇨, 해독, 심장병, 황달, 폐렴, 설사, 노화예방에 좋고 각종 열병이나 알레르기 증상에 효능이 있어요. 번식은 포기나누기로 하며, 종자 번식은 잘 되지 않는 편이에요.

볼 수 있는 곳

전국의 산지에서 흔히 볼 수 있지만 대개 '노란선씀바귀', '좀씀바귀', '벋음씀바귀'를 많이 만날 수 있어요. 진짜 씀바귀는 꽃이 피기 전 나물로 캐가기 때문에 꽃이 핀 모습을 만나기가 아주 어려운 편이죠. 수목원에서도 씀바귀를 볼 수 있지만 보통 '노란선씀바귀'인 경우가 많아요.

오늘 만난 꽃

꽃잎을 보면 한 번에 알 수 있는

어수리

과명 산형과 여러해살이풀 **학명** *Heracleum moellendorffii* **꽃** 7~8월 **열매** 8~10월 **높이** 0.7~1.5m

꽃잎이 부메랑처럼 생긴 어수리의 꽃

우리나라에서 자생하는 식물은 약 4천 종이라고 해요. 이 가운데 동네나 학교 교정에서 만나는 식물은 모두 합쳐봤자 100종이 채 안되죠. 100종의 식물 이름을 외우는 것도 힘든데 4천 종이나 되는 식물을 모두 외우는 것은 더더욱 어려울 거예요. 그러나 몇몇 식물은 꽃을 보면 금방 알 수 있는데 예를 들면 목련, 장미, 개나리 같은 경우가 꽃만 봐도 알아볼 수 있는 식물이죠. 어수리도 꽃만 보면 알아볼 수 있는 식물이에요. 어수리의 꽃잎은 특이하게도 부메랑처럼 생겼는데, 부메랑처럼 생긴 꽃잎을 가진 식물이 없기 때문에 깊은 심산유곡에서 이 꽃을 만나면 금방 알아볼 수 있죠.

▲ 어수리의 잎

어수리의 꽃은 7~8월에 개화를 해요. 꽃잎은 사진을 보면 알 수 있듯 부메랑처럼 생겼어요. 뿌리에서 올라온 잎은 잎자루가 있고 3~5개의 작은 잎으로 되어 있고, 작은 잎은 다시 2~3개로 갈라진 모양이에요. 잎도 어수리와 비슷하게 생긴 식물이 없으므로 어수리는 잎을 봐도 금방 알아볼 수 있어요. 전체 잎 길이는 7~20cm 정도이므로 꽤 큰 편이고 잎자루에 털이 많이 있어요. 어린잎도 솜털이 많지만 사람이 먹을 수 있고 나물로 무쳐먹으면 은근히 맛이 좋아요. 또한 어수리는 각종 통증과 부스럼에 약용하고, 번식은 종자로 할 수 있어요.

볼 수 있는 곳

전국의 산과 들판에서 볼 수 있는데 보통 습기 찬 땅에서 많이 볼 수 있고, 높은 산에서도 흔하게 만날 수 있는 식물중 하나예요. 또한 각 지역의 수목원에서도 어수리를 볼 수 있어요.

오늘 만난 꽃

취나물의 왕

참취(참취나물)

과명 국화과 여러해살이풀 학명 *Aster scaber* 꽃 8~10월 열매 10~11월 높이 1~1.5m

참취의 꽃

참취는 취나물의 왕이라고 불릴 정도로 취나물 중에서 가장 맛있는 나물이에요. 이 때문에 시장에서 취나물을 팔 때 일반 취나물은 '취나물'이라고 표시하지만 참취는 '참취나물'이라고 표시하고 다른 취나물보다 50% 더 비싼 가격을 받곤 하죠. 우리나라엔 야생화 이름에 '취'자가 들어간 야생화가 많은데 모두 취나물의 한 종류이고 그중 참취가 맛이 가장 좋죠.

취나물은 제삿장에 올라오는 나물들의 주인공이기도 해요. 또한 설날과 정월 대보름 같은 명절 때 나오는 나물요리 중 가장 고소하기 때문에 젓가락질 싸움의 대상이 대기도 하고, 이 때문에 가난한 집들도 제사상에는 반드시 취나물을 올리곤 하죠. 취나물이 어떻게 생겼는지 기억나지 않는 분들은 명절이 지난 다음날 남아있는 나물로 밥을 비벼먹을 때 볼 수 있는 검정색 비슷한 나물을 기억하면 금방 아실 거예요. 비록 명절이 지나면 천덕꾸러기가 신세가 되어 찬밥과 함께 비빔밥 재료가 되지만 고급한정식집과 고급비빔밥집에서는 취나물이 안 나오면 손님들이 역정을 낼 정도로 최고급 산채나물이라고 할 수 있어요.

▲ 참취의 잎

취나물의 왕인 참취는 8~10월에 산방화서로 꽃이 피는데 꽃은 흰색의 국화꽃처럼 생겼어요. 잎은 어긋나고 마른모형이거나 심장형이고, 줄기 잎의 잎자루에 날개가 있고, 잎 가장자리에 큰 톱니가 있어요. 잎 표면은 사포 표면처럼 거친 느낌이 들고 약간 푹신한 두께이지만 어린잎은 부드럽기 때문에 나물로 인기가 많죠. 이 잎은 산에서 독사에 물렸거나 넘어져서 타박상이 생겼을 때 짓이겨 바르면 효능이 있고, 햇볕에 잘 말린 참취는 장염이나 각종 통증의 약재로 사용하기도 해요. 번식은 종자, 꺾꽂이, 포기나누기로 할 수 있어요.

볼 수 있는 곳

전국의 높은 산과 들판에서 볼 수 있어요. 또한 각 지역의 수목원에서 취나물을 만날 수 있어요.

요즘 참 인기 많은 산나물

섬쑥부쟁이 (쫑취나물, 부지갱이나물)

과명 국화과 여러해살이풀 학명 *Aster glehni* 꽃 8~9월 열매 10월 높이 1~1.5m

섬쑥부쟁이

산나물 중 가장 맛있는 참취나물이 비싸게 팔리면서 생활비 절약에 안간힘 쓰는 우리 어머니들이 대안책으로 선택한 산나물이 쫑취나물이라고 해요. 쫑취나물의 정확한 이름은 '섬쑥부쟁이'인데 울릉도에서 많이 자란다고 하여 '울릉도섬쑥부쟁이'라는 별명도 있어요. 이 때문에 울릉도에서는 특별하게 '부지갱이나물'이라고도 말하는데 서울에서는 '쫑취나물'이라고 하므로 어머니에게 물어보면 금방 아실 거예요. 가격은 참취나물의 절반 정도이고 맛은 참취나물의 90% 수준이므로 반찬값 절약에 도움 되는 아주 알뜰한 나물 중 하나예요.

▲ 섬쑥부쟁이의 잎

섬쑥부쟁이는 참취와 마찬가지로 8~9월에 흰색 또는 연한 분홍색 꽃이 산방화서로 달려요. 꽃은 전체적으로 참취 꽃에 비해 조금 작지만 멀리서 보면 참취와 흡사하기 때문에 헷갈리는 경우가 많아요. 하지만 잎 모양이 참취와 달리 긴 타원형이거나 넓은 타원형이고 잎자루에 날개가 없으므로 잎을 보면 구분할 수 있어요. 비슷한 식물인 '까실쑥부쟁이'는 잎을 만지면 까슬까슬한 촉감이 있어요. 섬쑥부쟁이는 여름이 지나면 잎 표면이 참취 잎처럼 사포 질감이 나타나므로 잎이 부드러운 봄에 수확하는 것이 좋고, 번식은 종자로 할 수 있어요.

볼 수 있는 곳

섬쑥부쟁이는 울릉도 특산식물이자 세계적인 특산식물이기 때문에 자생지를 보존할 가치가 있다고 해요. 주로 울릉도에서 볼 수 있고, 시장에서 쫑취나물로 판매하는 것은 농가에서 재배한 것이라고 하죠. 서울 홍릉수목원, 광릉 국립수목원, 포천 평강식물원, 성남 신구대식물원, 태안 안면도수목원, 전주 한국도로공사수목원, 대구수목원, 포항 기청산식물원에서도 섬쑥부쟁이를 만날 수 있어요.

오늘 만난 꽃

어머니가 심심하면 해주는 나물

곰취(곰취나물)

과명 국화과 여러해살이풀 학명 *Ligularia fischeri* 꽃 7~9월 열매 10월 높이 1~2m

곰취의 꽃

곰취는 매일 반찬 만들기에 고민 많은 어머니들이 간혹 심심하면 오늘은 곰취나물이나 해먹을까? 하면서 만드는 나물이라고 하죠. 원래 높은 산에서 자라지만 농가에서 대량 재배된 곰취가 판매되면서 가장 흔하게 보는 산나물 잎이 되었죠. 보통은 나물로 무쳐먹지만 어린잎은 쌈으로 먹는 것이 좋고 특유의 곰취향과 쌉싸래한 맛이 일품이에요.

▲ 곰취의 잎

곰취는 이른 봄에 꽃보다 잎이 먼저 올라오는데 잎은 손바닥 크기에서 점점 자라서 사람 얼굴크기만해지고, 긴 잎자루가 있고 가장자리에 톱니가 있어요. 잎이 서서히 커질 무렵이면 이때에 꽃대가 올라오기 시작하고 꽃대 끝에서 노란색 꽃이 총상화서로 달려요. 꽃의 크기는 5cm 정도이므로 꽤 큰 편이고 꽃대 역시 잘 자라면 높이 2m까지 자라기도 해요. 꽃대는 잎과 떨어진 곳에서 독립적으로 자라기 때문에 처음에는 잎이 어디 있나 찾아보는데 꽃대 주위에 있는 부채만 한 잎들이 모두 곰취의 잎이에요.

한약방에서는 곰취 뿌리를 약으로 사용하는데 가래, 해수, 백일해, 요통, 활혈에 효능이 있어요. 비슷한 식물로는 '곤달비'가 있는데 곰취에 비해 훨씬 맛있는 나물이죠. 그러나 곤달비는 재배농가가 적기 때문에 곰취에 비해 두 배 가격으로 판매되고 있고, 이 때문에 근검절약 정신이 몸에 밴 어머니들이 잘 사지 않겠죠. 곰취의 번식은 종자와 포기나누기 두 가지 방식으로 할 수 있어요.

볼 수 있는 곳

우리나라 전국의 높은 산 고산지대와 계곡 가에서 볼 수 있어요. 또한 대부분의 수목원에서도 곰취를 볼 수 있어요.

오늘 만난 꽃

나물보다는 곤드레밥으로 유명한

고려엉겅퀴 (곤드레나물)

과명 국화과 여러해살이풀 **학명** *Cirsium setidens* **꽃** 7~10월 **열매** 10월 **높이** 1m

고려엉겅퀴의 꽃

고려엉겅퀴라고 말하면 사람들이 잘 모르지만 곤드레나물이라고 말하면 한번쯤 들어봤다고 하는 유명한 나물이에요. 고려엉겅퀴의 어린잎을 잘 말린 뒤 묵나물로 저장했다가 밥을 지을 때 묵나물과 쌀을 함께 넣어 내온 나물밥을 곤드레나물밥이라고 말해요. 곤드레나물밥은 보통 간장을 넣어 비벼먹는데 밥알과 곤드레나물이 엉켜있어 그 맛이 일품이죠. 말 그대로 시골 냄새가 물씬 풍기는 시골스타일의 밥이라고 할 수 있겠죠.

곤드레란 강원도 정선에서 나온 이름이라고 해요. 이 지역엔 고려엉겅퀴가 많은데 바람이 불면 고려엉겅퀴가 흔들리는 모습이 마치 술에 곤드레 취한 모습 같다고 해서 붙은 이름이라고 해요. 이 때문에 강원도 정선은 다른 지역보다 먼저 곤드레밥을 해먹었고 이것이 요즘 인기를 얻어 강원도의 관광지를 가면 곤드레밥을 하는 집이 점점 많아지고 있죠.

▲ 고려엉겅퀴의 잎

고려엉겅퀴는 7~10월에 엉겅퀴 꽃과 비슷한 꽃이 피는데 잎은 엉겅퀴와 전혀 다른 모습이고 잎 가장자리가 갈라지지 않은 것이 특징이에요. 또한 잎의 생김새가 취나물류 잎과 비슷하지만 가장자리에 가시가 있다는 것이 취나물 잎과 다른 점이죠. 우리가 먹는 곤드레나물은 가시가 커지기 전의 어린잎을 수확한 것을 말해요. 번식은 종자 또는 포기나누기로 할 수 있어요.

볼 수 있는 곳

우리나라 특산식물인 고려엉겅퀴는 전국의 높은 산에서 볼 수 있지만 강원도의 산에서 더 많이 볼 수 있어요. 또한 대부분의 수목원에서도 만날 수 있어요.

오늘 만난 꽃

봄에 흔히 먹는 나물

돌나물(돈나물)

과명 돌나물과 여러해살이풀　학명 *Sedum sarmentosum*　꽃 5~6월　열매 6월　높이 15cm

돌나물

여러분은 아마 초고추장으로 버무려 먹은 이 나물반찬을 아실 거예요. 정식명칭은 돌 주변에서 많이 자란다고 하여 돌나물이지만 '돈나물'이라는 별명으로 시장에서 판매하는 나물이에요. 너무 흔해서 농가에서는 재배하지 않는, 그러나 봄철이면 시장에서 수북이 쌓아놓고 파는 나물로 유명하죠.

▲ 돌나물의 꽃

돌나물은 꽃보다 잎이 먼저 올라오고 줄기가 땅을 기는 성질이 있어 땅과 닿은 마디에서 계속 뿌리가 내리면서 번식을 잘하는 식물이에요. 줄기 길이는 15cm 정도이고, 잎은 3개가 돌려나고 긴 타원형이며 두툼한 다육질이에요. 이 잎은 뱀이나 벌레에 물렸을 때 짓이겨 바르면 효능이 있고, 부스럼이나 화상에도 바를 수 있어요.

꽃은 5~6월에 볼 수 있는데 취산화서 모양으로 달리고 꽃받침 5개, 꽃잎 5개, 10개의 수술을 가지고 있어요. 열매는 6월에 볼 수 있는데 사람들의 관심을 끌지 않아요.

돌나물은 뿌리를 포함한 전체를 약으로 사용하는데 몸 속 독성 성분을 없애고 열을 내리고 간염, 위통, 인후염에 효능이 있어요. 비슷한 식물로는 줄기 상단 잎이 어긋나고 주걱 모양인 '말똥비름'이 있고, 번식은 종자와 포기나누기로 할 수 있어요.

볼 수 있는 곳

전국에서 가장 흔하게 볼 수 있는 식물이에요. 축축한 풀밭이나 경사진 풀밭, 바위 틈, 돌계단 옆에서 볼 수 있어요.

오늘 만난 꽃

독성이 있는 꽃

산과 들에서 만나는 유명한 독성 식물에 대해 공부해 보겠어요. 원래 지구상의 식물은 대부분 사람과 동물이 먹을 수 있지만 몇몇 독성 식물은 심각한 결과를 초래하기도 해요. 우리나라에도 맛있는 산나물로 오인하고 따먹다가 사고를 초래하는 독성 식물이 많은데, 이번 기회에 알아두면 산에서 이들 식물을 만났을 때 대비를 잘할 수 있겠죠.

봄에 잎을 잘못 먹어 중독되는	박새
박새의 사촌형님인	여로
여름에 식물을 잘못 먹어 중독되는	지리강활
은근슬쩍 독성이 있는	애기똥풀
독성이 강해서 소를 미치게 만드는	미치광이풀
예쁜 꽃에 숨어있는 나쁜 독성식물	애기나리
애기나리와 비슷한 독성식물	윤판나물
꽃이 불상을 닮은	앉은부채
맨손으로 만지면 피부병에 걸리는	천남성, 두루미천남성
사약 제조를 마무리하는 독초	투구꽃

봄에 잎을 잘못 먹어 중독되는

박새

과명 백합과 여러해살이풀 **학명** *Veratrum oxysepalum* **꽃** 6~7월 **열매** 7월 **크기** 1.7m

박새

▲ 산마늘, 풀솜대로 오인되는 박새 어린잎　　▲ 야들야들하고 마늘맛이 나는 산마늘 어린잎

매년 봄이면 산에서 식물을 잘못 먹고 중독된 사람을 태우려는 구조헬기가 하늘에 뜨는데 이런 일은 우리나라 뿐 아니라 외국도 마찬가지예요. 우리나라는 산나물을 즐기는 사람이 많기 때문에 산에서 도시락을 먹기 전 고추장에 찍어먹기 위해 산나물을 찾는 사람이 특히 많은 편이죠. 이때 딱 먹기 좋은 잎이 산마늘 잎이라고 해요. 그래서 산마늘 어린잎인 줄 알고 따먹게 되는데 나중에 알고 보니 박새 어린잎을 따먹어버린 거죠. 재미있게도 산나물에 중독된 사건을 분석하면 대개 박새가 저지른 일이라고 할 수 있어요.

다 성장한 박새는 한눈에 봐도 독성식물임을 알 수 있지만 어린잎은 잎사귀가 2장 정도만 올라오기 때문에 산마늘 잎으로 오인하는 대표적인 독성식물이에요. 더구나 어린잎은 아주 예쁘장하고 맛있게 보이기까지 하니 산나물 좀 안다는 사람들도 잘못 따먹고 사고를 당하는 것이죠.

이제 산에서 독성식물을 피하는 가장 쉬운 방법을 알려드릴까 해요. 독성식물은 대개 군락을 이룬 경우가 많아요. 약초를 캐며 먹고사는 그 동네 사람들마저 건들지 않으므로 다른 식물과 달리 군락이 많은 것이죠. 그러므로 등산객이 많은 산에서 군락을 이룬 식물을 봤다면 독성식물이라는 뜻이므로 일단 피하는 것이 상책이겠죠.

박새는 땅 속 뿌리가 넓게 퍼지며 자라기 때문에 자연스럽게 뿌리의 이곳저곳에서 싹이 돋아나고 군락을 이루게 되는 경향이 있어요. 일단 싹이 난 뒤에는 한 뼘씩 자라기 시작하다가 1.5m 높이까지 자라고, 꽃은 7~8월에 개화를 해요. 꽃이 피면 심상치 않은 생김새 때문에 한 눈에 독초임을 알 수 있지만 한 뼘 정도 자란 어린잎은 정말이지 산마늘 어린잎과 혼동되는 경우가 많아요.

▲ 박새의 꽃

아무튼 박새의 독성은 어찌나 유명했는지 조선시대에는 사약의 원료가 되기도 했고, 지금도 가축을 강제로 토하게 만들거나 농업용 살충제로 사용하고 있어요. 말 그대로 유독식물이므로 어린잎이라 할지라도 절대 먹지 않는 것이 좋으며, 번식은 종자로 할 수 있어요.

볼 수 있는 곳

박새는 깊은 산 응달에서 군락을 이루며 자라는데 보통 경사진 산비탈의 축축한 곳에서 많이 볼 수 있어요. 어린잎은 3월에 싹이 나기 때문에 이 무렵에 꽃이 피는 너도바람꽃이나 얼레지꽃 부근에서 흔히 볼 수 있어요. 또한 각 지역의 수목원에서도 연구목적으로 키우고 있어요.

박새의 사촌형님인

여로

과명 백합과 여러해살이풀 학명 *Veratrum maackii* 꽃 7~8월 열매 8월 높이 60cm~1m

▲ 여로 ▲ 여로의 꽃

여로는 박새처럼 유독성 식물이에요. 그런데 사촌형이라고 한 이유는 박새와 달리 유사종이 10여종이나 있기 때문이에요. 아마 백합과 식물 중에서 가장 형제가 많은 친구라고 할 수 있을 거예요. 여로의 어린잎도 박새와 비슷한 시기에 돋아나는데 잎이 줄자처럼 좁게 생겼어요. 비슷한 식물로는 파란색꽃이 피는 파란여로, 밝은 녹색꽃이 피는 푸른여로, 흰꽃이 피는 흰여로 등이 있어요. 유독성은 박새와 거의 같으므로 어린잎이라 할지라고 식용하지 않는 것이 좋고, 번식은 종자로 할 수 있어요.

볼 수 있는 곳

우리나라 전국의 산지 풀밭이나 나무 밑에서 볼 수 있어요. 또한 각 지역의 수목원에서도 만날 수 있어요.

여름에 식물을 잘못 먹어 중독되는

지리강활

과명 산형과 여러해살이풀 **학명** *Angelica purpuraefolia* **꽃** 7월 **열매** 8월 **높이** 1.5~2m

지리강활의 꽃

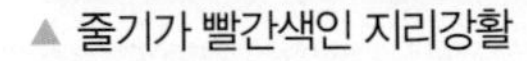
▲ 줄기가 빨간색인 지리강활

▲ 지리강활의 잎

산형과 식물인 지리강활은 소문난 독초 중 하나예요. 원래 산형과 식물들은 대개 나물로 먹거나 약초로 먹을 수 있는 식용 가능한 식물이 많기 때문에 지리강활도 식용하는 실수를 하는 것이죠. 그렇다면 산형과 식물은 어떤 것이 있을까요? 산형과 식물 중 사람들이 가장 많이 먹는 식물이 바로 '미나리'예요. 두 번째로 많이 먹는 식물은 향이 좋은 '참당귀(당귀)'이고 '방풍나물'은 봄에 시장에서 판매할 정도로 즐겨먹는 나물이에요. 또한 '강활', '바디나물', '구릿대'도 산나물을 좋아하는 사람이라면 일부러 찾아서 먹는 식물들이죠.

이처럼 산형과 식물들은 먹을 수 있는 식물이 많기 때문에 지리강활 또한 오인하여 어린잎을 먹다가 사고를 당하는 것이죠. 이 때문에 당귀와 비슷하지만 유독식물이란 뜻에서 '개당귀'라는 별명이 있어요. 아무튼 지리강활은 매우 유독한 식물이기 때문에 다량 섭취하면 바로 즉사하는 사태까지 벌어진다는 것을 명심해야 해요.

산에서 산형과 식물을 만났을 때는 반드시 잎을 찢어서 냄새를 맡는 것이 좋아요. 잎에서 미나리 향과 비슷한 향이 나거나 고소한 향이 나면 일단 먹을 수 있는 식물이고, 좋지 않은 냄새가 나거나 정체불명의 악취가 나면 지리강활 같은 유독 식물인 셈이죠. 사람들이 자꾸 지리강활의 잎을 따먹다 사고가 나는 이유는 여러 가지가 있겠지만, 참당귀와 비슷하기 때문에 벌어지는 일이라 할 수 있어요. 참당귀의 꽃은 자주색이므로 꽃이 필 때면 쉽게 구별할 수 있지만 꽃이 없을 때는 잎을 찢어 냄새를 맡아보는 것이 좋아요. 참당귀의 잎은 아주 근사한 향이 나기 때문에 식욕을 돋구어주죠.

볼 수 있는 곳

지리강활은 이름에 '지리'라는 명칭이 붙어있듯 지리산에서 많이 볼 수 있어요. 또한 남부지방의 높은 산에서 만날 수 있어요. 서울 홍릉수목원에는 연구용으로 심어놓은 지리강활이 있어요.

은근슬쩍 독성이 있는

애기똥풀

과명 양귀비과 두해살이풀　학명 *Chelidonium majus*　꽃 5~8월　열매 8월　크기 30~80cm

애기똥풀의 꽃

▲ 애기똥풀

애기똥풀은 식물을 모르는 유치원 아이들도 독특한 이름 때문에 한 번 보고는 그대로 기억하는 식물이에요. 줄기를 꺾으면 황색 수액이 나오는데 이 수액이 갓난아기의 똥 같다고 하여 애기똥풀이란 이름이 붙었어요. 그런데 이 황색 수액은 약간의 독성이 있어 소도 안 먹는다고 하므로 사람이라면 더더욱 먹어선 안 되겠죠.

꽃은 5~8월에 산형화서로 달리고 꽃받침잎 2개, 꽃잎 4개, 수술은 많고 1개의 암술이 있어요. 8월에 볼 수 있는 열매는 개미가 좋아해 껍질을 까먹고 다른 곳에다 씨앗을 옮겨다주어서 애기똥풀이 번식하게 해주죠.

▲ 애기똥풀의 잎

잎은 어긋나고 잎자루가 있고 1~2회 넓게 갈라지거나 깊게 갈라지고 작은 잎의 가장자리에는 둔한 톱니가 있어요. 잎의 전체 길이는 7~15cm 정도이지만 어린잎은 언뜻 보면 '황새냉이', '속속이풀'같은 냉이류의 어린잎처럼 보이곤 해요. 더구나 어린잎은 이른 봄부터 올라오기 때문에 등산을 하다 식용냉이인줄 알고 캐 가는데 그런 실수를 하면 안 되겠죠.

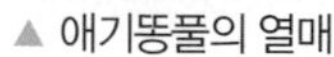
▲ 애기똥풀의 열매

▲ 애기똥풀의 수액

한약방에서는 백굴채(白屈菜)라고 하며 약용하는데 무좀, 황달, 결핵, 피부궤양에 효능이 있어요. 또한 등황색 수액에는 살균 성분과 해독 성분이 있어 각종 피부질환에 사용하지만 아직 검증되지는 않았어요. 독사나 벌레에 물린 상처에는 잎을 짓이겨 바르면 효능이 있고, 번식은 종자로 할 수 있어요.

볼 수 있는 곳

전국의 들판이나 길가, 논두렁에서 흔히 볼 수 있어요. 대도시에서도 동네 뒷산이나 공원 풀밭에서 흔히 볼 수 있어요.

오늘 만난 꽃

독성이 강해서 소를 미치게 만드는

미치광이풀

과명 가지과 여러해살이풀 **학명** *Scopolia japonica* **꽃** 3~4월 **열매** 5월 **크기** 30~60cm

미치광이풀

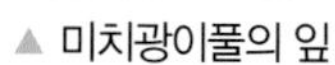

▲ 미치광이풀의 잎

▲ 미치광이풀의 꽃

소가 이 풀을 먹으면 미친 증상을 보이다가 죽는다고 해서 미치광이풀이란 이름이 붙었어요. 이 때문에 '독뿌리풀'이라는 별명이 있을 정도이니 사람이 먹어서는 더더욱 안 되겠죠. 주로 뿌리를 잘못 먹으면 그런 증상이 발생한다고 하므로 여러분이나 저나 이 식물 앞에서는 경건하게 행동해야 할 것 같아요.

미치광이풀도 이른 봄에 꽃을 볼 수 있는 대표적인 식물이에요. 이른 봄인 3월에 다른 풀들이 채 싹이 나기 전 넓은 잎이 돋아나면서 줄기가 자라기 시작해요. 꽃은 3월 중순부터 4월 말 사이에 볼 수 있으며 자주색꽃은 뒤집어놓은 컵처럼 잎겨드랑이에 달려요. 꽃의 길이는 5cm 정도이고 꽃받침끝은 여러 갈래로 갈라지고 5개의 수술이 있어요. 잎은 어긋나고 잎자루가 길고 타원형으로 생겼어요. 하단잎은 가장자리에 1~2개의 톱니가 있고 상단잎은 가장자리에 톱니가 없고, 잎의 길이는 10~20cm 정도예요. 둥근 열매는 5월에 볼 수 있고 성숙하면 저절로 갈라지면서 씨앗이 보여요.

미치광이풀은 비록 독성이 심하지만 뿌리를 잘 말린 뒤 달여 먹으면 정신병, 알코올중독 등에 효능이 있다고 해요. 또한 각종 통증이나 부스럼 등에서 사용할 수 있어요. 유독식물이므로 약으로 먹을 때는 반드시 한의사의 도움으로 먹는 것이 좋아요. 비슷한 식물로는 노란색 꽃이 피는 '노랑미치광이풀'이 있고, 번식은 포기나누기로 할 수 있어요.

볼 수 있는 곳

깊은 산속의 낙엽이 많이 쌓인 곳에서 볼 수 있어요. 멸종위기식물이므로 자생지가 그다지 많지 않아요. 서울 홍릉수목원, 광릉 국립수목원, 용인 한택식물원, 평창 한국자생식물원, 청양 고운식물원, 청원 미동산수목원, 전주 한국도로공사수목원, 완주 대아수목원 등에서 볼 수 있어요.

예쁜 꽃에 숨어있는 나쁜 독성식물

애기나리

과명 백합과 여러해살이풀 **학명** *Disporum smilacinum* **꽃** 4~5월 **열매** 5월 **크기** 20~40cm

애기나리

애기나리는 어린 순을 나물로 먹을 수 있다고 알려져 있지만 사실 먹지 않는 것이 좋아요. 어린 잎에 독성 성분이 풍부한 것을 보면 어린 싹이라고 해도 안심할 순 없겠죠. 일단 독성 성분이 있는 식물은 어린잎 한쪽을 조금만 씹어 봐도 독성이 느껴지기 때문에 금방 알 수 있는데, 애기나리의 어린잎은 철쭉 꽃잎을 씹을 때 느끼는 독성과 비슷한 느낌을 주는데, 데친 어린잎도 이 정도로 독성이 강하니 날것으로 먹다간 정말 큰일 나겠죠.

잎은 둥굴레나 풀솜대 잎과 비슷하게 생겼고 줄기는 각이 져 있고 털이 없어요. 이 때문에 꽃이 피기 전에는 이 3개의 식물이 혼동되는 경우가 많은데 둥굴레 줄기는 각이 지지 않고, 풀솜대 줄기는 각은 있으나 털이 많으므로 구별할 수 있어요.

▲ 애기나리의 꽃

꽃은 4~5월에 피고 줄기 끝에서 1~2송이씩 달려있어요. '큰애기나리'는 애기나리에 비해 전체적으로 두 배 정도 크고 꽃이 1~3송이씩 달리고, '금강애기나리'는 꽃에 갈색 반점이 무수히 많아 완전히 다른 꽃이 달려있는 것처럼 보여요. 꽃잎은 공통적으로 6개씩 있고, 수술 6개, 1개의 암술이 있고, 암술머리가 3개로 갈라진 모양이에요.

애기나리의 뿌리는 약으로 사용할 수 있는데 천식, 소화에 효능이 있어요. 갓난아기처럼 귀여운 나리꽃이 핀다고 하여 애기나리라는 이름이 붙었고, 번식은 종자로 할 수 있어요.

볼 수 있는 곳

중부 이남의 산지에서 볼 수 있는데 주로 응달에서 군락을 이루는 경우가 많아요. 각 지역의 수목원에서도 볼 수 있어요.

오늘 만난 꽃

애기나리와 비슷한 독성식물

윤판나물

과명 백합과 여러해살이풀　학명 *Disporum uniflorum*　꽃 4~6월　열매 6월　크기 30~60cm

윤판나물

백합과 식물은 몇몇이 독성식물인데 윤판나물 또한 독성식물 중 하나예요. 잎의 생김새가 애기나리, 둥굴레, 풀솜대와 비슷하므로 꽃이 피기 전에는 이들 식물들과 헷갈리는 경우가 많아요.

애기나리와 풀솜대는 반쯤 누워 자라고, 둥굴래는 직립으로 자라지만 줄기가 지그재그로 꺾이지 않고, 윤판나물은 직립해 자라지만 줄기가 지그재그로 꺾이므로 이런 점으로 구별할 수 있어요. 또한 윤판나물은 항상 줄기 상단부가 비비 꼬인 듯 자라므로 쉽게 구별할 수 있어요.

▲ 윤판나물의 열매

윤판나물은 보통 4월 초에 싹이 나고, 줄기가 올라오면서 큰 잎이 말려서 달리는데, 줄기 끝 말려있는 잎 안쪽에 노란색 꽃이 숨어서 피는 경향이 있어요. 꽃은 4~6월에 볼 수 있는데 보통 1~3송이씩 달리고 수술은 6개, 암술은 1개이고, 암술머리는 3개로 갈라진 모양이에요. 열매는 6월에 검정색으로 익어요. 윤판나물 또한 애기나리 순처럼 어린 순을 나물로 데쳐먹기도 하는데 독성이 있을 수 있으므로 가급적 먹지 않는 것이 좋아요.

비록 독성이 있으나 뿌리를 약으로 달여 먹기도 하는데 치질, 대장출혈, 장염, 기침, 폐결핵 등 주로 치질병과 폐병에 효능이 있어요. 이름은 꽃이 핀 모습이 판서나리 같다고 하여 붙었다고 해요. 번식은 가을에 채취한 씨앗을 바로 파종하거나 포기나누기로 할 수 있어요.

볼 수 있는 곳

중부지방의 높은 산 응달에서도 볼 수 있지만 주로 남부지방의 산과 섬에서 많이 볼 수 있어요. 서울 경복궁 야생화단지, 서울 홍릉수목원, 용인 한택식물원, 가평 유명산자연휴양림 식물원, 평창 한국자생식물원, 완주 대아수목원, 대구수목원 등에서도 볼 수 있어요.

오늘 만난 꽃

꽃이 불상을 닮은

앉은부채

과명 전남성과 여러해살이풀 **학명** *Symplocarpus renifolius* **꽃** 2~4월 **열매** 5월 **높이** 50cm

▲ 불염포 속에 감추어진 앉은부채의 꽃 ▲ 앉은부채의 어린 잎

앉은부채는 꽃이 핀 모습이 앉아있는 불상을 닮았다 하여 붙은 이름이에요. 꽃은 2~4월에 볼 수 있는데 불염포라고 불리는 포 안에 숨어있으며, 꽃처럼 보이지 않고 뿔 달린 공처럼 보여요.

꽃대 길이는 10~20cm 정도이고 상단에 육수화서 모양의 둥근 공이 있어요. 둥근 공에 있는 자잘한 꽃들은 각각 4개의 꽃잎이 있는데 이 꽃잎은 펼쳐진 상태이고, 펼쳐진 꽃잎들이 연이어지면서 둥근 공의 표면을 만들고, 각각의 꽃 중앙에는 4개의 수술이 뿔처럼 돋아있으며, 1개의 암술이 있어요. 꽃은 향기가 좋지 않지만 개미들이 좋아한다고 해요.

불염포가 떨어지면 이때부터 녹색잎이 돋아나기 시작한 뒤 부채처럼 커지고 잎을 꺾으면 좋지

않은 냄새가 나지만 냄새를 맡는 것까지는 괜찮고 잎을 먹으면 심각한 중독 증상을 일으켜 구토나 마비 증세가 일어나죠. 그러므로 산에서 앉은부채를 만났을 때는 손으로 살살 만지는 것까지는 괜찮지만 괜히 꺾거나 해서 손에 수액을 묻히지 않는 것이 좋아요. 비슷한 식물로는 불염포가 노란색인 '노란앉은부채'가 있고, 번식은 종자로 할 수 있어요.

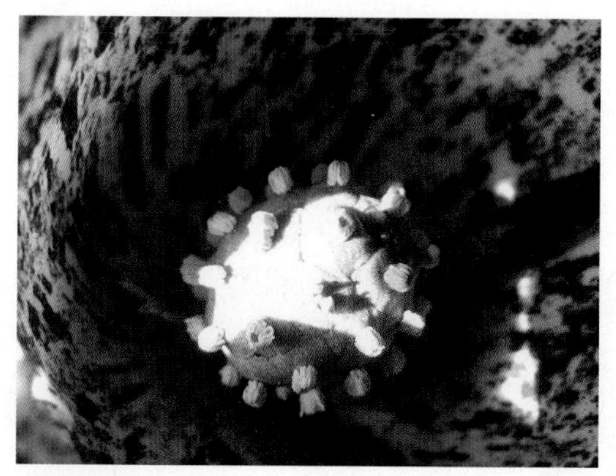

▲ 앉은부채의 3월 꽃

볼 수 있는 곳

전국의 높은 산에서 볼 수 있고 대도시 부근의 산에서도 흔히 볼 수 있어요. 서울 홍릉수목원에서는 2월 말쯤 꽃이 핀 모습을 볼 수 있고 남양주 천마산에서는 3월 중순에 꽃이 핀 모습을 볼 수 있어요.

오늘 만난 꽃

맨손으로 만지면 피부병에 걸리는

천남성과 두루미천남성

과명 천남성과 여러해살이풀 **학명** *Arisaema takesimense* **꽃** 5~7월 **열매** 7~10월 **높이** 50cm

▲ 두루미천남성 ▲ 천남성

봄에 높은 산 응달에서 볼 수 있는 앉은부채와 달리 천남성은 여름에 높은 산 응달에서 볼 수 있는 대표적인 독초예요. 10여 종의 유사종이 있으므로 전국의 산과 섬에서 흔히 볼 수 있는 독초라고 할 수 있죠.

천남성은 5~7월에 통 모양의 꽃이 길게 올라오고 상단이 앞으로 구부러진 형태에요. 천남성은 대부분 비슷하기 때문에 구별하기가 어려운데 흔히 말하는 천남성은 작은 잎이 5~11개 정도이고 꽃대가 줄기에서 올라온 뒤 잎 높이와 비슷한 위치에 있거나 조금 높은 위치에 있어요.

'둥근잎천남성'은 작은 잎이 5장이고 꽃대가 땅에서 올라온 뒤 잎보다 아래쪽에 있어요. '두루미천남성'은 작은 잎이 7~20개 정도이고 긴 꽃대가 잎보다 훨씬 높은 곳에 있어 목을 길게 뺀

▲ 점박이천남성의 열매

두루미처럼 보여요. '큰천남성'은 작은잎 3개가 붙어있는 줄기 2개가 서로 마주보고 땅에서 올라오므로 작은 잎이 총 6개이고, 다른 천남성에 비해 잎이 두 배 정도 크고 둥근 편이므로 쉽게 알아볼 수 있어요. '점박이천남성'은 줄기에 점박이 무늬가 많이 있고, '섬천남성'은 잎 중앙에 흰 무늬가 있어요. 참고로 식물학자에 따라 작은 잎이 5장인 '둥근잎천남성'을 천남성으로 보고 있고, 작은 잎이 5~11개 정도인 천남성을 '둥근잎천남성'으로 보기도 해요. 천남성의 열매는 공통적으로 6~10월 사이에 볼 수 있는데 보통 10월에 붉은색으로 익어요.

천남성이라고 불리는 식물들은 대부분 독성이 있어요. 한두 번 손으로 만지는 것은 괜찮지만 여러 번 만질 경우에는 목장갑을 끼고 만지는 것이 좋겠죠. 간혹 접촉을 잘못하면 각종 피부질환에 시달릴 수 있다는 점을 명심하기 바라요.

천남성의 뿌리는 파뿌리와 비슷하지만 두툼한 알이 달려있어요. 이 알뿌리를 몇 개월 잘 말린 뒤 달여 먹으면 중풍, 마비, 거담, 부스럼, 두통 등에 효능이 있는데 독성이 심하므로 한의사의 상담 하에 복용하는 것이 좋겠죠. 천남성의 이름은 약효가 남쪽하늘 별처럼 강하다고 해서 붙은 이름이고, 번식은 종자와 포기나누기로 할 수 있어요.

볼 수 있는 곳

높은 산의 응달에서 흔히 볼 수 있어요. 또한 각 지역의 수목원에서도 여러 가지 천남성을 볼 수 있어요.

오늘 만난 꽃

사약 제조를 마무리하는 독초

투구꽃

과명 미나리아재비과 여러해살이풀 **학명** *Aconitum jaluense* **꽃** 8~10월 **열매** 9~11월 **높이** 1.5m

▲ 투구꽃의 어린 잎

▲ 투구꽃의 10월 꽃

미나리아재비과 식물들은 대개 독성이 많은데 투구꽃은 그중 독성이 심한 식물이에요. 사약은 여러 가지 독초를 섞어 만드는데 투구꽃도 사약의 중요한 재료 중 하나죠.

꽃의 생김새가 투구처럼 생겼다고 해서 투구꽃이란 이름이 붙은 이 식물은 몇 년 전만 해도 '바꽃', '돌쩌귀' 등 수십 종의 비슷한 식물이 있었어요. 그러나 지금은 대부분이 투구꽃과 합쳐졌고 현재는 대략 10여 종의 비슷한 식물이 있어요.

투구꽃의 꽃은 8월~9월에 총상화서로 피고 꽃의 색상은 자주색이에요. 꽃 모양은 정면에서 보면 투구 모양인데 실은 꽃잎이 아니라 꽃받침조각이에요. 꽃잎은 그 안쪽에 2장이 있고 수술은 많으며 자방은 3~4개이고 털이 있어요. 열매는 10월에 익고 암술대가 남아 있어요.

뿌리는 한약방에서 초오(草烏)라고 하며 약용하는데 반신불수, 사지마비, 나력, 뇌졸중, 각종 통증에 효능이 있어요. 뿌리는 사약에 사용될 정도로 유독하므로 뿌리를 약용할 때는 한의사의 처방을 받고 복용하는 것이 좋아요. 번식은 종자와 포기나누기로 할 수 있어요.

볼 수 있는 곳

지리산을 포함한 중부이북의 높은 산에서 볼 수 있는데 대개 숲속 응달에서 많이 볼 수 있어요. 각 지역의 수목원에서도 투구꽃을 볼 수 있어요.

진범 & 흰진범 & 놋젓가락나물

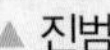
▲ 진범

진범

(미나리아재비과 여러해살이풀,
Aconitum pseudolaeve)

진범은 투구꽃과 비슷하지만 꽃의 모양이 약간 달라요. 우리나라 전국의 높은 산에서 볼 수 있으며 투구꽃처럼 독성이 있는 식물로 유명해요. 투구꽃에 비해 약간 작으며 높이 30cm~2m로 자라는데 산에서 만나는 진범은 대개 허리 높이까지 자라는 경우가 많아요.

▲ 흰진범

흰진범

(미나리아재비과 여러해살이풀,
Aconitum longecassidatum)

진범과 같지만 꽃이 흰색으로 피는 식물이에요. 전국의 높은 산에서 볼 수 있는데 주로 강원도의 높은 산에서 많이 볼 수 있어요. 진범처럼 독성이 있으므로 만지지 않는 것이 좋아요. 산에서 만나는 흰진범은 보통 1m 높이로 자라는 경우가 많아요.

▲ 놋젓가락나물

놋젓가락나물

(미나리아재비과 여러해살이풀, Aconitum ciliare)

놋젓가락나물은 투구꽃과 거의 비슷하기 때문에 구별하기 어려운 꽃이에요. 투구꽃과 구별하는 방법은 덩굴속성인데 놋젓가락나물은 덩굴속성이 아주 강해서 줄기가 더 가늘고 더 부드럽게 구부러져있을 뿐 아니라 다른 식물을 감아서 오르는 경우가 많아요. 줄기가 나팔꽃 어린 줄기처럼 가느다랗고 아래로 늘어지고 부드럽다면 놋젓가락나물, 줄기가 비스듬히 자라기는 하지만 딱딱하면 투구꽃이라고 할 수 있어요. 일부 지역에서만 자생하기 때문에 투구꽃이나 진범처럼 많이 보이지는 않아요.

나비와 벌이 좋아하는 꽃

나비와 벌이 좋아하는 꽃은 보통 색깔이 눈에 띄는 식물들이에요. 곤충들은 대개 꽃의 향기가 아닌 색깔을 보고 찾아가기 때문이죠. 일단 색깔이 눈에 띄는 꽃으로 날아간 뒤 꿀샘이 많으면 벌과 나비가 즐겨 찾는 것이죠. 곤충들이 좋아하는 색은 흰색, 노란색, 빨강색 계통의 꽃이라고 해요. 새들은 하늘에서 빙빙 돌면서 내려다보기 때문에 녹색 잎 사이로 보이는 빨간색이나 검정색 열매를 쉽게 찾아서 잽싸게 채가죠.

나리꽃의 왕 — **참나리**

할아버지 수염을 닮은 꽃 — **큰까치수염, 까치수염**

벌과 나비가 좋아하는 — **쥐오줌풀**

이른 봄 벌들의 좋은 식량 — **양지꽃**

나비가 참 좋아하는 — **엉겅퀴**

벌과 나비가 좋아하는 — **부처꽃**

나리꽃의 왕

참나리

과명 백합과 여러해살이풀 **학명** *Lilium lancifolium* **꽃** 7~8월 **열매** 미성숙 **높이** 1~2m

참나리의 8월 꽃

▲ 짙은 노란색 꽃이 피는 섬말나리　　▲ 분홍색 꽃이 피는 솔나리

TV에서 사극을 보면 "나으리님, 한 번만 살려주십쇼"라고 말하는 것을 흔히 보셨을 거예요. 여기서 '나으리'는 '나리'를 뜻하며 '높다'라는 뜻을 가지고 있어 높으신 분을 '나리'라고 불렀던 것이죠. '나리꽃'은 꽃 중의 꽃(가장 높은 꽃)이라는 뜻에서 붙은 이름이라고 해요. 게다가 '참'은 유사한 꽃 중에서 가장 좋은 꽃이나 사람이 먹을 수 있는 꽃에 붙이는 말이므로 '참나리'는 나리꽃이라고 불리는 식물 중에서 가장 좋은 꽃이란 뜻이죠. 우리말로는 나리꽃이라고 말하지만 한문으로는 '백합'이라고 말해요. 그러니까 '나리꽃'과 '백합꽃'은 같은 꽃이라는 뜻이죠. 요즘은 원예종 꽃이 많이 나오므로 원예종과 토종꽃을 구별하기 위해 토종꽃은 '나리꽃', 원예종은 '백합꽃'이라고 말해요.

우리나라에서 자생하는 토종 나리꽃은 약 10여 종이 있어요. 생김새가 비슷하기 때문에 혼동되는 경우가 많은데 대개 다음과 같이 구별을 해요. 꽃이 크고 꽃이 밑을 향해 피면 '참나리'라고 말해요. '중나리'는 참나리와 같은 꽃이 피지만 주아가 없고 전체적으로 참나리보다 작은 약 1m 정도 높이로만 자라는 특징이 있어요. 참나리와 거의 비슷하지만 주아의 유무와 잎 모양으로 구별할 수 있어요.

▲ 나리꽃 중에서 키가 제일 작은 땅나리

▲ 참나리

키가 작은 나리꽃은 대개 사람 허리나 무릎 높이만큼 자라는데 꽃이 작고 꽃이 하늘을 향해 피는 '하늘나리', 하늘나리와 비슷하지만 줄기에 날개가 있는 '날개하늘나리', 잎이 줄기에서 돌려서 나고 꽃이 옆이나 땅을 보고 있는 '말나리', 잎이 줄기에서 돌려나지만 꽃이 하늘을 보고 있는 '하늘말나리'가 있어요.

꽃이 작고 꽃이 땅을 향해 피면 '땅나리', 땅나리와 비슷한데 완전히 노란색 꽃이 피면 '노랑땅나리', 땅나리와 비슷한데 노란색과 주황색이 섞여있고 색상의 꽃이 피고 울릉도에서 많이 볼 수 있는 '섬말나리', 꽃이 작고 연분홍색의 아주 예쁜 꽃이 피고 잎이 가느다란 '솔나리'가 있어요.

이 가운데 나리꽃의 대표인 참나리는 7~8월에 개화를 해요. 보통 여름철에 피서를 떠날 무렵에 나리꽃이 피는 것이죠. 피서가지 않은 분들은 피서철에 집 근처 수목원을 방문하면 나리꽃이 핀 것을 볼 수 있어요. 꽃은 끝이 6개로 갈라져있고 수술은 6개, 암술은 1개가 있고 한 줄기에서 여러 송이가 달려요. 대부분의 나리꽃은 잎이 어긋나지만 돌려나는 품종도 있어요.

'백합(百合)'은 나리꽃의 뿌리를 보고 지은 이름으로 알뿌리의 비늘줄기 100개가 합쳐져 하나의 뿌리가 되었다고 해서 붙은 이름이에요. 뿌리를 잘 말린 뒤 달여 먹으면 열을 내리고 폐결핵에 효능이 있고, 보릿고개가 많았던 옛날에는 식량으로 먹거나 죽으로 만들어먹었다고 해요. 나리꽃은 종류 별로 번식하는 방법이 다르지만 참나리는 주아로 번식하고, 열매가 생기는 나리꽃은 열매로 번식시킬 수 있어요. 보통은 알뿌리를 쪼개 심는 방법이 가장 좋은 번식 방법이라고 해요.

▲ 참나리 잎겨드랑이의 주아

▲ 잎이 돌려나고 꽃이 하늘을 향하는 하늘말나리

볼 수 있는 곳

나리꽃은 주택가 화단에서도 흔히 볼 수 있고 아파트 단지에 심은 것도 많이 볼 수 있어요. 각 지역의 수목원에서도 만날 수 있어요.

할아버지 수염을 닮은 꽃

큰까치수염과 까치수염

과명 앵초과 여러해살이풀 학명 *Lysimachia clethroides* 꽃 8~9월 열매 9~10월 높이 50cm~1m

▲ 큰까치수염의 꽃 ▲ 까치수염

흔히 까치수영이라고 부르지만 원래 이름인 '까치수염'이 정식명칭이 되었어요. 꽃이 핀 모습이 수염을 연상시킨다고 해서 까치수염이라는 이름이 붙었죠. 흔히 볼 수 있는 것은 두 종류인데 '큰까치수염'과 '까치수염'이 그것이고 많이 볼 수 있는 것은 '큰까치수염'이에요.

큰까치수염의 꽃은 6~8월에 총상화서로 개화를 해요. 총상화서의 전체 길이는 10~20cm 정도이고 각각의 꽃은 8~12mm 크기를 가졌고, 이 꽃은 나비들이 좋아해요. 줄기에는 잔털이 거의 없거나 아예 없으므로, 줄기에 잔털이 있는 까치수염과 구별할 수 있어요. 잎은 어긋나고 타원상 피침형이고 길이 6~14cm 정도예요.

잎의 끝은 뾰족하고 짧은 잎자루가 있거나 없으며, 어린잎은 나물로 먹을 수 있어요. 열매는

▲ 까치수염의 줄기 잔털과 열매 ▲ 갯까치수염

꽃이 떨어지면 바로 볼 수 있는데 약간 긴 둥근 모양의 쌀알만 한 크기이고, 꽃이 진 곳에 다닥다닥 붙어있어요.

비슷한 식물로는 남부지방의 습지에서 볼 수 있는 '진퍼리까치수염', 잎겨드랑이에서 노란색 꽃이 피는 '버들까치수염', 남해안 섬 풀밭에서 땅바닥에 붙어 자라는 '갯까치수염' 등이 있어요. 한약방에서는 까치수염의 뿌리를 종기와 염좌에 사용하기도 하며, 번식은 종자와 포기나누기로 할 수 있어요.

볼 수 있는 곳

큰까치수염은 전국의 약간 축축한 풀밭에서 볼 수 있고, 까치수염은 산이나 시골 길가에서도 간혹 볼 수 있어요. 각 지역의 수목원에서도 흔히 볼 수 있는데 대개 '큰까치수염'인 경우가 많아요.

오늘 만난 꽃

벌과나비가 좋아하는

쥐오줌풀

과명 마타리과 여러해살이풀 **학명** *Valeriana fauriei* **꽃** 5~8월 **열매** 8월 **높이** 40~80cm

쥐오줌풀

▲ 쥐오줌풀의 꽃 ▲ 쥐오줌풀의 잎

쥐오줌풀은 꽃과 뿌리에서 쥐오줌 냄새가 난다고 해서 붙은 이름이에요. 꽃은 은은한 향이 있지만 가까이서 맡으면 정말이지 야릇한 오줌냄새를 풍기죠. 이 꽃은 벌과 나비가 좋아하므로 쥐오줌풀 꽃이 필 때면 항상 벌과 나비들이 몰려와 잔치를 벌이죠.

꽃은 5~8월에 산방화서 모양으로 연한 붉은색의 자잘한 꽃들이 달려있어요. 각각의 꽃은 통모양이고 끝이 5개로 갈라지고 3개의 수술과 1개의 암술이 있어요. 줄기 잎은 마주나고 5~7개의 작은 잎으로 되어있고 잎 가장자리에 톱니가 있어요. 뿌리에서 올라온 잎은 꽃이 피기 전 시들어버리죠.

뿌리는 한약방에서 '힐초'라고 말하며 각종 약으로 사용하는데 신경과민이나 신경쇠약 같은 증상에 처방을 많이 하는 편이에요. 즉 이 풀은 정신적으로 불안하거나 불면증에 시달리는 히스테리 증세에 아주 좋다고 하는데 꽃과 뿌리에 그런 성분이 들어있다는 거예요. 벌과 나비가 몰려오는 이유는 아마 꿀 찾아 삼만 리 헤맬 때 쌓이는 히스테리를 풀기 위해서가 아닐까요?

여러분도 시험공부에 지쳐있다면 수목원을 찾아가서 쥐오줌풀의 꽃 냄새를 맡아보세요. 냄새가 역하다고 느껴지면 스트레스가 안 쌓인 것이고, 냄새가 아주 좋다고 생각되면 스트레스에 시달리고 있다는 뜻이니까요. 참고로, 쥐오줌풀의 번식은 종자와 포기나누기로 할 수 있죠.

볼 수 있는 곳

전국의 산과 들판에서 볼 수 있어요. 산업용으로 가치가 높아 재배하는 농가들도 있어요. 또한 각 지역의 수목원에서도 만날 수 있어요.

이른 봄 벌들의 좋은 식량

양지꽃

과명 장미과 여러해살이풀 학명 *Potentilla fragarioides* 꽃 4~6월 열매 6월 높이 30~50cm

양지꽃

양지꽃은 양지바른 곳에서 흔히 볼 수 있다고 해서 붙은 이름이에요. 산에서 흔히 보는 뱀딸기와 비슷하지만 자세히 보면 여러모로 다르므로 쉽게 구별할 수 있어요. 양지꽃은 중국에서 치자연(雉子筵)이라고 하는데 줄기가 방석처럼 펴져나간 모습이 꿩이 앉은 자리 같다고 해서 붙은 이름이에요.

꽃은 4~6월에 피는데 꽃대가 올라온 뒤 여러 개로 갈라지고 각 가지마다 꽃이 달리고, 꽃의 지름은 20mm 정도예요. 꽃받침은 5개이고 꽃받침 뒤에 부꽃받침이 5개 더 있으므로 꽃받침이 총 10개로 보이죠. 뱀딸기는 부꽃받침이 없으므로 이 점으로 구별할 수 있어요. 또한 양지꽃은 이른 봄에 꽃이 피고, 이 무렵에는 꽃피는 식물이 별로 없으므로, 벌들이 열심히 양지꽃을 찾아다니며 꿀을 수집해야겠죠.

▲ 양지꽃의 잎

뿌리에서 올라온 잎은 방석처럼 퍼지고 3~15개의 작은 잎이 달려있고 제일 끝 잎 3개는 크고 밑으로 내려갈수록 점점 작아지는 것이 특징이에요. 뱀딸기는 작은 잎이 3개씩 달리므로 이점으로도 구별할 수 있어요. 봄철 어린 잎은 나물로 먹을 수 있고 뿌리는 약으로 사용하는데 몸 속 독성을 없애거나 폐결핵, 각종 염증에 효능이 있어요. 번식은 종자와 포기나누기로 할 수 있는데 포기나누기 번식이 아주 잘되는 편이에요.

볼 수 있는 곳

전국의 산과 초원, 밭둑에서 흔히 볼 수 있어요. 3~4월에 집에서 가까운 높은 산에 오르면 아직 녹지 않은 계곡가의 양지바른 곳에서 녹색 이파리가 보이는데 십중팔구 양지꽃의 어린잎이에요. 또한 각 지역의 수목원에서 양지꽃을 만날 수 있어요.

오늘 만난 꽃

나비가 참 좋아하는

엉겅퀴

과명 국화과 여러해살이풀 학명 *Cirsium japonicum* 꽃 6~8월 열매 8~10월 높이 0.5~1m

▲ 엉겅퀴 ▲ 엉겅퀴의 꽃

가시가 많은 엉겅퀴는 물체가 잘 얽히고설키기 때문에 붙은 이름이에요. 가시는 잎의 가장자리에 있는데 성숙한 잎은 가시가 아주 날카로운 편이죠. 그래서 엉겅퀴 잎을 손으로 만질 때는 정말이지 조심하는 것이 좋아요.

엉겅퀴의 꽃은 6~8월에 피며 원줄기와 가지 끝에 달려요. 꽃의 지름은 3~5cm 정도이고 꽃의 밑동을 싸고 있는 총포는 둥글고, 상단부에는 자잘한 관 모양의 꽃들이 있어요. 관 모양의 꽃은 길이 2cm 정도이고, 색상은 자주색이거나 빨간색인데, 나비들이 아주 좋아해 꽃의 뾰족한 부분에 즐겨 앉죠.

뿌리에서 올라온 잎은 꽃이 필 때도 남아있는데 타원형 또는 긴 타원형이고 길이 15~30cm,

▲ 엉겅퀴의 잎

6-7쌍으로 깊게 갈라지고 가장자리에 톱니와 가시가 있어요. 줄기 잎은 긴 타원형이고 밑 부분이 원줄기를 감싸고 가장자리가 깊게 갈라진 모양이고 역시 뾰족한 부분마다 날카로운 가시가 있어요. 줄기는 높이 50~100cm 정도로 자라는데 거미줄 같은 털이 있고 세로줄이 있어요. 9월경 볼 수 있는 열매는 둥글고 털이 많아서 솜뭉치처럼 보이고, 이 때문에 바람의 도움으로 씨앗이 날아가 번식을 하죠.

한약방에서는 엉겅퀴의 뿌리, 잎, 꽃을 잘 말린 뒤 약용하는데 출혈을 멈추게 하는 지혈 작용과 부스럼 등에 효능이 있다고 해요. 특히 피를 엉히고설키게 하여 지혈작용을 아주 잘하기 때문에, 어떤 사람은 엉겅퀴라는 이름도 피를 잘 엉히게 해서 붙었다고 말하죠. 번식은 종자와 포기나누기로 할 수 있어요.

볼 수 있는 곳

우리나라 전국에서 흔히 볼 수 있는데 대개 양지바른 언덕이나 풀밭에서 볼 수 있어요. 비슷한 식물이 30종이나 되므로 각 지방마다 여러 가지 엉겅퀴를 볼 수 있어요. 또한 각 지역의 수목원에서도 엉겅퀴를 만날 수 있어요.

●재미있는 나무 이야기●

스코틀랜드의 국화인 엉겅퀴

엉겅퀴는 스코틀랜드의 국화인데 여기에는 재미난 전설이 있어요. 바이킹 같은 해적이 많았던 먼 옛날, 추운 지방에서 내려온 바이킹 해적들은 스코틀랜드를 자주 침범하였다고 해요. 밤낮없이 침범하다 보니 스코틀랜드 사람들은 잠을 잘 수 없었고, 이 때문에 성 아래에 엉겅퀴를 심어놓는 전략을 취했죠. 해적들은 야밤에 성에 오르려다가 엉겅퀴에 찔려 고함을 질렀고, 이 때문에 잠에서 깨어난 스코틀랜드 사람들이 해적들을 물리쳤다는 재미있는 전설이 전해오죠.

벌과 나비가 좋아하는

부처꽃

과명 부처꽃과 여러해살이풀 학명 *Lythrum anceps* 꽃 5~8월 열매 8월 높이 1m

줄기에 털이 거의 없는 부처꽃

이 식물은 음력 7월 15일 백중날에 부처님께 받치는 꽃이라고 해서 부처꽃이란 이름이 붙었어요. 이 꽃을 받칠 때는 물을 약간 뿌려서 받치는데 그렇게 하면 죽은 사람이 하늘로 올라갈 때 목을 적시고 올라간다고 해요.

▲ 줄기에 털이 많은 털부처꽃

부처꽃은 5~8월에 꽃이 피는데 잎겨드랑이에서 꽃이 달리고 꽃의 색상은 빨간색이거나 홍자색이에요. 꽃받침은 6개로 갈라지고 꽃잎 6개, 수술 12개이고 이 꽃은 나비와 벌들이 좋아하죠. 몇몇 식물은 줄기가 원통형이 아닌 사각형인 경우가 있는데 부처꽃 또한 줄기가 사각형 형태로 각이 져 있어요. 줄기를 잘 보면 털이 많거나 털이 없는 경우가 있는데 털이 거의 없는 것은 부처꽃, 털이 많은 것은 털부처꽃이에요. 또한 흰색꽃이 피는 것은 흰부처꽃이라고 하죠. 잎은 3장이 돌려나기도 하지만 잎 2장이 마주나거나 어긋나기도 하고, 잎의 모양은 넓은 피침형이에요.

부처꽃 역시 전체를 잘 말린 뒤 약으로 사용하기도 하는데 열을 내리고 소변을 잘 나오게 하거나 이질, 방광염 등에 효능이 좋아요. 번식은 종자와 포기나누기로 할 수 있죠.

볼 수 있는 곳

전국의 축축한 풀밭이나 논둑, 습지, 연못가에서 볼 수 있어요. 수목원에서는 주로 연못가에 부처꽃을 키우는 경우가 많아요.

오늘 만난 꽃

토끼풀 & 분홍토끼풀 & 산토끼꽃(산토끼풀)

▲ 토끼풀

토끼풀

(콩과 여러해살이풀, Trifolium repens)

토끼풀은 우리나라 꽃이 아닌 지중해 원산의 외국 식물이에요. 목장을 조성할 때 목초지에 퇴비용으로 심은 것이 지금은 전국의 풀밭에서 흔히 보는 식물이 되었죠. 잎은 보통 3장씩 나는데 영어로는 클로버라고 하고 네잎 클로버는 행운을 상징하죠. 꽃은 6~7월에 볼 수 있는데 산형화서 모양으로 자잘한 꽃이 많이 달리고 이 자잘한 꽃은 나비들이 아주 좋아해요.

▲ 붉은토끼풀

붉은토끼풀

(콩과 여러해살이풀, Trifolium pratense)

분홍토끼풀은 꽃 색상이 빨간색이거나 분홍색인 토끼풀을 말해요. 흔하지는 않지만 풀밭에서 잘 찾아보면 붉은토끼풀을 만날 수 있어요. 토끼풀의 번식은 종자와 포기나누기로 할 수 있는데 포기를 나누어 심는 것이 좋아요.

▲ 산토끼꽃

산토끼꽃

(산토끼꽃과 두해살이풀, Dipsacus japonicus)

흔히 산토끼풀이라고도 말하지만 정식명칭은 산토끼꽃이라고 말해요. 키가 2m까지 자라는 멸종위기식물이며 우리나라 강원도와 경상북도의 일부지역에서만 볼 수 있어요. 꽃의 모양이 토끼풀과 비슷하기 때문에 산토끼꽃이란 이름이 붙었답니다.

잎과 줄기에서 향기나 악취가 나는 꽃

야생화 같은 풀꽃 중에는 잎이나 줄기를 비비면 향기가 나거나 악취가 나는 식물이 있어요. 박하의 잎은 손으로 비비면 박하향이 나는 것으로 유명하지만 쉽싸리 같은 풀꽃은 근처에 다가만 가도 심한 악취가 진동을 하죠. 지금부터 향기나 악취가 나는 식물들을 소개해 볼까요?

박하껌의 원료인	박하
지독한 오줌냄새가 나는	쉽싸리
마늘향이 나는	참산부추, 두메부추
잎에서 오이냄새가 나는	오이풀, 산오이풀
자꾸 만지면 여우오줌 냄새가 나는	여우오줌
노루오줌 냄새가 나는	노루오줌

박하껌의 원료인

박하

과명 꿀풀과 여러해살이풀 **학명** *Mentha piperascens* **꽃** 7~9월 **열매** 9월 **높이** 0.5m

박하

여러분은 박하사탕의 맛을 아실 거예요. 혹시 박하사탕을 먹어보지 못한 분이라면 민트껌을 떠올려보세요. 민트(Mint)란 박하를 말하는데 박하, 페퍼민트, 스피어민트 등의 식물들이 민트껌과 박하사탕의 원료라고 할 수 있죠. 그런데 이들 식물들의 원조가 박하라고 하니, 민트류에 속하는 모든 식물들은 박하가 있었기에 탄생한 것이죠.

중국 원산의 박하는 중국을 기준으로 유럽과 우리나라에 전래되었다고 해요. 우리나라에는 삼국시대 이전에 약용 재배 목적으로 들어왔는데, 훗날 여러 가지 개량 박하가 서로 번식을 하며 현재의 우리나라 박하가 탄생한 것이죠.

▲ 박하의 7월 꽃

박하의 꽃은 7~9월에 잎겨드랑이에서 모여 피는데 색상은 연보라색이고 수술은 4개, 암술은 1개에요. 꽃은 통모양이고 길이 4~5mm로서 4개의 수술이 있고, 꽃에서는 연한 향기가 있어요. 줄기는 네모지고 마주난 잎은 잎자루가 있고 가장자리에 톱니가 있어요. 잎에는 박하향을 뿜는 유점이 있지만 냄새가 잘나지 않으므로 잎을 손으로 짓이겨 보세요. 그럼 아주 강한 박하향이 나는 것을 알 수 있어요.

박하는 한자로 박하(薄荷)라고 하는데, 아무래도 꽃을 무더기로 짊어지고 있기 때문에 붙은 이름 같아요. 약용성분이 탁월한 박하는 피로회복, 해열, 충혈, 부스럼, 열사병에 좋을 뿐 아니라 각종 마비증세와 치통 같은 통증에 좋고, 벌레 물린 상처나 부스럼에도 잎을 짓이겨 바르면 특효가 있어요. 번식은 종자, 꺾꽂이, 포기나누기로 할 수 있어요.

볼 수 있는 곳

농촌의 풀밭이나 습지 주변에서 볼 수 있어요. 또한 각 지역의 수목원에서 만날 수 있어요.

지독한 오줌냄새가 나는

쉽싸리

과명 꿀풀과 여러해살이풀 학명 *Lycopus lucidus* 꽃 7~8월 열매 8~9월 높이 1m

쉽싸리

쉽싸리는 꽃에서 아주 지독한 악취가 나는 경우가 많아요. 악취가 나는 이유는 아마 쉽싸리에 함유된 여러 가지 당분 때문인 것 같아요. 당분이 많으면 그만큼 벌레와 해충이 빈번히 드나들면서 알도 까고 하기 때문에 잡다한 냄새가 생기는 것이죠. 우리가 즐겨먹는 배나무의 꽃도 악취가 많이 나는데 그만큼 꽃 속에 당분이 많다는 뜻이겠죠.

쉽싸리는 특이하게도 암수딴그루예요. 나무들은 암수딴그루가 많지만 풀꽃들은 암수딴그루인 경우가 별로 없죠. 이 때문에 번식을 하려면 온갖 벌레를 다 유혹해야 하기 때문에 몸속에 더 많은 당분을 축적한 것인지도 모르죠.

▲ 쉽싸리의 꽃

꽃은 7~8월에 피는데 백색이고 잎겨드랑이에서 윤산화서로 모여 있어요. 꽃의 길이는 3~5mm 정도인데 수꽃과 암꽃이 따로 있거나 암수술이 한 꽃에 있는 경우도 있어요. 잎은 마주나고 잎자루가 거의 없으며 길이 2~4cm 정도이고 가장자리에 톱니가 있어요. 어린잎은 식용이 가능해 나물로 무쳐먹기도 하는데 여러 가지 잡맛에 긴 여운을 주는 약간의 단맛이 섞여 있어요.

쉽싸리의 잎과 뿌리는 한약재로 사용하기도 하는데 이뇨, 간장, 복부팽만, 농양, 종기, 요실금 등에 효능이 있어요. 또한 이 뿌리는 땅에서 나는 죽순이란 뜻에서 지순(地筍)이라는 별명이 있는데, 천지지변이 발생하여 정말 먹을 것이 없는 때 비상식량으로 먹을 만해요. 맛은 우엉보다 못하므로 기대하지 않는 것이 좋겠죠. 번식은 종자로 할 수 있어요.

볼 수 있는 곳

전국의 연못이나 논두렁, 습지 근처에서 흔히 볼 수 있어요. 또한 각 지역의 수목원에서도 만날 수 있는데 대개 수목원 내 습지원에서 볼 수 있어요.

마늘향이나는

참산부추와 두메부추

과명 백합과 여러해살이풀 학명 *Allium sacculiferum* 꽃 7~9월 열매 10월 높이 60cm

▲ 참산부추 ▲ 두메부추

산에서 자라는 부추류 식물은 가정에서 먹는 부추처럼 사람이 먹을 수 있는 식물이에요. 그러나 여러 가지 사정 때문에 사람들은 이들 부추를 먹지 않으려고 노력한답니다.

참산부추는 전국의 산에서 볼 수 있는 식물이에요. 꽃은 7~9월에 산형화서로 피는데 꽃의 색상은 적자색이고 작은 꽃들이 자잘하게 붙어 있죠. 꽃잎은 6개이고 수술도 6개, 꽃잎보다 긴 수술이 꽃 밖에 나와 있고 꽃의 전체 길이는 1cm 정도예요. 참산부추도 사람이 먹을 수 있지만 먹지 않는 이유는 잎이 2~3개 밖에 안 올라오기 때문이죠. 한 그루당 2~3개의 잎이 붙어있는데 굳이 잎을 따먹어가면서 이 식물을 괴롭힐 필요가 있을까요?

두메부추는 강원도와 울릉도에서 자생하는 식물인데 잎이 무더기로 올라오는 것이 특징이에요. 잎은 두툼하고 식감이 좋을 뿐 아니라 아주 맛있기까지 하답니다. 하지만 사람들은 두메부추를 먹지 않죠. 그 이유는 이 식물이 멸종위기식물이기 때문이에요.

번식은 10월에 종자를 받아 파종하면 이듬해 봄에 발아를 하고, 구근을 나누어 심는 방법으로도 할 수 있으므로 정 먹고 싶다면 직접 키워서 먹는 것이 좋겠죠. 다행히 최근에 두메부추를 대량 증식하는데 성공해 요즘은 인터넷에서 모종을 판매하기도 하므로, 맛있기로 정평난 두메부추를 꼭 맛보고 싶다면 인터넷에서 주문해 키워보세요. 부추류 식물은 공통적으로 잎에서 마늘냄새가 나곤 해요.

볼 수 있는 곳

참산부추는 전국의 산에서, 두메부추는 강원도와 울릉도의 산에서 만날 수 있어요. 또 다른 부추식물인 산부추는 우리나라 산과 들판에서 흔히 볼 수 있어요. 맛은 두메부추 잎이 가장 좋은 편이죠.

잎에서 오이냄새가 나는

오이풀과 산오이풀

과명 장미과 여러해살이풀 **학명** *Sanguisorba officinalis* **꽃** 8~9월 **열매** 9월 **높이** 0.3~1.5m

▲ 오이풀의 꽃 ▲ 산오이풀의 꽃

잎에서 오이냄새가 나기 때문에 오이풀이란 이름이 붙은 식물이에요. 당연히 열매로 오이가 열리지는 않겠죠. 그러나 자랑질하기에는 딱 좋은 식물이므로 어머니와 함께 식물원에 갔을 때, 잎을 찢어서 냄새를 맡게 해 보세요. 아마 어머니는 "진짜 오이 냄새가 나네?"라고 말할 것 같고 여러분은 땡잡은 기분이 들고 어깨가 으쓱할 거예요.

오이풀의 꽃은 7~9월에 볼 수 있어요. 꽃은 수상화서로 달리고 자잘한 꽃이 수없이 많이 붙어 있어요. 수상화서의 전체길이는 1~2.5cm 정도이고 이곳에 붙은 자잘한 꽃은 꽃받침잎 4개이고 수술도 4개예요. 꽃은 육안으로는 잘 보이지 않으므로 돋보기로 보는 것이 좋아요. 잎은 잎자루가 길고 작은 잎이 5~11개 달려있어요. 잎은 길이 2.5~5cm 정도인데 가장자리에 톱니가 있어요. 다른 식물에서는 오이풀과 똑같은 잎이 열리지 않으므로 오이풀은 잎만 보고도 알아볼 수 있어요.

▲ 오이풀의 잎 ▲ 긴오이풀의 꽃

오이풀의 형님이라고 할 수 있는 산오이풀은 높은 산에서 볼 수 있는 식물이에요. 잎은 오이풀과 비슷하지만 꽃의 생김새가 틀리기 때문에 쉽게 구별할 수 있죠. 또한 잎이 길고 흰색 꽃이 피는 '긴오이풀', 잎이 가느다란 '가는오이풀' 등이 우리나라에서 볼 수 있는 오이풀이라고 할 수 있어요.

한약방에서는 오이풀 뿌리를 지유(地榆)라고 말하는데 TV광고에서 약 선전을 할 때 "지유 성분이 들어간…" 말을 여러분도 흔히 들어보셨을 거예요. 지유는 몸 속 독을 없애고 습진, 부스럼, 설사, 피부염, 장염에 효능이 있어요. 어린잎은 아주 부드럽기 때문에 사람이 먹을 수 있고, 번식은 종자와 포기나누기로 할 수 있어요.

볼 수 있는 곳

오이풀은 우리나라 전국의 산과 풀밭에서 볼 수 있어요. 산오이풀은 높은 산의 암석이나 절벽에서 볼 수 있어요. 긴오이풀은 대개 중부이북의 높은 산에서 볼 수 있어요. 또한 각 지역의 수목원에서 오이풀을 만날 수 있어요.

오늘 만난 꽃

자꾸 만지면 여우오줌 냄새가 나는

여우오줌

과명 국화과 여러해살이풀 **학명** *Carpesium macrocephalum* **꽃** 8~9월 **열매** 9월 **높이** 1m

여우오줌

여우오줌은 꽃이나 잎을 자꾸 만지다보면 조금 역한 냄새가 나는데 이 냄새가 여우의 오줌냄새를 닮았다고 해서 붙은 이름이에요.

▲ 여우오줌의 꽃

여우오줌의 꽃은 8~9월에 볼 수 있어요. 꽃은 두상화서로 달리고 크기는 3cm 정도이므로 비교적 큰 편이에요. 농촌의 풀밭에 가면 담배풀이란 식물이 있는데 담배풀류의 식물 중에서 가장 큰 꽃이 피기 때문에 '왕담배풀'이라는 별명이 있죠.

뿌리에서 올라온 잎은 달걀모양이고 긴 잎자루가 있고, 줄기는 많이 갈라지면서 퍼지듯 자라는 것이 특징이에요. 크기가 큰 잎은 길이 30cm 정도 되므로 꽤 큰 편이죠. 잎과 뿌리는 약용성분이 있어 민간에서 달여 먹기도 해요. 열매는 구충제 성분이 있어 몸 속 회충을 없앨 때 먹기도 해요. 어린잎을 생으로 짠 즙은 지혈이나 타박상, 부스럼에 바르면 효능이 있어요.

볼 수 있는 곳

우리나라 강원도나 경기도의 높은 산에서 볼 수 있어요. 여우오줌을 키우는 수목원이 우리나라에 별로 없는데 서울 홍릉수목원, 포천 평강식물원, 성남 신구대식물원, 전주 한국도로공사수목원에서는 여우오줌을 볼 수 있어요.

오늘 만난 꽃

노루오줌 냄새가 나는

노루오줌

과명 범의귀과 여러해살이풀 **학명** *Astilbe rubra* **꽃** 7~8월 **열매** 8~9월 **높이** 40~70cm

노루오줌

노루오줌은 꽃과 잎에서 노루오줌과 비슷한 지린내가 나는 식물이에요. 꽃은 지린내가 약하지만 잎을 비벼보면 아주 진한 오줌냄새가 나죠.

▲ 노루오줌의 7월 꽃

꽃은 7~8월에 원추화서 모양으로 피고 각각의 작은 꽃은 꽃잎 5개, 수술 10개, 암술대는 2개를 가지고 있어요. 이 꽃은 향기가 나쁘지 않은 경우도 있지만 은근슬쩍 역한 냄새가 나는 경우가 많으므로 아저씨는 이 꽃을 보면 피해 다니느라 바쁘죠. 꽃의 색상은 연한 빨간색이거나 분홍색인데 원예종 꽃들은 노란색인 경우도 있어요. 꽃이 멀리서 보면 예쁘기 때문에 외국에서 노루오줌 원예종이 많이 만들어졌다고 해요.

잎은 어긋나고 긴 잎자루가 있고 작은 잎이 2~3줄씩 달려있어요. 작은 잎은 길이 2~8cm 정도이고 가장자리에 톱니가 있어요. 한약방에서는 노루오줌의 뿌리와 잎을 약으로 사용하는데 열이 많거나 각종 통증, 초기 감기 증세 등에 효능이 있다고 해요. 번식은 종자와 포기나누기로 할 수 있어요.

볼 수 있는 곳

전국의 산과 들판의 축축한 곳에서 볼 수 있고 동네 화원에서도 원예종을 파는 것을 가끔 볼 수 있어요. 각 지역의 수목원에서도 만날 수 있어요.

잎이 큰 꽃

풀꽃 중에서 잎이 큰 식물에 대해 알아보아요. 어떤 식물은 잎의 크기가 50cm가 넘는 경우도 있기 때문에 비올 때 우산대용으로 사용할 수 있을 것 같아요.

잎이 박쥐의 날개를 닮은	박쥐나물
꽃이 털처럼 보이는	터리풀
밑에 뱀이 숨어있을 것 같은	도깨비부채
곰취인 줄 알고 먹다가 독에 걸리는	동의나물
우리나라에서 가장 큰 잎이 달리는	병풍쌈

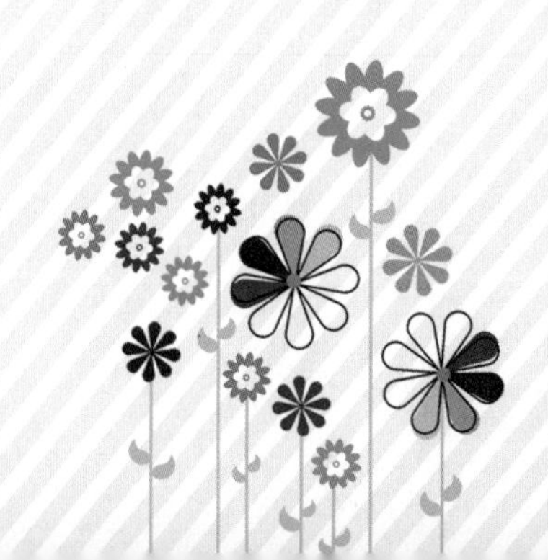

잎이 박쥐의 날개를 닮은

박쥐나물

과명 국화과 여러해살이풀 **학명** *Parasenecio auriculata* **꽃** 8~9월 **열매** 9~10월 **높이** 1~2m

▲ 박쥐나물 ▲ 박쥐나물의 꽃

박쥐나물은 잎의 생김새가 박쥐날개와 닮았다고 해서 붙은 이름이에요. 박쥐나물과 비슷한 식물은 우리나라에 7종이 있는데 잎 모양이 조금씩 틀려도 대부분 박쥐날개와 비슷한 생김새를 가졌죠. 이름을 볼 수 있듯 어린잎은 나물로 무쳐먹을 수 있는데 맛은 그다지 좋은 편이 아니에요.

꽃은 8~9월에 볼 수 있는데 원추화서로 달리고 각각의 꽃은 두상꽃 모양이에요. 하나의 꽃대에는 두상꽃이 6~9개씩 달리고 각 두상꽃에는 자잘한 꽃이 숨어있어요. 열매는 10월쯤 볼 수 있는데 흰색 털이 빽빽이 달려있고 바람에 의해 다른 곳으로 날아가 씨앗을 뿌리죠. 잎은 어긋나고 뿌리잎은 꽃이 필 때쯤 시들어 사라지고, 줄기 잎은 박쥐 날개 모양이고 너비 10cm 정도예요. 잎자루가 줄기를 감싸지 않는 것이 특징이에요.

▲ 나래박쥐나물　　▲ 잎자루가 줄기를 감싸는 나래박쥐나물

'나래박쥐나물'은 박쥐나물과 거의 비슷하지만 잎이 박쥐나물에 비해 두 배 정도 크고 잎자루가 줄기를 감싸기 때문에 쉽게 구별할 수 있어요. 번식은 종자와 포기나누기로 할 수 있어요.

▲ 잎자루가 줄기를 감싸지 않는 박쥐나물

볼 수 있는 곳

전국의 산과 들판에서 가끔 볼 수 있어요. 지역에 따라 박쥐나물이 사는 지역도 있고 다른 박쥐나물이 사는 지역도 있어요. 나래박쥐나물은 잎자루가 줄기를 감싸고, 귀박쥐나물은 잎자루에 날개가 있으며 귀처럼 넓어지는 것이 특징이에요. 각 수목원에서도 박쥐나물을 볼 수 있는데 대개 그 지역에서 사는 박쥐나물을 키우는 경우가 많아요.

꽃이 털처럼 보이는

터리풀

과명 장미과 여러해살이풀 **학명** *Filipendula glaberrima* **꽃** 6~8월 **열매** 8월 **높이** 1m

터리풀

터리풀은 꽃의 생김새가 털처럼 보인다고 해서 붙은 이름이에요. 실제로는 아주 작은 꽃잎이 붙어있지만 멀리서보면 털처럼 보이기 때문에 터리풀이라고 하는 것이죠.

꽃은 7~8월에 산방화서 모양으로 달리고 흰색이지만 약간 빨간색이 섞여있어요. 꽃 안쪽과 꽃밥이 빨간색이기 때문에 빨간색이 섞여 있는 것처럼 보이는 것이죠. 꽃잎은 4~5개이고, 수술은 많고 꽃의 지름은 6mm 정도이므로 아주 작은 꽃이에요.

▲ 터리풀의 잎

잎은 어긋나고 잎자루가 길고 가장자리가 3~7개로 갈라지고 톱니가 있어요. 잎의 크기는 길이 16cm, 너비 25cm 정도이므로 꽤 큰 편이죠. 비슷한 식물로는 '단풍터리풀'과 '지리터피풀' 등이 있는데 잎이 조금 다르거나 줄기의 털이 있거나 없으므로 이런 점으로 구별할 수 있어요. 이 가운데 터리풀은 우리나라에서만 볼 수 있는 특산식물이에요. 번식은 종자와 포기나누기로 할 수 있어요.

볼 수 있는 곳

터리풀은 전국의 깊은 산 계곡에서 볼 수 있어요. 단풍터리풀은 중부이북지방의 깊은 산에서 볼 수 있고 지리터리풀은 지리산에서 볼 수 있어요. 또한 각 지역의 수목원에서도 만날 수 있어요.

오늘 만난 꽃

밑에 뱀이 숨어있을 것 같은

도깨비부채

과명 범의귀과 여러해살이풀 학명 *Rodgersia podophylla* 꽃 5~6월 열매 7월 높이 1.5m

도깨비부채

도깨비부채는 커다란 잎이 도깨비가 사용하는 부채처럼 보인다고 해서 붙은 이름이에요. 잎이 지름 50cm까지 자라므로 고양이나 강아지가 숨으면 못 찾을 정도로 큰 편이죠.

▲ 도깨비부채의 꽃

꽃은 5~6월에 볼 수 있는데 원추화서 모양이고 꽃잎이 없는 대신 4~8개로 갈라진 꽃받침이 꽃잎처럼 보이곤 해요. 수술은 8~15개이고 암술은 2개, 전체적으로 흰색꽃이 핀 것처럼 보이곤 해요. 잎은 긴 잎자루가 있고 4~6개로 갈라지고 갈라진 잎 가장자리에는 뿔처럼 큰 톱니가 있어요. 어린잎은 나물로 먹을 수 있는데 그럭저럭 먹을 만해요.

도깨비부채는 잎이 큼직하기 때문에 잎을 감상할 목적으로 키우는 관엽식물로 인기가 많다고 해요. 대개 큰 공원에서 가리고 싶은 곳을 가릴 목적으로 심는 경우가 많죠. 또한 번식력이 왕성하기 때문에 일단 심으면 이듬해에 군집을 이루는 경우가 많으므로 저절로 가리고 싶은 곳을 더 많이 가려주는 효과가 있죠. 특히 도깨비부채는 비탈진 곳에 울타리용으로 심는 것이 가장 좋다고 해요. 일단 군집으로 자라면 도깨비부채 밑에 뱀이 숨어있을 것 같기 때문에 사람들이 넘어 다니지 않으므로 비탈진 곳을 보호할 수 있는 것이죠. 번식은 종자와 포기나누기로 할 수 있어요.

볼 수 있는 곳

깊은 산의 응달이나 축축한 곳에서 볼 수 있어요. 각 지역의 수목원에도 만날 수 있어요.

곰취인 줄 알고 먹다가 독에 걸리는

동의나물

과명 미나리아제비과 여러해살이풀 학명 *Caltha palustris* 꽃 4~5월 열매 6~7월 높이 60cm

동의나물의 4월 꽃

동의나물은 물가나 축축한 계곡 가에서 자라는 독성식물이에요. 산에 올라온 사람들이 곰취의 어린 잎인줄 알고 쌈으로 싸먹다가 항상 사고를 불러일으키는 식물이죠. 옛날에는 물동이로 물을 떠가는 곳인 개울가나 우물가에서 많이 볼 수 있다 하여 '동이나물'로 불렸으나 지금의 이름으로 바뀌었다고 해요.

▲ 곰취의 어린잎으로 오인하는 동의나물 잎

뿌리에서 올라온 잎은 모여서 나고 넓은 심장형인데 너비가 10~20cm 정도예요. 가장자리에 물결모양의 둔한 톱니가 있으며 잎자루가 길죠. 어린잎이 곰취의 어린잎처럼 보이기 때문에 쌈으로 먹기 위해 따먹기도 하는데 잘못 식용하면 구토, 복통, 경련 증세를 보이고 현기증과 설사를 할 수 있어요.

동의나물 잎은 약간 두툼하고 앞뒷면에 광택이 있고 한 번에 수십 개의 크고 작은 잎이 모여 있지만, 곰취 잎은 광택이 없고 2~6개의 잎이 드문드문 올라올 뿐 아니라 잎자루 앞쪽이 갈색이므로 이런 점으로 구별할 수 있겠죠.

4~5월에 볼 수 있는 꽃은 1~2개씩 달리고 꽃받침은 5~6개이고 꽃잎처럼 보여요. 꽃잎은 아예 없지만 꽃받침이 꽃잎처럼 보이고 수술은 많이 달려있어요. 민간에서는 이뇨, 자궁암, 천식 약으로 동의나물을 달여 먹기도 하는데 독성 성분이 많으므로 복용 전 한의사에게 문의하는 것이 좋겠죠. 번식은 종자와 포기나누기를 할 수 있어요.

볼 수 있는 곳

동의나물은 전국의 산과 들판에서 볼 수 있어요. 대개 축축한 계곡가나 물가, 습지, 개울가, 연못가에서 볼 수 있고 각 지역의 수목원에서도 만날 수 있어요.

우리나라에서 가장 큰 잎이 달리는

병풍쌈

과명 국화과 여러해살이풀　학명 *Parasenecio firmus*　꽃 7~9월　열매 10월　높이 1~2m

병풍쌈의 꽃

병풍쌈은 잎이 병풍처럼 크다고 해서 붙은 이름이에요. 쌈이라는 이름이 있듯 어린잎은 쌈으로 싸먹어도 맛있는 식물이죠. 하지만 별종위기식물이기 때문에 나물로 채취하기 보다는 자생지를 보존하려는 지혜가 더욱 필요하겠죠.

▲ 너비 50cm인 병풍쌈의 잎

병풍쌈의 꽃은 7~9월에 볼 수 있는데 하나의 꽃대에 5~10개의 작은 꽃이 달려있어요. 뿌리에서 올라온 잎은 심장형이고 점점 크게 자라기 시작해 나중에는 너비 1m까지 자라기도 하지만 보통은 너비 50cm 정도로 자라는 경우가 많아요. 잎의 가장자리는 11~15개로 얇게 갈라지고 갈라진 잎에는 불규칙한 톱니가 있어요.

줄기 잎은 뿌리 잎에 비해 상대적으로 작고 잎자루가 짧거나 없고, 잎자루 아래가 줄기를 둘러싸고 있어요. 병풍쌈은 어린잎이 제법 맛있기 때문에 나물로 먹으면 좋지만 자생지가 많이 줄어들어 멸종위기식물로 지정되어 있어요.

볼 수 있는 곳

우리나라 전국의 깊은 산속에서 볼 수 있어요. 서울 홍릉수목원, 용인 한택식물원에서도 병풍쌈을 만날 수 있어요.

오늘 만난 꽃

약용식물로 유명한 꽃

예로부터 약초로 유명한 식물들이 있어요. 그 중 대표적인 약초식물에 대해 알아보아요.

9월 9일 날 부인에게 먹이는

구절초

과명 국화과 여러해살이풀 학명 *Dendranthema zawadskii* 꽃 7~9월 열매 9~10월 높이 50cm

▲ 구절초의 9월 꽃 ▲ 구절초의 잎

구절초는 노란색 꽃이 피는 산국과 함께 들국화로 불리는 꽃이에요. 흰색의 꽃이 피기 때문에 흰들국화인 셈이죠. 비슷한 식물이 하도 많기 때문에 식물을 처음 공부하는 사람들도 헷갈려 하는 식물이죠. 대개 흰색이나 연분홍색 꽃이 피며 잎이 갈라지는 것은 구절초 종류이고, 잎이 갈라지지 않는 식물은 쑥부쟁이 종류가 많아요. 구절초 종류도 잎이 얇게 갈라지거나 깊게 갈라지고 가늘게 갈라지는 종류가 있으므로 구절초 안에서도 수많은 종류가 있죠.

구절초의 꽃은 9~11월에 볼 수 있어요. 줄기나 가지 끝에서 한 송이씩 달리므로 한그루에 보통 5송이가 피고 이런 점이 꽃이 많이 피는 쑥부쟁이와 다른 점이에요. 꽃의 크기는 5cm 정도이고 색상은 흰색이거나 연한 분홍색이에요.

▲ 포천구절초의 잎

▲ 바위구절초

줄기는 잔가지가 있거나 2~4개로 갈라지고 줄기잎은 타원형으로 가장자리가 얇게 갈라져요. 잎의 갈라진 조각이 대체로 넓으므로 넓은구절초라고 말하는데 잎이 약간 깊게 갈라지는 서흥구절초가 구절초에 통합되었으므로 잎이 조금 좁은 경우도 있어요.

잎이 깊게 갈라지고 가는 구절초로는 '포천구절초', '바위구절초', '산구절초', '한라구절초'가 있는데 잎이 갈라진 모습이 조금씩 달라요. 또한 '가는잎구절초'라고 불리는 것도 있는데 이 식물은 포천구절초나 산구절초로 보고 있고, '넓은잎구절초'는 구절초에 통합되었어요.

구절초는 한약방에서 아주 유명한 약재이기도 해요. 불임증, 소화불량, 위장병에 효능이 있고, 체력을 보충하기 때문에 농촌에서는 할아버지들이 구절초술을 즐겨 담가먹죠. 또한 우리나라에선 먼 옛날부터 남편이 부인의 건강을 챙기기 위해 매년 음력 9월 9일 꽃과 줄기를 잘라 약으로 달여서 부인에게 대령했는데 이 때문에 구절초(九折草)라는 이름이 붙었다고 해요. 번식은 종자, 꺾꽂이, 포기나누기로 할 수 있어요.

볼 수 있는 곳

전국의 산과 들에서 가을에 볼 수 있어요. 각 지역의 수목원에서도 구절초를 볼 수 있어요.

원자폭탄과 싸워 이긴 약초대왕

약모밀

과명 삼백초과 여러해살이풀 **학명** *Houttuynia cordata* **꽃** 5~6월 **열매** 7월 **높이** 30~50cm

약모밀 군락

약모밀은 약으로 사용하는 메밀 닮은 식물이란 뜻에서 붙은 이름이에요. 한약재 이름인 '어성초'라는 이름으로도 많이 알려져 있으므로 식물원에서는 '어성초'라고 이름표를 붙인 경우도 많아요. 말 그대로 잎의 생김새가 메밀 잎과 비슷하지만 가까이에만 가도 약초향이 강하게 풍기는 식물이라고 할 수 있죠. 참고로 메밀은 표준어이고 모밀은 함경도 사투리라고 해요. 그런데 메밀꽃은 표준어인 메밀로 부르고 약모밀은 약메밀이 아닌 사투리로 부르니 참 재미있죠. 우리가 즐겨먹는 메밀국수, 모밀국수, 모밀소바는 다 같은 말인 것이죠.

▲ 약모밀의 꽃

약모밀의 꽃은 5~6월에 수상화서로 피고 꽃에는 꽃받침과 꽃잎이 없어요. 그 대신 총포라는 것이 있는데 이 총포가 꽃잎처럼 보이고 수술은 3개, 암술대도 3개가 있어요.

약모밀은 세균성 질환 치료에 매우 탁월해 한약방에서 항생제 대용으로 처방하기도 하죠. 각종 세균에 의한 병에는 대부분 사용할 수 있는데 폐렴, 신경통, 동맥경화, 기관지염, 각종 부종에 효능이 있죠. 일본에서는 히로시마에 원자폭탄이 터지면서 모든 식물이 죽은 적이 있죠. 1년 뒤 원자폭탄이 떨어진 곳을 조사해보니 맨 처음 발아를 한 식물이 약모밀이라고 해서 한참 인기를 얻은 적도 있죠. 약재명인 어성초는 잎을 비비면 생선 비린내가 난다고 해서 붙은 이름이고, 번식은 종자로 할 수 있어요.

볼 수 있는 곳

주로 남부지방의 습지와 울릉도에서 볼 수 있어요. 각 지역의 수목원에 가면 약용식물원이나 약초원이 있는데 그곳에서도 만날 수 있어요.

약모밀의 형님

삼백초

과명 삼백초과 여러해살이풀 학명 *Saururus chinensis* 꽃 6~8월 열매 8월 높이 1m

삼백초

원자폭탄을 이긴 약모밀의 큰형님쯤 되는 식물이 바로 삼백초라고 해요. 이 식물은 3군데가 흰색이기 때문에 삼백초라고 불려요. 사진을 보면 알 수 있듯 꽃과 잎이 흰색이고 뿌리도 캐보면 흰색이에요. 한약재로서의 약효는 약모밀과 비교해도 밀리지 않고 키가 높게 자라므로 약모밀의 큰형님이라고 할 수 있죠.

▲ 삼백초의 꽃

꽃은 6~8월에 볼 수 있는데 수상화서로 달리고 꽃잎은 없고 수술은 6~7개, 심피는 4개에요. 사진을 보면 알 수 있듯 꽃에 꽃잎이 없고 수술이 튀어나와 있어요.

줄기는 높이 1m 정도로 자라고 잎은 어긋나고 잎자루 밑이 줄기를 감싸고 있어요. 잎은 긴 타원형이고 가장자리에 톱니가 없고 상단 잎 2~3개가 백색이고 나머지 잎은 녹색이에요. 그런데 그늘에서 자란 삼백도는 상단 잎도 녹색인 경우가 많다고 해요. 예를 들어 우리 주변에는 잎에 얼룩무늬가 있는 식물들이 참 많은데 그늘에서 키우면 대개 얼룩무늬가 약해지는 현상이 있어요. 얼룩무늬식물은 보통 양달에서 키워야 얼룩무늬가 더 강해지곤 하죠.

삼백초는 잎, 뿌리, 줄기를 모두 약으로 달여 먹을 수 있어요. 약모밀처럼 항균 작용이 있으니 항생제 대용으로 먹을 수 있겠죠. 각종 세균성 병과 몸 속 독성을 없애는 해독작용을 하고, 종기를 없애고 습진, 황달, 간염에도 효능이 있어요. 번식은 종자와 포기나누기로 할 수 있어요.

볼 수 있는 곳

삼백초는 아쉽게도 멸종위기식물이랍니다. 제주도 등의 극히 일부 지역에 자생지가 있고 약용으로 먹는 삼백초는 대부분 재배한 것들이죠. 하지만 각 지역의 수목원에서 삼백초를 볼 수 있는데 주로 수목원내 습지나 연못가에서 많이 키우고 있죠.

황기찐빵으로 유명한

황기

과명 콩과 여러해살이풀 **학명** *Astragalus membranaceus* **꽃** 7~8월 **열매** 10월 **높이** 1~2m

황기의 꽃

황기는 한약재로 명성이 높지만 요즘은 황기찐빵으로 참 유명해요. 언뜻 보면 키 작은 아까시 나무처럼 생겼는데 말하자면 아까시나무가 풀처럼 자란다고 비유할 수 있겠죠.

▲ 황기의 잎

꽃은 7~8월에 볼 수 있는데 아까시꽃과 비슷하지만 약간 노란색이 끼어있어요. 열매는 꼬투리가 있고 10월에 볼 수 있는데 꼬투리를 까면 여러 개의 씨앗이 들어있어요.

어긋난 잎은 잎자루가 짧고 작은 잎이 6~11쌍 붙어있고 아까시 잎과 거의 비슷해요. 뿌리는 약재 명으로 '황기'라고 부르는데 이 이름이 식물이름이 된 것이죠.

약으로 사용하는 뿌리는 잘 말린 뒤 달여 먹거나 황기백숙으로 먹을 수 있고 황기가루는 밀가루와 섞어 황기찐빵을 만들 수 있죠. 약으로 사용하면 몸보신에 좋을 분 아니라 피부의 종기, 피로회복, 항문탈출 같은 병을 치료하는데 효능이 있어요. 몸이 나른하고 무기력할 때도 좋다고 하므로 약으로 먹고 싶지 않다면 황기찐빵이나 황기백숙을 먹어보세요. 이 음식은 땀을 많이 흘리는 증세에도 좋을 뿐 아니라 노화를 방지할 수 있으니 일거양득이라 할 수 있겠죠. 번식은 종자로 할 수 있어요.

볼 수 있는 곳

경상도와 울릉도의 산에서 볼 수 있지만 멸종위기식물이에요. 한약재로 아주 유명하기 때문에 농가에서 재배를 많이 하고 이 때문에 황기찐빵의 원료로 사용할 수 있는 것이죠. 각 지역의 수목원에서도 만날 수 있어요.

한약재로 유명한

천궁

과명 산형과 여러해살이풀 **학명** *Cnidium officinale* **꽃** 8~9월 **열매** 10월 **높이** 30~80cm

천궁

TV에서 볼 수 있는 광고에서 "천궁이 함유된..."이란 말을 들어보셨을 것 같아요. 천궁은 바로 이 식물을 말하는데 우리나라에 자생하지 않고 중국에서 들어온 식물이죠. 그러나 우리나라에는 천궁과 비슷한 식물이 자라는데 바로 '궁궁이'란 식물이에요. 궁궁이는 우리나라 천궁이란 뜻에서 '토천궁'이라는 별명이 있죠.

천궁의 꽃은 8~9월에 볼 수 있어요. 이 꽃은 복산형화서로 달리고 흰색이며 꽃잎 5개, 수술 5개, 1개의 암술이 있어요. 이 식물은 원래 재배종이기 때문에 열매는 열리나 씨앗이 여물지 않는다는 특징이 있죠. 줄기는 보통 60cm 정도로 자라고 줄기 잎이 어긋나게 달려요.

▲ 천궁의 잎

잎은 2회 우상복엽이며 가장자리에 톱니가 있어요. 산형과 식물들의 잎은 대부분 미나리를 크게 키운 것과 비슷한데 꽃과 잎이 비슷한 식물이 너무 많으므로 구별하는데 애를 먹기도 하죠.

한약방에서는 이 식물의 뿌리를 천궁이라고 말해요. 뿌리는 잘 말린 뒤 달여 먹는데 각종 통증과 빈혈, 혈액순환에 좋고 부종, 종기, 항균, 혈압에도 좋아요. 또한 여자들의 각종 병에도 효능이 있죠. 번식은 포기나누기로 할 수 있죠.

볼 수 있는 곳

재배하는 식물이므로 주로 천궁을 재배하는 농장에서 만날 수 있어요. 또한 각 지역의 수목원에서 만날 수 있는데 약용식물원이 있는 수목원에서만 볼 수 있어요.

오늘 만난 꽃

신비의 약초 백출의 어머니

삽주

과명 국화과 여러해살이풀 학명 *Atractylodes ovata* 꽃 7~10월 열매 10월 높이 30cm~1m

삽주

먼 옛날 중국에는 학산이란 산이 있었어요. 어느 날 두루미 한마리가 약초 씨앗 하나를 물고 학산 꼭대기로 날아왔어요. 두루미는 씨앗을 뿌리고 그 약초를 정성을 다해 키우기 시작했어요. 어느새 세월이 흘러 약초가 성장을 하자 두루미는 자기 스스로 그 약초로 변했다고 해요. 훗날 중국인들은 그 약초를 백출(白朮)이라고 불렀고 신비의 약초라고 소문이 나기 시작했죠. 그 후 중국에서는 백출을 무단으로 캐가는 사람이 많아졌고 이 때문에 백출이란 식물은 멸종을 하고 말았죠. 요즘 볼 수 있는 중국산 백출은 대부분 재배종이라고 해요.

우리나라 역시 백출이 멸종하였기 때문에 볼 수 없지만 백출의 어머니라고 할 수 있는 삽주가 있으므로 삽주 뿌리로 백출이라는 한약재를 만들 수가 있죠. 삽주 뿌리로 만든 백출은 진짜 백출과 비교할 수 없겠지만 백출의 어머니답게 놀라운 약용 효능이 있다고도 해요.

▲ 삽주의 꽃

삽주는 유전적으로 백출의 어머니라고 해요. 꽃은 7~10월에 볼 수 있는데 암수딴그루이고 흰색이에요. 꽃은 두상화서 모양이고 크기는 2cm 정도이고 자잘한 관상화들이 20~30개 모여피고, 끝이 꽃잎처럼 갈라져 있어요.

삽주의 뿌리는 한약재 백출(白朮)을 만들 때 사용한다고 해요. 이 뿌리는 황달, 말라리아, 위염, 당뇨, 산후통증은 물론 유산을 방지하는 효능이 있고 이뇨, 항암, 식욕부진, 권태감, 감기, 자양강장, 야맹증, 시력에도 좋다고 해요. 번식은 종자로 할 수 있지만 재배법이 발달하여 좀 더 복잡한 방식으로도 번식시킬 수 있어요.

볼 수 있는 곳

전국의 산과 들판에서 볼 수 있어요. 또한 약초원이 있는 수목원에서 볼 수 있어요. 서울의 경우 홍릉수목원과 도봉산 창포원에서 삽주를 만날 수 있어요.

어머니를 위한 약용식물

익모초

과명 꿀풀과 두해살이풀 학명 *Leonurus japonicus* 꽃 7~8월 열매 9~10월 높이 1~2m

익모초의 7월 꽃

익모초(益母草)는 어머니에게 이로운 풀이라는 뜻이에요. 이 풀을 약초로 사용하면 주로 부인들이 잘 걸리는 여성 병에 효능이 있기 때문이죠. 유명한 약초이지만 농촌에서는 가장 흔하게 볼 수 있는 약용식물이라 할 수 있죠.

▲ 익모초

익모초의 꽃은 7~8월에 볼 수 있어요. 꽃의 색상은 연한 자주색이고, 잎겨드랑이마다 달리기 때문에 멀리서도 금방 알아볼 수 있어요. 꽃은 입술모양의 통꽃이고 4개의 꽃받침과 4개의 수술이 있어요. 줄기는 각 진 사각꼴이고 잔가지가 많이 갈라지는 편이에요. 잎은 가느다란 쑥잎처럼 보이고 줄기에서 마주나고 가장자리에 둔한 톱니가 있어요.

약으로 사용하는 부분은 식물의 전체이고 열매 또한 약용할 수 있어요. 여성의 월경관련 병증과 생리통, 난산, 냉증, 출산에 좋을 뿐 아니라 분만 후 몸을 회복시키는데 효능이 있어요. 일반적으로 햇볕에 잘 건조시킨 뒤 달여 먹지만 어린잎을 생즙으로 마셔도 비슷한 효능을 보이고 있어요. 번식은 종자와 포기나누기로 할 수 있어요.

볼 수 있는 곳

시골의 논둑이나 밭둑, 들판에서 흔히 볼 수 있는데 약간 축축한 물가에서 많이 볼 수 있어요. 또한 약초원이 있는 수목원에서도 익모초를 볼 수 있어요.

기본으로 알아야 할 우리나라의 아름다운 야생난

야생난초는 대개 깊숙한 산에서 볼 수 있어요. 야생 난은 키우기 어렵기 때문에 우리가 자주 가는 수목원들은 대부분 원예종 난을 많이 키우는 편이에요. 이번에는 우리나라 야생난 중에서 아름답기로 소문난 난초에 대해 알아볼게요.

해오라기를 닮은 해오라비난초

복주머니를 닮은 난초 복주머니란

멸종위기 1급 난초 광릉요강꽃

실타래처럼 꼬여서 피는 타래난초

뿌리가 감자를 닮은 감자난초

해오라기를 닮은

해오라비난초

과명 난초과 여러해살이풀　학명 *Habenaria radiata*　꽃 8~9월　열매 9월　높이 15~40cm

▲ 해오라비난초

꽃의 생김새가 왜가리종류의 새인 해오라기를 닮았다고 하여 해오라비난초라고 말해요. 잎은 선형이고 잎 사이에서 가느다란 줄기가 높이 15~40cm 정도로 자라기 시작한 뒤 줄기 위에서 꽃이 개화를 해요. 꽃은 8~9월에 피고 지름 2~4cm 정도이고 가장자리는 잘게 갈라져있어요. 우리나라에서는 경기도 1곳, 강원도 3곳, 경상도 2곳의 자생지가 있는 멸종위기식물이에요. 주로 산지의 햇볕이 잘 들어오는 축축한 물가에서 볼 수 있는데 캐가는 사람이 하도 많아 각각의 자생지에도 몇십 그루 정도 밖에 남아있지 않아요. 번식은 종자와 분주로 할 수 있어요.

볼 수 있는 곳

우리나라의 수목원들은 대부분 난초류를 키우지 않기 때문에 수목원에서는 해오라비난초를 만날 기회가 없어요. 하지만 포천 평강식물원에서는 이 식물을 볼 수 있는데 보통 8월 중순에 방문하면 볼 수 있어요.

복주머니를 닮은 난초

복주머니란(개불알꽃, 요강꽃)

과명 난초과 여러해살이풀 학명 *Cypripedium macranthum* 꽃 5~7월 열매 7월 높이 20~40cm

▲ 복주머니란

원래 개불알꽃이라고 불리었으나 어감이 좋지 않아 복주머니란으로 명칭을 변경했어요. 꽃의 생김새가 복주머니와 비슷하다고 해서 붙은 이름이죠. 식물 전체에서 약간의 지린내가 나기 때문에 한때는 '요강꽃'이라고도 불렸어요. 우리나라 전국의 높은 산에서 볼 수 있지만 역시 캐가는 사람이 많아 멸종위기식물로 지정되어 있어요. 이 상태로 계속 캐 가면 나중엔 북한땅이나 백두산에서 이 식물을 수입해야겠죠.

꽃은 5~7월에 볼 수 있고 원줄기 끝에 1개씩 달리며 꽃의 지름은 5~10㎝ 정도이므로 꽤 큰 편이에요. 줄기는 털이 있고 20~40cm 높이로 자라고 잎이 어긋나게 달려있어요. 잎은 보통 3~5개이고 길이 8~20cm 정도이고 밑 부분이 줄기를 감싸고 있어요. 번식은 난초류 번식방법인 분주로 해야 하는데 비교적 번식이 안 되는 편이에요.

볼 수 있는 곳

높은 산 고산지대의 풀밭에서 볼 수 있고 저지대에서는 큰 나무 밑 응달에서 볼 수 있어요. 또한 광릉 국립수목원, 용인 한택식물원, 평창 한국자생식물원, 대구수목원 등에서 볼 수 있어요.

멸종위기1급 난초

광릉요강꽃

과명 난초과 여러해살이풀 학명 *Cypripedium japonicum* 꽃 4~5월 열매 5월 높이 20~40cm

▲ 광릉요강꽃

광릉 숲에서 발견된 요강꽃 종류의 식물이란 뜻에서 광릉요강꽃이라고 말해요. 요강꽃은 앞에서 설명한 복주머니란의 옛 이름이므로 이 식물도 약간의 지린내가 나죠. 꽃은 4~5월에 개화를 하는데 지름 10cm 정도이고 꽃 밑에는 20cm 정도의 큰 잎 2장이 부채처럼 붙어있어요. 한때는 뿌리를 약용하였지만 멸종위기1급 식물이므로 자생지 보호가 먼저이겠죠. 번식은 난초류 번식방법인 분주로 할 수 있어요.

볼 수 있는 곳

전국에서 유일하게 경기도 광릉 숲과 광릉 숲 북쪽 경기도 지역에서만 볼 수 있는 멸종위기1급 식물에요. 수목원 중에는 광릉 국립수목원, 평창 한국자생식물원, 용인 한택식물원 등에서 광릉요강꽃을 볼 수 있어요.

실타래처럼 꼬여서 피는

타래난초

과명 난초과 여러해살이풀　학명 *Spiranthes sinensis*　꽃 5~8월　열매 8~9월　높이 10~40cm

▲ 타래난초

줄기가 실타래처럼 꼬여서 자란다고 해서 타래난초라는 이름이 붙었어요. 앞의 난초와 달리 시골의 논둑 같은 곳에서도 가끔 볼 수 있는 식물이에요.

꽃은 5~8월에 피고 실타래처럼 꼬인 수상화서에 자잘한 꽃이 달려있어요. 수상화서의 길이는 5~10cm 정도이고 자잘한 꽃의 길이는 5~7mm 정도이므로 아주 작은 꽃이 피죠. 뿌리에서 올라온 잎은 길이 5~20cm 정도이고 줄기 잎은 피침형이에요. 열매는 8~9월에 볼 수 있는데 종자가 열린 뒤 보름 안에 성숙하기 때문에 이때 잘 채취해야 하며, 채취한 종자를 바로 파종하면 번식시킬 수 있어요. 비슷한 꽃으로는 흰색 꽃이 피는 '흰타래난초'가 있어요.

볼 수 있는 곳

농촌의 풀밭이나 논둑에서 볼 수 있어요. 서울 홍릉수목원에서 볼 수 있었으나 요즘은 누가 캐갔는지 잘 보이지 않아요. 용인 한택식물원에서는 여러 개체를 볼 수 있어요.

뿌리가 감자를 닮은

감자난초

과명 난초과 여러해살이풀　학명 *Oreorchis patens*　꽃 4~5월　열매 5월　높이 30~50cm

▲ 감자난초

뿌리와 줄기사이에 감자처럼 생긴 헛비늘줄기가 있다고 하여 감자난초라는 이름이 붙었어요.

꽃은 5~6월에 볼 수 있는데 황갈색이고 길이 1~2cm 정도이고, 잎은 1~2개가 올라오고 길이 20~40cm 정도의 긴 타원형이거나 피침형이고, 가운데서 높이 30~50cm의 꽃대가 올라온 뒤 작은 꽃들이 달리게 되죠.

열매는 6월에 볼 수 있고 길이 2cm 정도에요. 번식은 난초류의 번식 방법인 분주로 해야 하는데 번식이 잘되는 편이에요.

볼 수 있는 곳

전국의 깊은 산의 나무가 많은 반음지에서 볼 수 있어요. 수목원 중에는 광릉 국립수목원에서 감자난을 볼 수 있는데 모아놓고 키우지 않기 때문에 수목원내 풀밭에서 잘 찾아봐야 해요.

학교 교정에서 만나는 꽃

이번에는 학교 교정에서 흔하게 만날 수 있는 풀꽃에 대해 알려드릴게요. 아마 대부분의 학교에서 볼 수 있는 식물일 거예요. 물론 도시에서 학교를 다니는 분들은 몇몇 식물을 보지 못한 경우도 있을 것 같지만, 풀밭을 잘 찾아보면 여기서 설명한 식물을 만나실 수 있을 것 같아요.

선비들에게 사랑받은 풀꽃

닭의장풀

과명 닭의장풀과 한해살이풀　학명 *Commelina communis*　꽃 7~8월　열매 8월　높이 15~50cm

닭의장풀의 꽃

▲ 닭의장풀의 꽃　　▲ 좀닭의장풀

닭의장풀은 도시에서도 흔히 볼 수 있는 풀꽃이에요. 예를 들면 학교 뒷동산과 동네 풀밭, 하수도옆 축축한 땅, 약수터 가는 길의 축축한 풀밭에서 많이 볼 수 있는 식물이죠. 이처럼 너무 흔해서 아무에게도 관심을 받지 않는 이 풀꽃이 사실은 옛날부터 고고한 선비들에게 사랑받아 온 식물이라면 믿을 수 있을까요?

요즘처럼 화초가 많지 않았던 옛날에는 난초, 모란, 작약, 사과나무, 대추나무를 뒤뜰에 흔히 심었다고 해요. 그런데 뒤뜰에 나가면 항상 이 닭의장풀이 꼽사리를 끼고 있었죠. 항상 보이는 식물이었으므로 선비들도 나중에는 닭의장풀을 자세히 관찰하였겠죠. 그러다가 닭의장풀의 잎이 대나무 잎을 닮았다는 것을 알았어요. 굳이 대나무를 심지 않아도, 이 풀을 관찰하면 대나무가 연상되었기 때문에 선비들도 차츰차츰 이 풀을 좋아하게 된 것이죠.

실제 당나라 시인 두보는 몇십 년에 한번 꽃피는 대나무와 달리 항상 꽃이 피는 닭의장풀을 보고는 꽃이 피는 대나무라는 별명을 붙이기도 했어요. 당시만 해도 대나무는 지조 높은 선비의 고고함을 상징하는 식물이었죠. 선비들은 멀리 나가지 않아도 항상 볼 수 있는 닭의장풀에게서 대나무의 지조를 배웠던 것이고, 화초를 좋아하는 선비들은 접시의 맑은 물에 수석을 띄우고 닭의장풀을 키우곤 했었죠.

닭의장풀을 관찰하면 정말이지 대나무와 닮은 점이 많죠. 줄기에 마디가 있는 점도 대나무와 닮았고, 부러질지언정 구부러지지는 않는 점도 대나무를 닮았죠. 풀밭에서 쭉쭉 뻗어가며 자라는 것도 대나무가 시원스레 자라는 점과 많이 닮았죠. 여러분도 닭의장풀을 보며 선비의 지조를 배우면 어떨까요?

닭의장풀의 꽃은 7~8월에 볼 수 있어요. 꽃은 녹색 포에 쌓여있고 하늘색이며 크기는 1~3cm 정도예요. 흰색 꽃이 피는 닭의장풀은 '흰닭의장풀', 포에 털이 있는 것은 '좀닭의장풀'이라고 해요. 줄기는 높이 15~50cm 정도이고 약간 비스듬히 자라고 마디가 있어요. 어긋난 잎은 난상 피침형이고 길이 5~7cm, 대나무 잎과 닮았어요. 어린 순은 나물로 먹을 수 있고, 풀 전체를 건조한 후 약으로 사용하기도 하는데 황달, 간염, 감기, 소화, 해독에 효능이 있어요.

닭의장풀은 닭장 옆에서 흔히 볼 수 있는 식물이라고 해서 붙은 이름이에요. 번식은 종자, 분근으로 뿌리를 여러 개로 나누어 심어도 아주 잘되는 편이에요.

▲ 덩굴닭의장풀

볼 수 있는 곳

닭의장풀은 전국에서 볼 수 있어요. 교정에서도 축축한 풀밭에서 흔히 볼 수 있어요.

오늘 만난 꽃

서양에서 온 닭의장풀

자주닭개비 (자주달개비)

과명 닭의장풀과 여러해살이풀 **학명** *Tradescantia reflexa* **꽃** 5월 **열매** 6월 **높이** 50~70cm

▲ 자주닭개비의 꽃 ▲ 자주닭개비의 잎

흔히 '자주달개비'라고 말하지만 정식명칭은 '자주닭개비'라고 해요. 북미 원산으로 미국 인디언들이 약초로 사용할 정도로 약용 성분이 좋은 식물이죠. 자주색 꽃은 5월에 피고 꽃받침은 3개, 꽃잎도 3개, 수술은 6개예요. 이 꽃은 아침에 피고 저녁에 시드는 특징이 있지만 꿀샘을 가지고 있어 벌들이 좋아해요. 줄기는 빳빳하게 올라오고 잎이 어긋나게 달리는데 잎의 길이는 50cm 정도에요. 잎은 거미에 물렸을 때 짓이겨 바르면 효능이 있어요. 우리나라에서도 약용식물로 사용하는데 종기, 해독, 이수에 효능이 있다고 해요. 번식은 포기나누기로 할 수 있어요.

볼 수 있는 곳

교내 뒷동산이나 풀밭에서 흔히 볼 수 있어요. 보통 철조망 옆에서 잡초 사이에 끼어 자라는 경우가 많아요.

축축한 수로 옆에서 흔히 보는 덩굴식물

환삼덩굴

과명 삼과 여러해살이풀 **학명** *Humulus japonicus* **꽃** 7~8월 **열매** 8월 **길이** 3~10m

환삼덩굴의 잎

환삼덩굴은 도시에서도 흔히 볼 수 있는 덩굴성 식물이에요. 예를 들면 하천변 자전거도로, 하수도처럼 물이 흐르는 수로, 축축한 풀밭, 빈터, 학교 뒷동산, 비가 오면 물이 흐르는 모래땅에서 흔히 볼 수 있죠. 줄기를 손으로 만지면 꺼끌꺼끌한 가시가 있고, 이 때문에 놀기 좋아하는 분이라면 뒷동산이나 하천가에서 놀다가 환삼덩굴에 손등이나 팔뚝을 긁힌 경험이 있을 거예요. 꺼끌꺼끌한 줄기는 쇠붙이 같은 물체를 깎는 연장인 '환'을 닮았고, 잎은 삼과 식물인 삼의 잎처럼 생겼다 하여 '환삼덩굴'이란 이름이 붙었죠.

▲ 환삼덩굴의 꽃

꽃이 없을 것 같은 환삼덩굴도 꽃을 볼 수 있는데 대개 7~8월에 꽃이 피고, 꽃은 연록색이고 암수딴그루예요. 수꽃은 5개의 꽃받침잎과 5개의 수술이 있지만 금방 눈에 들어오지는 않아요. 잎은 어긋나고 줄기와 잎자루에는 거센 갈고리가시가 있어 어린 줄기는 꺼끌꺼끌하지만 오래된 줄기는 옷이 찢겨나갈 정도로 날카로운 편이에요.

비록 맛이 없지만 어린잎은 나물로 먹을 수 있고 식물체 전체는 약용할 수 있어요. 약으로 먹는 방법은 달여 먹는 방법과 생즙을 먹는 방법이 있는데 폐렴, 이뇨, 이질, 소화에 효능이 있다고 해요. 번식은 종자로 할 수 있어요.

볼 수 있는 곳

우리 주변에서 흔히 볼 수 있는데 주로 축축한 땅이나 수로 옆에서 볼 수 있어요.

풀밭에서 흔히 볼 수 있는

새팥

과명 콩과 한해살이풀 **학명** *Vigna angularis* **꽃** 8월 **열매** 8~9월 **길이** 2~3m

새팥의 꽃과 잎

우리가 팥죽으로 즐겨먹는 팥은 먼 옛날 야생 팥을 재배하면서 더 좋은 품질의 열매가 열리도록 개량한 것이라고 해요. 그러므로 그 조상에 해당하는 야생 팥이 있었다는 뜻인데 바로 새팥이 그 야생 팥 중 하나라고 해요. 고고학적으로 보면 3천 년 전에 팥을 재배한 흔적이 발견되었는데 새팥은 그 팥의 조상이므로 수천 년 동안 멸종하지 않고 살아온 식물인 셈이죠. 아무래도 우리는 새팥의 끈질긴 생명력을 배워야 할 것 같아요.

새팥은 풀밭에서 흔히 볼 수 있어요. 시골에서는 많이 볼 수 있지만 도시의 풀밭에서는 은근히 볼 수 있는 식물이죠. 새팥은 납작하게 기면서 자라므로 학교 뒷동산이나 도시공원의 풀밭에서 잘 찾아봐야하는데 주로 꽃이 피는 8월에 찾을 수 있어요.

▲ 새팥의 열매

꽃은 8월에 피고 노란색이에요. 꽃의 모양은 나비모양이고 한 줄기에서 보통 서너 개씩 달려있고, 사람이 먹을 수 있지만 약간 비린 맛이 있어요. 줄기는 길이 3m 정도로 자라며 풀밭에서 다른 식물에 붙어서 자라는 속성이 있어요. 어긋난 잎은 작은 잎이 3개씩 붙어있고 긴 피침형이거나 달걀모양이에요. 열매는 9월부터 볼 수 있는데 콩깍지를 까면 팥알처럼 생긴 아주 작은 씨앗이 들어있어요. 번식은 이 씨앗으로 할 수 있어요.

볼 수 있는 곳

전국의 풀밭에서 볼 수 있어요. 농촌에서는 논둑, 밭둑, 지방도로변 풀밭에서 흔히 볼 수 있고 도시에서는 큰 공원의 풀밭에서 볼 수 있고 학교 뒷동산 풀밭에서도 잘 찾아보면 볼 수 있어요. 또한 왕릉 풀밭에서도 종종 볼 수 있어요.

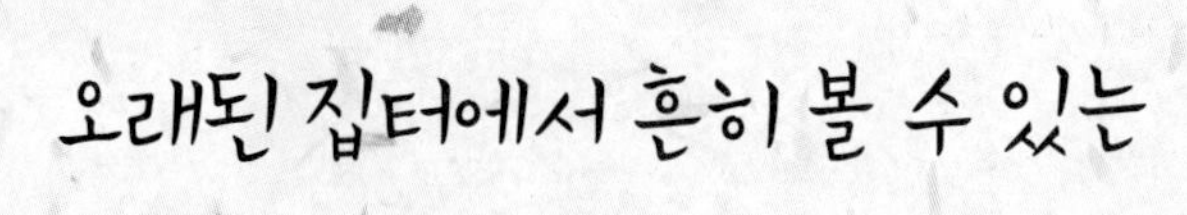

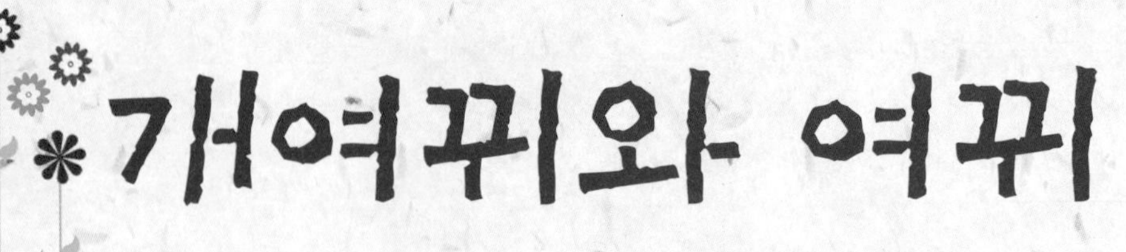

과명 마디풀과 한해살이풀 학명 *Persicaria longiseta* 꽃 6~9월 열매 9월 높이 20~50cm

개여뀌

개여뀌는 물이 흐르는 수로 부근이나 비탈진 풀밭에서 흔히 볼 수 있어요. 예를 들면 학교 담장이나 오래된 주택 담장과 울타리를 보면 잡풀들이 무성하게 자란 곳이 있는데 그런 곳에서 흔히 볼 수 있는 식물이에요. 또한 동네 뒷산 등산로에 물이 흐르는 수로가 있는데 이런 곳을 보면 여러 잡풀들이 생존하고 있고 그런 곳에서도 흔히 볼 수 있죠. 개여뀌는 수십 가지의 여뀌류 중에서 가장 흔한 식물이므로 여러분도 한번쯤 봤음직한 식물이라 할 수 있겠죠. 또한 개여뀌는 꽃이 빨갛고 촘촘하게 달리는 것이 특징이에요. 또한 꽃이 모여 있는 화서 부분이 고개를 숙이지 않고 곧게 서있는 것이 특징이죠. 키는 20~50cm 정도이므로 사람의 무릎 높이까지 자란 경우가 많죠.

▲ 여뀌

여뀌는 꽃이 모여 있는 화서 부분이 고개를 숙이고, 꽃의 색상이 흰색이거나 빨간색이 섞여 있고, 꽃이 성기게 나기 때문에 꽃과 꽃 사이가 널찍하게 보이는 것이 특징이에요. 또한 키가 40~80cm 정도이므로 개여뀌에 비해 키가 두 배 정도 큰 편이죠.

이 외에 우리나라에는 바보여뀌, 물여뀌, 털여뀌 등 약 40여종의 여뀌가 있으므로 일일이 구분하려면 굉장히 어려운 편이에요. 이 때문에 잎을 씹어서 매운 맛이 나면 여뀌, 맵지 않으면 다른 종류의 여뀌라고 구별하기도 해요. 여뀌류는 대부분 줄기와 잎을 약용하는데 종기, 중풍, 각종 통증에 효능이 있고 몸의 독성 성분을 해독하는 효과가 있어요. 번식은 종자로 할 수 있어요.

볼 수 있는 곳

농촌에서는 논둑, 밭둑, 풀밭에서 흔히 볼 수 있고 도시에서도 오래된 집터, 학교 풀밭에서 흔히 볼 수 있어요.

학교 화단에서 만나는

채송화

과명 쇠비름과 한해살이풀 학명 *Portulaca grandiflora* 꽃 7~10월 열매 9~10월 높이 20cm

채송화

쇠비름과의 채송화는 남아메리카 원산의 귀화식물이에요. 우리나라에서는 초등학교 화단이나 주택가 화단에서 흔히 볼 수 있는 풀꽃이죠.

▲ 채송화의 암수머리가 갈라진 모습

꽃은 7~10월 사이에 볼 수 있는데 보통 담홍색이나 자주색 꽃이 피지만 노란색 채송화, 흰색 채송화 같은 원예종도 볼 수 있어요.

꽃은 꽃자루가 없고 지름 3cm 정도이고 꽃받침은 2개, 꽃잎은 5개, 수술은 많고 암술머리는 5~9개로 갈라져요. 채송화의 꽃은 하루 꽃으로 유명해 아침에 피고 저녁에 시드는 특징이 있어요. 두툼한 다육질 잎은 줄기에서 어긋나고 선인장처럼 밤에 산소를 많이 내뿜는 성질이 있어요.

채송화 역시 대부분의 다른 식물처럼 약용으로 사용할 수 있어요. 달여서 복용하면 해열제, 해독제로 효능이 있고, 넘어졌을 때 상처 난 곳과 화상 입은 상처에 잎을 짓이겨 바르면 효능이 있어요. 번식은 종자와 꺾꽂이로 할 수 있는데 종자 번식은 5월에 씨앗을 뿌리면 2~3개월 뒤 꽃을 볼 수 있어요.

볼 수 있는 곳

공해가 강한 지역에서도 잘 자라기 때문에 도시의 주택가 화단에서도 채송화를 키우는 것을 많이 볼 수 있어요. 농촌에서는 학교 화단과 민가 화단에서 많이 볼 수 있어요.

오늘 만난 꽃

씨앗을 뿌리면 3개월 만에 꽃을 볼 수 있는

코스모스

과명 국화과 한해살이풀 학명 *Cosmos bipinnatus* 꽃 6~10월 열매 9~10월 높이 1.5~2m

코스모스

▲ 코스모스의 꽃

가을꽃으로 유명한 코스모스는 도시보다는 농촌의 학교에서 흔히 볼 수 있는 식물이에요. 농촌에 가면 학교 진입로에 화단을 꾸민 경우가 많은데 학교 화단에서 가을에 즐겨 볼 수 있는 꽃이 코스모스인 것이죠.

코스모스는 재래종과 원예종이 있어요. 재래종은 새마을운동 때 보급된 품종을 말하며 보통 가을에 꽃을 볼 수 있어요. 꽃은 두상화서 모양이고 꽃잎처럼 보이는 설상화(혀꽃)와 중앙에 모여 있는 자잘한 꽃(관 모양의 꽃)으로 구성되어 있어요. 그러니까 우리가 꽃잎으로 생각하는 것도 꽃이고 중앙에 모여 있는 꽃밥처럼 보이는 것도 실은 관상화라고 불리는 대롱 모양의 꽃이죠.

멕시코에서 들어온 코스모스는 새마을운동 때 우리나라 전국에 보급된 식물이에요. 새마을운동 당시 농촌 환경을 깨끗이 하자는 구실로 식물씨앗을 보급하였는데 코스모스는 씨앗을 뿌리면 5개월 만에 개화를 하기 때문에 마을길을 예쁘게 꾸미기에 딱 좋은 식물이었죠. 이 때문에 우리나라 전국의 농촌과 학교에 코스모스 씨앗이 보급되었고 봄에 씨앗을 뿌려 가을에 코스모스를 볼 수 있었죠.

재래종 코스모스와 달리 원예종 코스모스는 씨앗을 뿌린 뒤 3개월 만에 개화하는 것이 특징이에요. 그래서 요즘은 여름에도 코스모스 꽃을 많이 볼 수 있는 것이죠. 번식은 종자로 할 수 있는데 가을에 수확한 종자를 다음해 4월 말에 뿌리는 것이 좋아요.

볼 수 있는 곳

농촌의 학교 화단에서 흔히 볼 수 있어요. 서울의 경우 상암동 하늘공원에서 초가을에 코스모스 군락을 볼 수 있어요.

동네와 아파트, 뒷동산에서 만나는 꽃

집근처와 동네에서 볼 수 있는 풀꽃은 어떤 것이 있을까요? 잘 찾아보면 의외로 많은 풀꽃들을 동네에서도 만날 수 있을 것 같아요.

도랑이나 연못가에서 볼 수 있는

고마리

과명 마디풀 한해살이풀 학명 *Persicaria thunbergii* 꽃 8~9월 열매 9월 높이 30cm~1m

고마리의 9월 풀

▲ 고마리의 잎 ▲ 흰고마리

고마리는 '고만고만한 작은 꽃이 피는 식물'이란 뜻에서 붙은 이름이에요. 어떤 사람은 '고마운 풀'이란 뜻에서 '고만이'가 '고마리'로 변했다고도 해요. 꽃도 예쁘고 수질정화 능력이 탁월하기 때문에 정말 고마운 풀꽃이라 할 수 있겠죠.

고마리의 꽃은 8~9월에 볼 수 있는데 대개 8월 말에서 9월초 사이에 많이 볼 수 있어요. 가지 끝에서 10~20개의 작은 꽃이 모여 피고 꽃의 색상은 연분홍색이거나 흰색이에요. 흰색 꽃이 피는 고마리를 특별히 '흰고마리'라고 말해요. 꽃잎은 없고, 꽃받침 끝이 5개로 갈라져 꽃잎처럼 보이고, 8개의 수술과 3개의 암술이 있어요. 꽃의 크기는 5mm 정도이므로 아주 작은 편이고 이 때문에 꽃을 못보고 다니는 경우가 많아요. 줄기는 덩굴성으로 자라지만 마디가 있고, 잎은 어긋나고 방패처럼 생겼어요. 열매는 10월에 익는데 밀과 비슷한 모양이고, 이 씨앗은 사람이 먹을 수 있어요.

고마리는 특히 물을 좋아하기 때문에 도랑이나 연못가에서 흔히 자라는 경우가 많아요. 수질을 잘 정화하기 때문에 연못을 만들 때 일부로 심는 경우도 많죠. 다른 식물처럼 약용하기도 하는데 달여 먹기 보다는 어린잎을 즙을 내어 먹거나 깨끗이 세척해 날것으로 먹기도 해요. 약용하면 콜레라에 효능이 있고, 잎을 짓이겨 바르면 상처자국에서 흐르는 피를 멈추게 할 수 있어요. 번식은 종자와 포기나누기로 할 수 있어요.

볼 수 있는 곳

대도시의 도랑에서 흔히 볼 수 있고 하천변 풀밭에서도 많이 볼 수 있어요. 높은 산에서도 축축한 개울가에서 많이 볼 수 있어요. 각 지역의 수목원에 가면 연못이 있는데 연못 주변에 고마리가 많아요.

염색 재료로 유명한

질경이

과명 질경이과 여러해살이풀 학명 *Plantago asiatica* 꽃 6~8월 열매 8~10월 높이 10~50cm

질경이

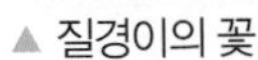
▲ 질경이의 꽃

▲ 한강의 창질경이

질경이는 마차가 지나간 길에서 볼 수 있다고 '차전초(車前草)'라고 말하지만, 주걱 모양의 잎이 돼지 귀처럼 보인다고 해서 저이초(猪耳草)라는 별명도 있어요. 우리말 이름인 질경이는 발로 밟고 지나가는 길에서도 잎이 부러지지 않고 질기도록 자라기 때문에 붙은 이름이죠. 그만큼 우리 주변에서 흔히 볼 수 있는 질경이는 천연염료로 인기가 많아 한복 같은 옷감을 염색할 때 필요한 염색액을 만들 때도 사용하죠.

질경이의 꽃은 6~8월이 볼 수 있는데 수상화서에서 자잘한 꽃들이 달려있어요. 꽃은 흰색이고 꽃받침 4개, 통모양의 꽃은 끝이 4개로 갈라져 있어요. 꽃의 크기는 2~3mm 정도로 아주 작지만 4개의 수술과 1개의 암술이 있어요. 뿌리 잎은 한군데서 모여 올라오고 잎자루가 길고 주걱 모양이고 가장자리에 톱니가 있어요. 줄기는 없고 꽃대가 길게 올라온 뒤 수상화서로 꽃이 달리죠.

질경이는 잎과 종자를 약으로 사용하기도 해요. 약으로 복용하면 각종 기관지염, 천식, 소변이 안 나오는 증상에 좋고 피가 섞여 나오는 오줌병, 결막염, 종기, 황달에 효능이 있어요. 어린 잎은 나물로 먹을 수 있고, 아주 어린잎은 생즙으로 먹을 수 있지만 조금 쓴 편이에요. 질경이 천연염색은 보통 연두색이나 진한 녹색을 뽑을 때 사용하고, 번식은 종자와 포기나누기로 할 수 있어요. 비슷한 식물로는 잎이 칼날처럼 생긴 '창질경이', 바닷가에서 볼 수 있는 '갯질경이' 등 우리나라에만 10여 종이 있어요.

볼 수 있는 곳

동네 뒷산 가는 길, 동네 공원의 보도블록 사이, 아파트 잔디밭 사이의 통행로에서도 많이 볼 있어요. 질경이는 유관에 끈적끈적한 성분이 있어 신발로 밟아도 잘 끊어지지 않을 뿐 아니라, 사람의 신발에 묻어 씨앗이 옮겨지는 특징이 있어요. 그러므로 사람이 밟고 다니는 풀밭 길에서 더 많이 볼 수 있는 것이죠.

한약으로 유명한

맥문동

과명 백합과 여러해살이풀 **학명** *Liriope platyphylla* **꽃** 5~6월 **열매** 9월 **높이** 30~50cm

맥문동

▲ 개맥문동　　▲ 잎이 작은 소엽맥문동

잔디처럼 보이지만 잔디보다 잎이 길고 넓은 식물이에요. 또한 잔디와 달리 예쁜 꽃이 피기 때문에 잔디는 풀밭을 조성할 때 심지만 맥문동은 큰 나무 밑에 관엽식물로 심는 경우가 많아요. 맥문동은 한 겨울에도 잎을 녹색으로 유지하는 상록성 여러해살이풀이에요. 그래서 잎이 보리잎과 닮았지만 겨울에 죽지 않고 산다고 하여 맥문동(麥門冬)이란 이름이 붙었죠.

맥문동은 봄에 잎이 모아서 올라온 뒤 긴 꽃대가 올라오기 시작해요. 꽃은 5~6월에 수상화서로 자잘한 꽃이 달리기 시작하고, 꽃의 색상은 자주색이거나 빨간색이에요. '개맥문동'은 잎이 맥문동에 비해 가늘고 흰색꽃이 피므로 구별할 수 있어요.

꽃잎처럼 보이는 화피는 6개이고 수술도 6개, 암술은 1개가 있어요. 식물의 꽃은 꽃받침인지 꽃잎인지 모를 경우 흔히 '화피'라고 말하므로 꽃잎이라고 생각해도 되고 꽃받침이라고 생각해도 무방해요.

잎은 길이 30~50cm 정도이고 11~15개의 맥이 있어요. 열매는 9월에 검정색으로 익고 이 열매는 사람이 식용할 수 있지만 맛이 없어요.

맥문동은 한약방에서 아주 유명한 약용식물이기도 해요. 잘 건조시킨 뿌리를 달여 먹기도 하지만 다른 한약재와 섞어서 약을 만들기도 하죠. 주요 효능으로는 소염 작용이 있고 열을 내리는 해열 작용, 농양 같은 병증, 폐결핵, 거담, 토혈, 두통, 입마름 증세와 변비에도 효능이 있어요. 참고로, 약용으로 먹기 위해 맥문동 뿌리를 캐는 경우도 있는데 손으로는 뽑히지 않으므로 사서 고생할 필요는 없어요. 비슷한 식물로는 5~7월에 연한 자주색이나 흰색 꽃이 피는 '개맥문동', 잎이 잔디처럼 가느다란 '소엽맥문동'이 있어요. 번식은 종자와 포기나누기로 할 수 있어요.

▲ 맥문동의 익지 않은 열매

볼 수 있는 곳

공원의 큰 나무 밑에 관상수로 심은 경우가 많아요. 도로변 비탈진 곳의 흙이 허물어지지 않도록 심는 경우도 있어요. 잔디밭과 통행로 사이에 경계수로 심는 경우도 많아요. 도시공원에서 흔히 볼 수 있는데 잔디에 비해 잎이 4~5배 정도 길고 넓은 편이에요.

잔디와 꽃잔디(지면패랭이꽃)

잔디 (벼과 여러해살이풀, Zoysia japonica)

잔디밭에 심는 식물이 바로 잔디예요. 도시에서는 잔디밭에서 볼 수 있지만 농촌에서는 논둑이나 밭둑에서 흔히 볼 수 있어요. 꽃은 5~6월에 피고 꽃대 높이는 15cm, 잎 길이는 10cm 정도로 자라죠. 금잔디는 남부지방에서 볼 수 있는 잎 길이 5cm 이하의 아주 고운 잔디를 말해요. 잔디는 양지성식물이고 맥문동은 반음지성 식물이에요.

▲ 잔디

▲ 잔디의 6월 꽃

지면패랭이꽃(꽃잔디) (꽃고비과 여러해살이풀. Phlox subulata)

미국 원산이며 땅에 붙어서 잔디처럼 자란다고 하고 '꽃잔디'라는 별명이 있지만 정식명칭은 '지명패랭이꽃이'에요. 꽃은 4~9월에 피며 꽃의 색상이 다양한 편이에요. 도시에서도 화단이나 풀밭, 도로변에 즐겨 심는 식물이죠.

▲ 지면패랭이꽃

▲ 흰색 지면패랭이꽃

나라가 망할 때 들어온 꽃

망초

과명 국화과 두해살이풀 학명 *Conyza canadensis* 꽃 7~9월 열매 8~10월 높이 1~2m

망초

망초는 미국에서 전래되어온 귀화식물이에요. 망초의 이름은 우리나라가 일본에 땅을 강제로 빼앗길 무렵부터 볼 수 있었던 식물이기 때문에 붙었다고 해요. 즉, 나라가 망할 때 들어온 식물이란 뜻에서 '망국초'라고 불렀다가 지금의 '망초'라는 이름이 된 것이죠.

1899~1905년 사이에 일본은 우리나라를 빼앗을 궁리를 하면서 우리나라에 철도를 깔기 시작했어요. 철도를 깔면 전국의 산물을 빠르게 운송할 수 있을 뿐 아니라 일본인 입장에서는 중국으로 쳐들어갈 수 있는 길을 확보하는 셈이죠.

기찻길을 깔려면 철로 밑에 대는 침목이 필요한데 우리나라에는 철로가 없었으므로 침목도 있을 리가 없었죠. 그래서 미국에서 침목을 수입했는데 그 침목에 망초 씨앗이 묻어 들어왔다고 해요. 따라서 철로를 깔면 깔수록 씨앗도 저절로 전국에 퍼질 수밖에 없었고, 철도가 깔린 뒤 몇 년 지나자 이 풀이 보이기 시작한 거예요. 농촌 사람들은 일본이 우리나라를 망하게 하려고 씨앗을 뿌렸다며 '망초'라고 부른 것이죠.

망초는 도시의 풀밭에서도 가장 흔하게 볼 수 있는 식물이에요. 풀밭에서 잎이 무성하게 달린 풀이 높이 1~2m로 자라고 7~9월에 꽃 같지도 않은 작은 꽃이 피면 십중팔구 망초라고 할 수 있어요. 번식력이 매우 왕성하기 때문에 저절로 번식하며 잘 자라는 것이죠.

▲ 망초의 꽃과 열매

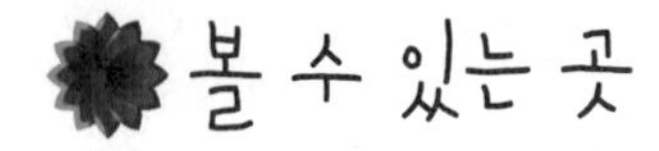

볼 수 있는 곳

아파트 풀밭, 교내 뒷동산 풀밭, 하천이나 강변 풀밭, 동네 뒷산 풀밭, 왕릉 풀밭, 도시공원 풀밭에서 흔히 볼 수 있어요.

망초와 함께 들어온 풀

개망초

과명 국화과 두해살이풀 학명 *Erigeron annuus* 꽃 6~9월 열매 8~9월 높이 30cm~1m

동네 뒷산의 개망초

개망초도 망초가 우리나라에 들어올 때 함께 전래되어온 풀꽃이에요. 농부들이 망초를 보고 '망국초'라고 이름을 붙였을 때, 망초보다 더 예쁜 풀이 철로변을 따라 갑자기 나타나기 시작했죠. 그래서 농부들은 나라가 망하고 있는데 이상한 식물이 또 나타났다며 망초보다 못한 식물이란 뜻에서 '개망초'라고 불렀어요. 또한 일본이 나라를 망하게 하려고 씨앗을 뿌린 것 같다며 '왜풀'이라고도 말했죠.

개망초는 망초처럼 우리나라 전국에서 흔히 볼 수 있는 식물이에요. 번식력이 정말 왕성하기 때문에 군락을 이루는 경우가 많고, 요즘은 높은 산으로 영역을 넓혀가고 있어요.

▲ 개망초의 꽃

꽃은 6~9월에 볼 수 있는데 하나의 꽃대에서 여러 개의 꽃이 산방화서로 붙어있어요. 잎은 어긋나고 피침형이고 가장자리에 약간의 톱니가 있어요. 어린잎은 나물로 먹고 식물 전체를 잘 말린 뒤 약용하기도 해요.

약으로 복용하면 학질, 당뇨, 감기, 각종 염증에 효능이 있어요. 번식을 아주 잘하기 때문에 일부로 키울 필요는 없을 것 같아요. 씨앗이 차바퀴에 묻어 다른 곳으로 전파되기 때문에 요즘은 높은 산의 산악도로에서도 많이 볼 수 있어요.

볼 수 있는 곳

동네 뒷산 풀밭, 하천이나 강변 풀밭, 왕릉 풀밭, 도시공원 풀밭에서 흔히 볼 수 있어요. 거의 우리나라 전국에서 안자라는 곳이 없을 정도로 늦봄과 늦여름에 흔히 볼 수 있어요. 봄에 피는 개망초는 흔히 '봄망초'라고 말하고, 가을에 피는 개망초는 '개망초'라고 말해요.

학교와 유치원 화단에서 흔히 만나는

나팔꽃

과명 메꽃과 한해살이풀 학명 *Pharbitis nil* 꽃 7~8월 열매 8~9월 길이 3m

▲ 나팔꽃 ▲ 둥근잎 나팔꽃

나팔꽃은 중국 원산의 한해살이풀이에요. 그러나 우리 주변에서는 중국 원산의 나팔꽃은 물론 남미 원산의 '미국나팔꽃'과 잎이 둥근 '둥근잎나팔꽃'을 함께 볼 수 있어요.

중국 원산의 나팔꽃은 잎이 3갈래로 갈라지지만 깊지 않게 갈라지는 것이 특징이에요. 미국나팔꽃은 잎이 3갈래로 갈라지데 아시아 나팔꽃보다 깊게 달라지는 것이 특징이죠. 둥근잎나팔꽃은 말 그대로 잎이 갈라지지 않은 둥근 형태라고 할 수 있어요. 또한 흰색의 작은 나팔꽃이 피는 품종이 있는데 남미원산의 '애기나팔꽃'이라고 말해요.

나팔꽃은 공통적으로 7~8월에 꽃을 볼 수 있어요. 꽃은 나팔처럼 생겼고 잎겨랑이에서 1~3개가 달리고 꽃의 색상은 붉은색, 자주색, 흰색이 있고, 수술은 5개, 암술은 1개에요. 열매는

▲ 애기나팔꽃 ▲ 나팔꽃의 잎

8~9월에 볼 수 있고 열매 안에는 대여섯 개의 씨앗이 있어요. 씨앗은 독성 성분이 있어 사람이 섭취하면 설사를 하거나 신체적으로 문제가 발생할 수 있으므로 먹지 않는 것이 좋아요.

한약방에서는 나팔꽃의 씨앗을 견우자(牽牛子)라고 말해요. 견우자란 '나팔꽃 씨앗이 귀했을 때 나팔꽃 씨앗을 구하려면 소를 끌고 가서 바꿔야 할 정도로 비싼 씨앗'이란 뜻에서 붙은 이름이에요. 비록 생으로는 먹을 수 없지만 씨앗을 약용하면 여러 가지 증세에 좋은데 특히 변비, 종기, 각기, 가래, 구충, 가슴이 답답한 증세에 좋아요. 그러나 한의사의 처방 하에 복용해야 하며 잘못 먹으면 몸에 악영향을 줄 수 있겠죠. 번식은 종자로 할 수 있어요.

볼 수 있는 곳

나팔꽃은 전국에서 볼 수 있는데 주로 심어 기르는 경우가 많아요. 미국나팔꽃과 둥근잎나팔꽃은 중부이남지방에서 많이 볼 수 있어요.

오늘 만난 꽃

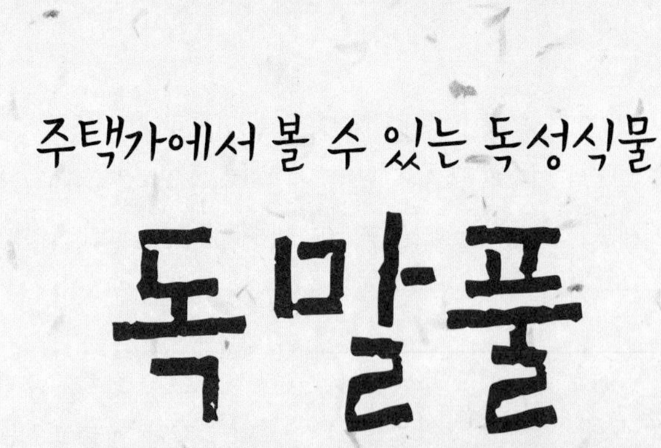

주택가에서 볼 수 있는 독성식물

독말풀

과명 가지과 한해살이풀 **학명** *Datura stramonium* **꽃** 8~9월 **열매** 10월 **높이** 1~2m

독말풀의 꽃

독말풀은 열대아시아 원산으로 우리나라에서는 약용 목적으로 재배한 독성 식물이에요. 그래서 시골 논밭에 가면 독말풀을 흔히 볼 수 있을 뿐 아니라 농가에서 키우는 경우도 많이 볼 수 있어요. 도시의 주택에서도 키우는 것을 볼 수 있는데 대개 이 식물을 키워본 할아버지나 할머니들이 심심풀이로 키우는 것이죠.

▲ 독말풀의 열매

독말풀은 높이 1~2m 정도로 자라고 꽃은 8~9월에 피는데 나팔꽃처럼 생겼고 5개의 수술과 1개의 암술이 있어요. 잎은 어긋나고 잎자루가 있고 가장자리에 톱니가 있어요. 이 잎은 독성이 매우 심하므로 날 것으로 먹을 수 없어요. 열매는 10월에 볼 수 있는데 날카로운 가시가 있고 성숙하면 저절로 벌어지는데 역시 독성이 심해 사람이 먹을 수 없고 날 것을 먹으면 혼수상태에 빠지고 생명이 위독할 수 있어요.

그러나 전문가의 도움 하에 달여 먹거나 술에 담가먹으면 관절통, 마취제, 천식은 물론 각종 염증에 효능이 있어요. 역사적으로는 중국의 명의 화타가 수술을 할 때 독말풀을 마취제로 사용한 기록이 있으니까 이미 2,200년 전에 의료용으로 사용한 식물인 셈이죠. 번식은 종자로 할 수 있어요.

볼 수 있는 곳

요즘은 재배를 하지 않지만 귀화해서 시골 논밭에서 흔히 볼 수 있고, 도시 주택가 화단에서도 할아버지 할머니들이 심심풀이로 키우는 독말풀을 볼 수 있어요. 또한 각 지역의 수목원에서도 만날 수 있는데 약용식물원에서 볼 수 있어요.

오늘 만난 꽃

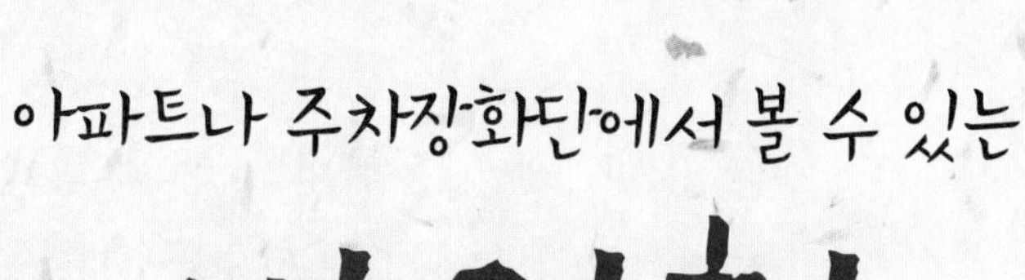

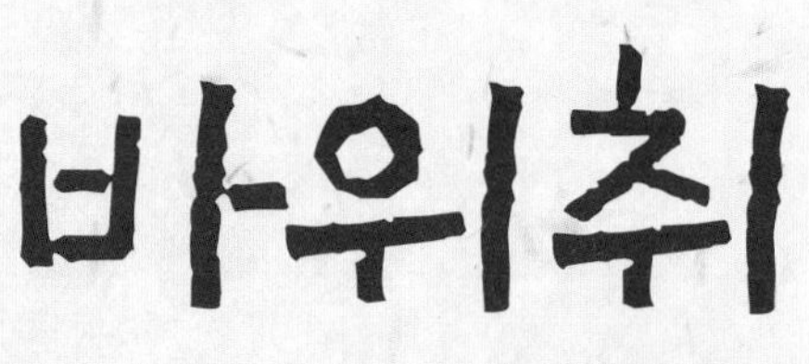

과명 범의귀과 여러해살이풀 학명 *Saxifraga stolonifera* 꽃 5월 열매 6월 높이 50cm

바위취는 바위 근처에서 자라는 취 종류의 식물이란 뜻에서 이름이 붙었어요. 주로 습기 찬 산비탈이나 도랑 부근에서 볼 수 있는 식물인데 관엽식물로 인기가 많아 빌딩 화단이나 도시공원의 암석정원에 심는 경우가 많아요.

▲ 바위취의 꽃

꽃은 5월에 볼 수 있는데 높이 20~40cm의 꽃대에서 자잘한 꽃들이 원추화서 모양으로 피고 꽃의 크기는 1.5~3cm 정도예요. 꽃받침은 5개, 꽃잎도 5개인데 상단 3개의 꽃잎은 작고 적색 반점이 있고, 수술은 10개, 암술대는 2개예요. 잎은 모여 올라오고 모양은 신장형, 잎의 표면은 광택이 있는 녹색이고 얼룩과 털이 있어요.

바위취 또한 약용이 가능한데 주로 감기, 해열, 중이염, 습진 등에 효능이 있어요. 어린잎은 날것으로 먹거나 나물로 먹을 수 있고, 번식은 종자와 포기나누기로 할 수 있어요.

볼 수 있는 곳

바위 밑에 조경용으로 흔히 심기 때문에 바위조경이 있는 도시공원에서 많이 볼 수 있어요. 원래 자생지가 남부지방이기 때문에 중부지방에서는 심어 기르는 경우가 많고, 관공서나 아파트 관리사무소 화단에서도 종종 볼 수 있어요. 가정에서는 수석이나 분재로 키우는 식물로 유명하죠.

오늘 만난 꽃

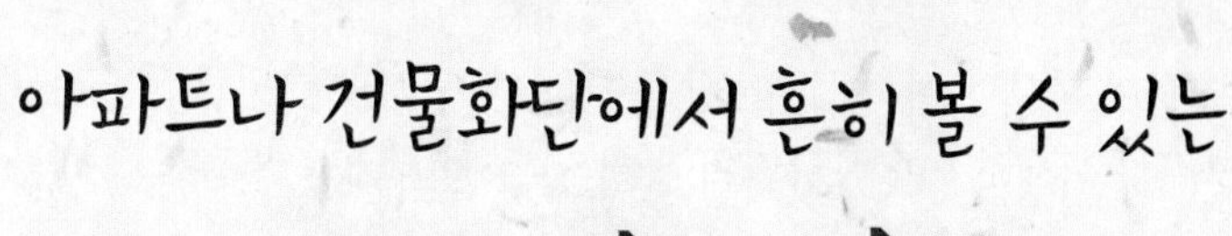

아파트나 건물화단에서 흔히 볼 수 있는

수호초

과명 회양목과 여러해살이풀 학명 *Pachysandra terminalis* 꽃 4~5월 열매 5월 높이 30cm

수호초

수호초는 일본 원산의 상록성 여러해살이 풀이에요. 잎이 나뭇잎처럼 생겼기 때문에 풀이라고 부르기에는 아무래도 어색하지만 가죽질의 광택 있는 잎이 조금 두툼하기 때문에 추운 겨울에도 시들지 않고 잘 버티는 것 같아요. 수호초(秀好草)는 꽃의 향기가 빼어나기 때문에 붙은 이름이에요.

▲ 수호초의 꽃

꽃은 4~5월에 볼 수 있는데 수상화서 모양으로 자잘한 흰색꽃이 달리고, 꽃에는 향기가 있지만 가까이서 맡아야 냄새를 알 수 있어요. 꽃은 암수한그루인데 꽃대 위에 수꽃이 있고 꽃대 아래에는 암꽃이 있어요. 꽃은 각각 꽃받침 4개, 수술 3~5개, 암술대는 2개가 있어요.

수호초 역시 건조시킨 뒤 약으로 달여 먹을 수 있는 식물이에요. 주로 감기, 관절염, 염증에 효능이 있어요. 번식은 꺾꽂이와 포기나누기로 할 수 있어요.

볼 수 있는 곳

아파트 화단이나 관공서, 건물 화단에서 흔히 볼 수 있는 식물이에요. 도시공원에서도 비탈진 경사면에 많이 심고 있어요. 일본에서는 돈을 벌어오는 풀이라고 해서 가정집 정원에서도 즐겨 키우고 있어요.

오늘 만난 꽃

꽃범의꼬리, 과꽃, 꽈리

▲ 꽃범의꼬리

꽃범의꼬리

(꿀풀과 여러해살이풀, Physostegia virginiana)

북미 원산의 외국식물이며 우리나라에는 화초애호가를 위해 수입된 식물이에요. 주택가 화단에서 흔히 볼 수 있고 놀이동산 같은 관광지 화단에서도 많이 볼 수 있어요. 자잘한 꽃이 수없이 많이 달려있는데 한 그루당 보통 1천 송이의 꽃이 달린다고 소문난 식물이죠. 아저씨는 실제 이 꽃 한 그루에 몇 개의 꽃이 열릴까 세어보기도 했는데 700 송이까지 세어보다가 포기하고 말았죠.

▲ 과꽃

과꽃

(국화과 한해살이풀, Callistephus chinensis)

꽃을 좋아하는 엄마들이 흔히 키우는 식물이에요. 주로 젊은 엄마보다는 나이 드신 엄마들이 소녀시절의 추억을 떠올리며 키우는 경우가 많죠. 꽃은 7~9월에 볼 수 있고 번식은 종자로 할 수 있어요. 원예종 과꽃이 많으며 동네 화원에서도 흔히 팔고 있어요.

▲ 꽈리

꽈리

(가지과 여러해살이풀. Physalis alkekengi)

열매주머니를 입에 물고 불면 꽉꽉 소리가 난다고 해서 꽈리라는 이름이 붙었죠. 높이 40~90cm 정도로 자라고 6~7월에 꽃을 볼 수 있어요. 열매는 7~10월에 볼 수 있는데 처음에는 녹색이고 9~10월에 빨간색으로 익어요. 열매는 식용이 가능하고 풀 전체는 약용으로 사용하기도 해요. 주택에서 관상용으로 키우기 때문에 도시의 주택가에서 가끔 볼 수 있어요.

궁궐, 왕릉, 사찰에서 만나는 꽃

궁궐이나 사찰에서 만나는 풀꽃에 대해 공부하는 장이에요. 궁궐이나 사찰은 비교적 꽃이 예쁜 식물을 키우는 경우가 많아요.

단옷날 머리감을 때 사용한 식물	꽃창포와 창포
꼬마 동자승이 꽃으로 변한	동자꽃
잎이 비비꼬여서	비비추
옥비녀꽃이라고 불리는	옥잠화
불난 것처럼 보이는	석산
앵앵거릴 것 같은 귀여운 꽃이 피는	앵초
초롱처럼 피는	초롱꽃, 섬초롱꽃, 금강초롱꽃
패랭이모자를 닮은	패랭이꽃
매의 발톱을 닮은	매발톱과 하늘매발톱

단옷날 머리감을 때 사용한 식물

꽃창포와 창포

과명 붓꽃과 여러해살이풀 **학명** *Iris ensata* **꽃** 6~7월 **열매** 7월 **높이** 0.6~1.2m

▲ 단옷날 머리감을 때 사용한 창포

▲ 외화피 안쪽의 노란색 무늬가 단조롭게 생긴 꽃창포

꽃창포는 창포나 붓꽃에 비해 비교적 높이 자라는 식물이에요. 궁궐에서는 창경궁에서 볼 수 있는데 창경궁 춘당지에 노란꽃창포가 여름에 꽃이 피죠. 자연에서는 대개 연못이나 습지에서 많이 볼 수 있고, 가정에서는 꽃을 감상하기 위해 키우는 경우가 많아요.

꽃창포는 줄기가 무리지어 올라오곤 해요. 꽃은 6~7월에 볼 수 있는데 자주색이고 외화피는 3개, 내화피도 3개이고 수술과 암술이 있어요. 외화피 안쪽에 노란색 무늬가 있는데 이 무늬가 붓꽃과 구별할 수 있는 요소라고 할 수 있어요. 꽃창피의 노란색 무늬는 단조로운 반면, 붓꽃은 노란색 무늬 대신 화려한 호피무늬가 있어요. 즉 호랑이 줄무늬처럼 화려한 무늬가 있으면 붓꽃이라고 할 수 있어요.

▲ 창포의 꽃　　▲ 노란꽃창포

단옷날 창포물에 머리감았다는 식물은 꽃창포가 아닌 '창포'라는 식물이에요. 이 식물은 천남성과 식물이므로 붓꽃과의 꽃창포와 전혀 다른 식물이라고 할 수 있어요. 꽃도 천남성과 식물답게 예쁘지 않은 송충이처럼 생겼어요. 조금 징글징글하기 때문에 처음 이 꽃을 보면 송충이가 앉아있나 착각하기도 해요. 키는 30cm 정도로 자라므로 꽃창포에 비해 작은 편이에요. 그러나 잎과 뿌리에 독특한 향기가 있어 이것을 끓인 물에 머리를 감았던 것이죠. 한방에서는 창포를 백창(白菖)이라 하여 약용하는데 담을 삭이거나 종기, 관절염 등에 효능이 있어요. 꽃창포는 해독, 구충, 식욕부진에 효능이 있어요.

꽃창포 중에서 노란색 꽃이 피는 것은 '노란꽃창포'라고 말하며 우리나라 특산식물이에요. 노란꽃창포는 붓꽃처럼 호피무늬가 있는 것이 특징인데 아주 연하게 보이기 때문에 진한 호피무늬가 있는 노란붓꽃과 구별할 수 있어요. 꽃창포는 종자와 분주로 번식할 수 있고, 창포는 분주로 번식할 수 있어요.

볼 수 있는 곳

꽃창포는 창경궁과 수목원에서 볼 수 있어요. 창포는 수목원에서 볼 수 있지만 안 키우는 수목원이 더 많아요. 서울의 경우 홍릉수목원에서 창포를 볼 수 있어요.

붓꽃, 타래붓꽃, 부채붓꽃

▲ 붓꽃의 호피무늬

붓꽃

(붓꽃과 여러해살이풀, Iris sanguinea)

꽃잎처럼 보이는 외화피에 호랑이 줄무늬처럼 생긴 호피무늬가 화려하게 있으므로 꽃창포와 구별할 수 있어요. 전국에서 자라며 주로 건조한 풀밭에서 볼 수 있어요.

▲ 잎이 타래를 트는 타래붓꽃

타래붓꽃

(붓꽃과 여러해살이풀, Iris lactea)

잎이 타래를 틀며 자라는 특성이 있어요. 꽃의 생김새도 꽃창포나 붓꽃과 다르므로 구별할 수 있어요. 잎을 자세히 보면 타래를 틀 듯 휘어져 자라고 있죠. 충청남도와 전라남도를 제외한 전국의 산에서 볼 수 있는데 주로 건조한 풀밭에서 볼 수 있어요.

▲ 잎이 부채처럼 퍼져있는 부채붓꽃

부채붓꽃

(붓꽃과 여러해살이풀, Iris setosa)

잎이 부채처럼 벌어져 자라기 때문에 붓꽃이나 꽃창포와 구별할 수 있어요. 즉 범부채처럼 잎이 퍼져있고 꽃은 붓꽃 종류가 달려있는 식물이에요. 강원도 일부 습지에서만 볼 수 있는 멸종위기 식물이에요.

꼬마 동자승이 꽃으로 변한

동자꽃

과명 석죽과 여러해살이풀 **학명** *Lychnis cognata* **꽃** 7~8월 **열매** 9월 **높이** 40cm~1m

동자꽃

▲ 흰동자꽃

▲ 제비동자꽃

동자꽃은 원래 깊은 산에서 만날 수 있는 식물이지만 서울 경복궁에서도 볼 수 있을 뿐 아니라, 꽃집에서 원예종을 파는 것도 볼 수 있어요. 설악산 오세암의 동자승 전설에 따라 동자꽃이란 이름이 붙었죠.

▲ 동자꽃

주황색의 꽃은 7~8월에 취산화서로 피고 꽃의 크기는 4cm 정도예요. 줄기와 가지 끝, 잎겨드랑이에서 1송이씩 꽃이 피지만 요즘 보는 원예종은 여러 송이씩 꽃이 피기도 해요. 꽃받침은 끝이 5개로 갈라지고 꽃잎은 5장이지만 가운데가 갈라져있어 10장으로 보여요. 수술은 10개, 암술은 5개이지만 구부러져 있는 경우가 많아 잘 보이지는 않아요. 줄기는 높이 0.4~1m 정도로 자라고 긴 털이 있고 마주난 잎은 잎자루가 없어 줄기를 반쯤 감싸고 있어요. 잎은 달걀형이거나 긴 타원형이고 길이 5cm 정도이고 가장자리가 밋밋해요.

비슷한 식물로는 전체에 털이 없고 꽃잎이 가늘게 갈라지는 '제비동자꽃', 흰색 꽃이 피는 '흰동자꽃', 전체적으로 털이 많은 '털동자꽃'이 있으며, 번식은 종자, 꺾꽂이, 포기나누기로 할 수 있어요.

볼 수 있는 곳

전국의 높은 산에서 볼 수 있어요. 등산로에서도 볼 수 있지만 높은 산 응달이나 초지에서 흔히 볼 수 있어요. 또한 전국의 수목원에서 볼 수 있어요.

오세암의 동자꽃 전설

여러분은 혹시 오세암이란 영화를 아시나요? 오세암은 설악산 백담사에 딸려있는 작은 암자를 말하죠. 요즘은 백담사 입구 마을에서 백담사까지 사찰버스가 다니기 때문에 30분이면 백담사에 도착하지만 버스가 없었던 시절엔 계곡을 끼고 백담사까지 서너 시간을 걸어가야 했어요. 더구나 백담사에서 다시 깊은 산속을 따라 대여섯 시간을 걸어 올라가야만 오세암이 나오므로 마을에서 오세암까지는 도보로 10시간이나 걸리는 먼 거리에 있는 셈이죠.

전설에 따르면 먼 옛날 어느 깊은 산 속에 작은 암자가 있었다고 해요. 이 암자에는 나이 어린 스님이 수행을 하고 있었고 그에겐 어린 조카가 있었다고 해요. 어린 조카에겐 부모님이 없었으므로 삼촌인 그가 조카를 동자승 삼아 데리고 있어야했죠. 그러던 어느 겨울날, 젊은 스님은 겨울 내내 먹고 살 식량을 구하기 위해 산 아래로 내려갔답니다. 동자승이 걷기에는 너무 먼 길이었으므로 다음날 오기로 약속하고 혼자 산을 내려간 것이죠.

그런데 젊은 스님이 마을에 내려왔을 때 그만 폭설이 내렸답니다. 폭설이 내리자 암자로 올라가는 길이 막힌 스님은 마을에서 폭설이 그치기를 여러 날 기다렸다고 해요. 그러나 일주일이 지나도 폭설은 그치지 않았고 2주일이 지나도 폭설이 그치지 않았다고 해요. 요즘도 설악산은 이틀 정도 폭설이 내리면 1m 정도 쌓이는데, 몇 주나 계속 폭설이 내리니 암자로 올라가는 길이 모두 막혀버린 것이죠.

이렇게 쌓인 폭설은 다음해 봄이 되어서야 간신히 녹기 시작했답니다. 눈이 녹기 시작하자 젊은 스님은 두 달 동안 식량 없이 지냈을 조카를 걱정하며 암자로 서둘러 올라갔습니다. 그러나 젊은 스님을 기다리고 있었던 것은 조카의 죽음이었습니다. 젊은 스님은 암자에서 싸늘하게 죽어있는 어린 조카를 부둥켜안고 펑펑 울었답니다.

훗날 이 동자승의 무덤가에서 처음 보는 꽃이 피어났는데 사람들은 이 꽃을 동자꽃이라고 했답니다. 이 이야기는 설악산 오세암에서 내려오는 전설이라고 해요.

잎이 비비꼬여서

비비추

과명 백합과 여러해살이풀 학명 *Hosta longipes* 꽃 7~8월 열매 8~9월 높이 50cm

꽃이 꽃대에서 순서대로 달리는 비비추

▲ 비비추의 잎　　▲ 꽃이 한군데서 모여 나는 일월비비추

비비추는 잎의 생김새가 약간 비비꼬여있다는 뜻에서 붙은 이름이에요. 어떤 사람은 손으로 비벼서 먹는 나물이란 뜻에서 비비추라고도 해요. 비비추나물은 맛이 별로 없으므로 기대하지 않는 것이 좋아요.

▲ 일월비비추의 열매

꽃은 7~8월에 볼 수 있는데 길이 30~50cm의 긴 꽃대가 올라온 뒤 통꽃 모양의 꽃이 순서대로 달려요. 만일 꽃이 한 지점에서 모여 핀다면 '일월비비추'라고 할 수 있어요. 꽃은 자주색이고 길이 4~11cm 정도이고 화관 끝이 6개로 갈라지고 6개의 수술과 1개의 암술이 있어요. 잎은 타원형에 광채가 있고 길이 12~13cm 정도이고 8~9쌍 정도의 맥이 있어요. 산에서 뱀이나 독충에 물렸을 때 잎을 짓이겨 바르면 효능이 있고, 열매는 8월에 볼 수 있는데 3개로 갈라지고 씨앗이 보여요. 또한 비비추의 꽃과 뿌리는 약용할 수 있는데 각종 통증과 자양강장에 효능이 있어요. 번식은 종자와 분주로 할 수 있어요.

볼 수 있는 곳

전국의 산과 들에서 볼 수 있어요. 경복궁 같은 궁궐이나 사찰에서 관엽식물로 화단에 키우는 경우가 많아요. 또한 전국의 수목원에서 만날 수 있어요.

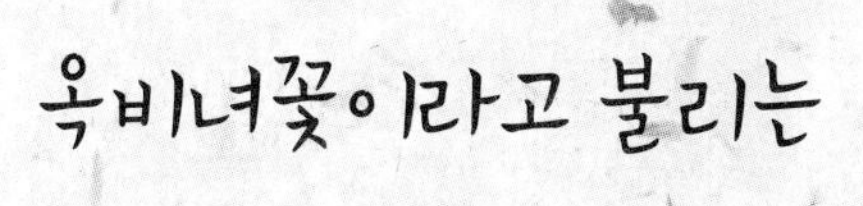

옥잠화

과명 백합과 여러해살이풀 **학명** *Hosta plantaginea* **꽃** 7~9월 **열매** 9월 **높이** 40~60cm

옥잠화의 꽃

옥잠화는 선녀가 떨어트린 옥비녀가 있던 자리에서 피어났다 해서 '옥비녀꽃'이라는 별명이 있어요. 알고 보면 옥잠화(玉簪花)의 뜻도 옥비녀꽃이라는 뜻을 가지고 있죠. 비비추와 전체적으로 비슷하지만 꽃이 흰색이므로 쉽게 구별할 수 있어요.

▲ 옥잠화의 잎

꽃은 7~9월에 피는데 통 모양이고 끝부분이 6개로 깊게 갈라지고 수술은 6개, 암술은 1개에요. 꽃의 진한 향기는 벌과 나비가 좋아하고 보통 아침에 햇빛 아래에서 활짝 피고 오후에는 꽃잎을 닫는 특징이 있어요.

아저씨도 이 꽃이 활짝 벌어진 것을 본 적이 없는데 어느 해 남부지방에서 아침 햇살에 활짝 핀 모습을 보고 깜짝 놀란 적이 있었죠. 꽃이 활짝 피면 지름이 10cm 정도이므로 꽤 큰 편이에요.

잎은 타원형인데 비비추 잎보다 조금 넓거나 큰 편이고 표면에는 8~9쌍의 맥이 있어요. 옥잠화는 뿌리와 꽃을 약용하는데 각종 해독 기능과 이뇨, 지혈에 좋고 비비추잎처럼 뱀에 물린 상처에 잎을 짓이겨 바를 수 있어요. 번식은 종자와 분주로 할 수 있어요.

볼 수 있는 곳

중국 원산이므로 보통 키워 기르는 경우가 많고 이 때문에 주택 화단에서 많이 볼 수 있어요. 도시에서는 공원에서 큰 나무 밑에 조경용으로 흔히 심기 때문에 많이 볼 수 있고, 수목원에서도 흔하게 볼 수 있어요.

오늘 만난 꽃

불난 것처럼 보이는

석산(꽃무릇)

과명 수선화과 여러해살이풀 학명 *Lycoris radiata* 꽃 9월 열매 없음 크기 50cm

석산

여러분은 앞에서 상사화에 대한 전설을 읽은 것을 기억하실 거예요. 잎이 있을 때는 꽃이 없고 꽃이 있을 때는 잎이 없는 식물이 상사화 전설인데 그 전설의 원조는 바로 석산이라고 불리는 이 꽃이라고 할 수 있어요. 흔히 꽃무릇이라고 불리지만 정식명칭은 석산이며, 남부지방의 사찰에서 만날 수 있는 식물이에요. 특히 전남 영광의 불갑사와 전북 고창의 선운사 꽃무릇 군락지는 전국적으로 유명세가 높기 때문에 꽃이 필 때면 수많은 사진작가들이 즐겨 찾는 곳이죠.

▲ 석산의 꽃

꽃은 9월에 볼 수 있는데 산형화서로 달리고 하나의 꽃대에 5~7개의 꽃이 붙어요. 화피 열편은 6개이고 수술 6개, 암술은 1개예요. 대부분의 상사화가 그렇듯 이 식물도 열매 결실이 어려우므로 번식은 난초류의 번식방법인 분주로 해야 해요.

뿌리는 약용이 가능하지만 독성이 있으므로 잘 말린 뒤 약용해야 하며 부종, 종기, 이뇨, 해독 등에 효능이 있어요. 이 뿌리는 독성이 매우 심하므로 날것으로 먹으면 생명에 지장이 있을 수도 있어요.

볼 수 있는 곳

남부지방의 축축한 산지에서 볼 수 있어요. 수도권의 수목원 중에는 석산을 볼 수 있는 식물원이 별로 없지만 서울 홍릉수목원, 성남 신구대학식물원에서 볼 수 있어요. 남부지방의 식물원 중에는 대전 한밭수목원, 태안 천리포수목원, 전주 한국도로공사수목원, 대구수목원, 포항 기청산식물원, 제주 한라수목원, 제주 여미지식물원 등에서 석산을 볼 수 있어요.

앵앵거릴 것 같은 귀여운 꽃이 피는

앵초

과명 앵초과 여러해살이풀 **학명** *Primula sieboldii* **꽃** 4~5월 **열매** 5~6월 **높이** 10~40cm

앵초

▲ 큰앵초의 잎과 열매

▲ 고산지대에서 자라는 설행초

앵초는 중국이름인 앵초(櫻草)에서 따온 말이에요. 말 그대로 '앵두꽃을 닮은 꽃이 피는 풀'이란 뜻이죠. 앵(櫻)은 앵두나무를 가리키지만 벚나무를 가리키기도 하므로 '벚나무꽃과 닮은 꽃이 피는 풀'이란 뜻도 되겠죠.

앵초의 꽃은 4~5월에 볼 수 있어요. 꽃은 산형화서 모양으로 7~20개의 꽃이 달리는데 각각의 꽃은 지름 2~3cm 정도이고, 꽃잎 가장자리는 4~5개로 갈라지고 갈라진 끝부분은 얇게 다시 갈라지죠. 잎은 뿌리에서 모여 올라오고 잎자루가 있고 타원형이에요. 잎 표면에는 주름과 털이 있고 가장자리가 얇게 갈라진 뒤 톱니가 있어요. 앵초의 뿌리는 잘 건조시킨 뒤 약으로 복용하기도 하는데 가래와 기침에 효능이 있고, 번식은 종자와 포기나누기로 할 수 있어요.

비슷한 식물인 큰앵초는 꽃이 좀 더 크고 잎이 단풍잎처럼 뾰족하게 갈라지고 잎의 크기도 큰 편이에요. 설행초는 남부지방의 고산지대에서 자라는 식물인데 주걱모양의 잎이 앵초 잎에 비해 많이 작고 꽃대가 길게 올라오는 것이 특징이에요.

앵초는 귀엽게 생긴 꽃 때문에 예로부터 관상용이나 분재용으로 인기가 많은 야생화예요. 이 때문에 앵초를 닮은 원예종 꽃인 '프리뮬러'도 덩달아 인기를 얻고 있죠.

볼 수 있는 곳

전국의 산지에서 볼 수 있는 앵초는 주로 냇가나 축축한 곳에서 많이 볼 수 있어요. 큰 앵초는 깊은 산속의 축축한 곳에서 볼 수 있고 설앵초는 남부지방 고산지대에서 볼 수 있어요. 전국의 수목원에서도 앵초를 만날 수 있어요.

초롱처럼 피는

초롱꽃 & 섬초롱꽃 & 금강초롱꽃

과명 초롱꽃과 여러해살이풀　학명 *Campanula punctata*　꽃 6~8월　열매 8~9월　높이 0.5~1m

줄기 털이 거의 없는 섬초롱꽃

▲ 초롱꽃의 줄기 털

▲ 금강초롱꽃

초롱꽃은 꽃의 생김새가 초롱불처럼 생겼다 해서 붙은 이름이에요. 옛날에는 가로등이 없었으므로 청사초롱을 들고 밤거리를 오고갔는데 청사초롱 안에 있는 불이 초롱불이죠. 실제 이 꽃을 높은 산에서 만나면 숲 속에서 초롱불을 만난 듯 반가움이 앞서곤 해요. 예를 들어 설악산 능선에는 꽃의 색상이 자주색인 '금강초롱꽃'이 많은데, 금강초롱꽃을 만나면 너무 반가움이 앞서곤 하는 것이죠.

초롱꽃은 6~8월에 볼 수 있는데 줄기에 여러 개의 꽃이 달리고 수술은 5개, 암술은 1개이고, 꽃의 길이는 4~8cm 정도이므로 생각보다 꽃이 큰 편이에요. 꽃의 색상은 흰색이거나 연한 홍자색이고 꽃잎 표면에 반점이 있거나 없는 경우도 있으며, 줄기와 꽃대에 잔털이 많고, 줄기 잎은 삼각형이거나 넓은 피침형이에요. 번식은 종자와 포기나누기로 할 수 있으며, 종자 번식의 경우 씨앗을 채취한 뒤 바로 파종하는 것이 좋아요.

비슷한 식물인 섬초롱꽃은 연한 자주색 꽃잎에 짙은 반점이 있고 줄기와 꽃대에 털이 거의 없고 줄기 잎이 심장 모양이므로 이런 점으로 초롱꽃과 구별할 수 있어요. 하지만 꽃 색상으로는 잘 구분이 안 되므로 보통 줄기와 꽃대에 털이 있는지 없는지를 확인하는 것이 좋아요. 섬초롱꽃은 우리나라 울릉도에만 자생지가 있는 우리나라 특산식물이지만 수목원에서 많이 볼 수 있어요. 금강초롱꽃은 꽃의 색상이 연한 자주색이거나 흰색이고 강원도의 고산지대에서 자라는 우리나라 특산식물이에요.

볼 수 있는 곳

초롱꽃은 전국의 산에서 볼 수 있는데 주로 산의 저지대에서 많이 볼 수 있어요. 섬초롱꽃은 울릉도에서 볼 수 있고 금강초롱꽃은 설악산 같은 강원도의 높은 산에서 볼 수 있어요. 또한 각 지역의 수목원에서도 볼 수 있고 궁궐의 경우 창경궁 온실에서 볼 수 있어요.

패랭이모자를 닮은

패랭이꽃

과명 석죽과 여러해살이풀 **학명** *Dianthus chinensis* **꽃** 6~8월 **열매** 9~10월 **높이** 30~50cm

패랭이꽃

▲ 술패랭이꽃

▲ 수염패랭이꽃

옛날 역졸이나 하인들이 쓰던 패랭이모자와 닮은 꽃이 핀다고 해서 '패랭이꽃'이란 이름이 붙었어요. 인기가 많은 들꽃이기 때문에 원예종이 많고 그만큼 동네 화단에서도 흔히 봤던 식물이라 할 수 있겠죠.

꽃은 6~8월에 가지 끝에서 1개씩 피고 꽃의 크기는 2~3cm 정도예요. 꽃잎은 5개, 수술은 10개, 암술은 2개인데 꽃잎 가장자리가 갈라진 모양에 따라 여러 가지 패랭이꽃으로 나눌 수 있어요. 예를 들어 앞의 사진처럼 꽃잎 끝에 단순한 톱니가 있으면 '패랭이꽃', 좀 더 잘게 갈라진 톱니가 있으면 '꽃패랭이꽃', 잘게 깊게 갈라져 실처럼 보이면 '술패랭이꽃'이라고 할 수 있어요. 또한 꽃 밑 포엽이 잘게 갈라져 수염처럼 보이면 '수염패랭이꽃'이라고 말해요. 패랭이꽃들은 대부분 잎이 마주나고 피침형이거나 가느다란 줄형이에요. 패랭이꽃의 번식은 종자, 꺾꽂이, 포기나누기로 할 수 있어요.

한약방에서는 패랭이꽃을 약으로 사용하기도 하는데 종기, 해열 효능이 있어요. 특히 안과 관련 병증에 효능이 있으므로 할아버지의 노안증이나 침침한 눈, 충혈된 눈에 효능이 있어요. 약용효능이 있는 식물을 약으로 먹을 때는 보통 식물체를 햇볕에 잘 말린 뒤 달여서 복용하는 방법을 사용해요. 햇볕이나 응달에서 말리는 이유는 식물체에 남아있는 잔여 독성을 없애는 한편 보관상 편리하기 때문이겠죠. 그런 뒤 푹 달여서 먹으면 약용 효과가 나타나는데 몇몇 식물은 말리거나 데쳐도 독성이 사라지지 않을 수 있고, 채질에 따라 역효과가 나기도 하므로, 한의사의 처방대로 먹는 것이 가장 좋다고 할 수 있어요.

볼 수 있는 곳

우리나라 전국의 저지대와 강변 모래밭 등에서 패랭이꽃을 볼 수 있어요. 꽃이 예쁘기 때문에 조경용으로 즐겨 심고 이 때문에 궁궐 풀밭이나 공원 풀밭에서 흔히 볼 수 있어요. 전국의 수목원에서도 만날 수 있어요.

매의 발톱을 닮은

매발톱과 하늘매발톱

과명 미나리아재비과 여러해살이풀 학명 *Aquilegia buergeriana* 꽃 6~8월 열매 10월 높이 0.3~1.3m

▲ 매발톱 ▲ 하늘매발톱

매발톱은 꽃 위에 매달톱처럼 보이는 갈고리가 있다고 해서 붙은 이름이에요. 우리나라 산에서 볼 수 있었으나 인기가 많아 궁궐에서도 조경용으로 즐겨 심고 꽃집에서도 많은 원예종을 판매하고 있어요.

꽃은 5~7월에 노란빛이 도는 자주색으로 피고, 꼭지에 갈고리 모양의 뿔이 있는데 꿀주머니라고 말해요. 꽃잎처럼 보이는 꽃받침잎은 5장이고, 수술은 많고 암술은 5개예요. 꽃의 색상이 하늘색인 경우는 하늘매발톱이라고 부르는데 우리나라 높은 산에서 볼 수 있어요. 원래 매발톱꽃은 서로 옆에 있는 매발톱과 자연교배를 많이 하기 때문에 꽃 색상이 서로 섞인 새 품종이 나오는 경우가 많아요.

잎은 잎자루가 있고 2번 3갈래로 갈라져 손가락 모양이고 이 잎은 독성이 있으므로 사람이 섭취할 수 없어요. 하지만 약용이 가능해 여성 병이나 통증에 사용하기도 해요.

번식은 종자와 포기나누기로 할 수 있지만 동네 꽃집에서도 원예종을 판매하므로 일반적으로 원예종을 구입해 키우는 경우가 많아요.

볼 수 있는 곳

매발톱은 계곡이나 풀밭에서 볼 수 있고 하늘매발톱은 높은 산의 고산지대에서 볼 수 있어요. 각 지역의 수목원에서도 흔히 볼 수 있고 궁궐이나 왕릉에서도 조경용으로 키우는 경우가 많아요.

풀밭에서 만나는 꽃

공원 풀밭이나 수목원 풀밭에서 만나는 식물에 대해 공부해 보아요. 여기서 설명하는 풀꽃들은 도시 근교의 왕릉 풀밭에서도 흔히 볼 수 있는 식물들이에요.

- 사립문을 열면 항상 보였던 민들레
- 꽃이 종달새 깃을 닮은 현호색
- 담석증 치료로 유명한 풀 긴병꽃풀
- 긴병꽃풀과 닮은 주름잎과 누운주름잎
- 잎이 뚝뚝 잘 떨어지는 매듭풀과 둥근매듭풀
- 밤에 꽃이 활짝 피는 달맞이꽃
- 우산놀이를 할 수 있는 바랭이와 왕바랭이
- 밥을 해먹을 수 있는 강아지풀

사립문을 열면 항상 보였던

민들레

과명 국화과 여러해살이풀 학명 *Taraxacum platycarpum* 꽃 3~5월 열매 5~6월 높이 30cm

민들레

▲ 서양민들레 ▲ 서양민들레의 총포

민들레는 사립문을 열면 문 둘레에서도 항상 볼 수 있는 식물이란 뜻에서 '문둘레'로 불렸다가 지금의 민들레란 이름이 되었어요. 사립문 둘레에서 흔하게 봤던 풀꽃이지만 아스팔트와 도로가 닦이면서 흔하지 않는 식물이 되었죠.

우리나라에서 볼 수 있는 민들레는 우리나라 토종인 '민들레', 서양에서 들어온 '서양민들레', 산에서 볼 수 있는 '산민들레', 흰색 꽃이 피는 '흰민들레'가 있어요. 도시 풀밭에서 볼 수 있는 민들레는 대개 '서양민들레'이고, 토종 민들레는 농촌풀밭에서 볼 수 있어요.

▲ 토종민들레의 총포

토종 민들레와 서양민들레를 구별하는 방법은 여러 가지이지만 꽃을 뒤집어 총포 모양을 보는 것이 가장 확실한 구별 방법이에요. 총포 조각이 아래로 뒤집어져 있으면 서양민들레이고, 총포 조각이 꽃받침에 붙어있으면 토종민들레라고 할 수 있어요.

또한 서양민들레는 꽃 색상이 진노랑색인 경우가 많고, 토종민들레는 밝은 노란색이거나 연노란색인 경우가 많으므로 꽃 색상으로도 구분할 수 있어요. 그러나 꽃 색상은 발육상태에 따라 달라지기도 하므로 보통은 총포를 보고 구별하는 것이 가장 정확한 방법이라고 할 수 있어요.

민들레의 꽃은 4~5월에 볼 수 있어요. 꽃잎은 5개, 수술도 5개, 암술은 1개이고 꽃의 크기는 3~4cm 정도예요. 열매는 꽃이 시든 뒤 볼 수 있는데 솜털 모양의 공처럼 생겼고 바람에 의해 씨앗이 날아가 번식을 해요. 잎은 뿌리에서 모여 올라오고 방석처럼 퍼지고 가장자리에 톱니가 있어요. 어린잎은 나물로 먹을 수 있으며 맛이 좋은 편이고, 종기에는 잎을 짓이겨 바르면 효능이 있어요. 풀 전체는 열이 많거나 몸 속 독성을 없애는 약으로 복용하기도 하고 각종 염증과 젖이 잘 나오게 할 수 있고, 민들레 차로 우려마실 수도 있어요. 번식은 종자와 포기나누기로 할 수 있어요.

볼 수 있는 곳

민들레는 전국의 높은 산 저지대와 초원, 논둑, 밭둑 같은 풀밭에서 볼 수 있어요. 도시의 풀밭에서 볼 수 있는 민들레는 대부분 서양민들레이고, 수목원에서 볼 수 있는 민들레도 대부분 서양민들레인 경우가 많아요.

꽃이 종달새 깃을 닮은

현호색

과명 현호색과 여러해살이풀 **학명** *Corydalis remota* **꽃** 4~5월 **열매** 5~6월 **높이** 20cm

현호색

▲ 물결무늬 톱니가 있고 꽃이 빨간색인 들현호색

▲ 잎이 대나무잎 같은 댓잎현호색

현호색은 한자 이름인 玄胡索(현호색)에서 따온 이름이에요. 왜 玄胡索이라는 이름이 붙었는지는 알 수 없는데 대개 '꽃이 하늘색인 오랑캐식물'이란 뜻에서 붙은 이름이라고 말하죠. 검을 현(玄)은 '검다'와 '심오하다'라는 뜻이 있지만 '하늘'을 뜻하기도 하기 때문이에요.

학명 Corydalis는 종달새에서 유래된 단어인데 꽃이 종달새를 닮았다 하여 붙은 이름이에요. 그래서 현호색과에 속하는 식물들은 꽃이 새의 깃처럼 생긴 경우가 많고, '산괴불주머니'라는 식물도 꽃의 생김새가 현호색과 비슷하죠.

현호색의 꽃은 4~5월에 볼 수 있어요. 꽃은 총상화서 모양으로 5~10개가 달리고 꽃의 길이는 2.5 cm 정도예요. 꽃잎은 아래 위 2장, 안에 2장이고 아래 꽃잎은 입술 모양이에요. 수술은 6개이고 암술은 1개예요.

줄기는 가지가 많이 갈라지고 어긋난 잎은 잎자루가 길고 작은 잎이 3개씩 1~2회 갈라진 모양이에요. 잎의 앞면은 녹색이고 뒷면은 회백색이고 독성이 있어 어린잎도 섭취할 수 없어요. 뿌리는 덩이 형태인데 각종 통증에 특효가 있지만 한의사의 처방 하에 복용하는 것이 좋고, 날것으로 먹으면 신체에 심각한 손상을 줄 수도 있어요.

비슷한 식물로는 잎이 대나무잎처럼 생긴 '댓잎현호색', 잎에 물결무늬 톱니가 있고 꽃이 빨간색인 '들현호색', 잎에 점박이 무늬가 있는 '점현호색', 잎이 빗살처럼 갈라지는 빗살현호색 등 20여종이 있어요. 서로 자연 교배를 잘하기 때문에 댓잎현호색 옆에 일반 현호색도 있고 점현호색도 자라는 경우가 많고 꽃잎의 색상도 섞여 있는 경우가 많아요. 번식은 종자로 할 수 있어요.

▲ 잎에 무늬가 있는 점현호색

볼 수 있는 곳

전국의 산과 들에서 흔히 볼 수 있어요. 주로 축축한 계곡가나 풀밭에서 많이 볼 수 있고 대도시 부근의 높은 산 계곡가에서도 흔히 볼 수 있어요. 수목원에서는 현호색을 별도로 키우는 경우가 그렇게 많지 않아요. 수목원 내 풀밭에서 흔히 볼 수 있기 때문이죠.

담석증 치료로 유명한 풀

긴병꽃풀

과명 꿀풀과 여러해살이풀 학명 *Glechoma grandis* 꽃 4~5월 열매 6~7월 높이 5~30cm

긴병꽃풀

▲ 긴병꽃풀의 잎

긴병꽃풀은 꽃의 생김새가 긴 병꽃처럼 생겼다고 해서 붙은 이름이에요. 봄이면 나무 밑 축축한 풀밭에서 흔히 볼 수 있는 아주 작은 풀꽃이라고 할 수 있어요. 일단 이른 봄이 되면 동전 크기만 한 둥근 잎이 올라오는데 잎 가장자리에 톱니가 있어요.

4~5월이 되면 줄기가 올라오고 잎겨드랑이에서 입술 모양의 꽃이 피는데 꽃은 연한 분홍색이고, 아랫입술에 자주색 반점이 있고, 꽃의 끝 부분은 5개로 갈라져 있어요. 줄기 잎은 마주나고 긴 잎자루가 있으며 가장자리에 톱니가 있어요. 줄기의 높이는 5~30cm 정도에 불과하지만 이 꽃은 담석증 치료에 특히 효능이 있다고 해요.

전설에 의하면 아주 먼 옛날, 담석증으로 남편이 죽자 그 부인이 남편을 너무 그리워한 나머지 남편의 시체에서 담석을 수거해 항상 지니고 다녔다고 해요. 그러다가 풀밭에 앉았는데 어느 작은 풀 앞에서 담석이 녹기 시작한 것이죠. 그 후 담석을 녹일 수 있는 풀이라는 소문이 퍼지면서 수많은 담석증 환자들이 긴병풀꽃을 찾아 달여 먹었다는 전설이 내려오고 있죠. 하지만 풀 전체에 살충 성분이 많으므로 날것으로 먹기보다는 달여서 먹는 것이 좋겠죠. 번식은 포기나누기와 꺾꽂이로 할 수 있어요.

볼 수 있는 곳

전국의 산지에서 흔히 볼 수 있는 식물이며, 주로 양지바른 습한 풀밭에서 많이 볼 수 있어요. 도시에서도 동네 뒷산의 축축한 수로 옆에서 많이 볼 수 있어요. 수목원에서도 나무 밑 축축한 풀밭에서 잘 찾아보면 흔히 볼 수 있어요.

오늘 만난 꽃

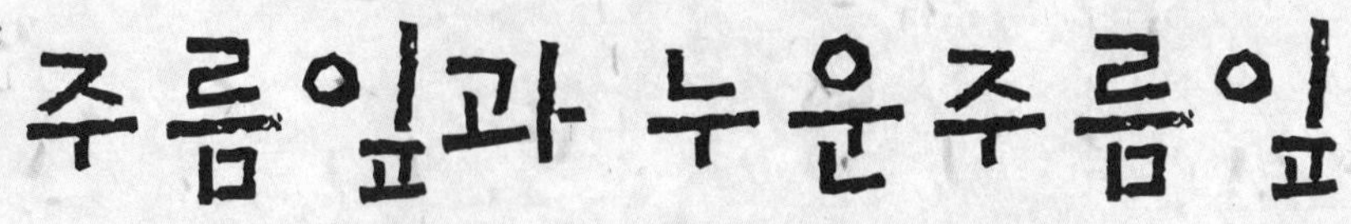

긴병꽃풀과 닮은

주름잎과 누운주름잎

과명 현삼과 한해살이풀 **학명** *Mazus pumilus* **꽃** 5~8월 **열매** 8~9월 **크기** 5~20cm

▲ 주름잎

▲ 누운주름잎

주름잎은 도시의 풀밭에서 흔히 볼 수 있는 키 작은 풀꽃이에요. 긴병꽃풀과 꽃이 비슷하지만 꽃의 육질이 두툼하고 잎이 주걱 모양이기 때문에 쉽게 구별할 수 있어요.

주름잎이란 이름은 잎에 주름이 많기 때문에 붙었죠. 꽃은 5~8월에 볼 수 있어요. 연한 자주색의 이 꽃은 입술모양이고 길이 1cm 정도이고 아랫입술이 3개로 갈라져있어요. 수술은 4개인데 2개가 길고 꽃잎 표면에 점박이 무늬가 있어요. 이 꽃은 꽤 길게 피어있지만 대개 중간에 바람에 의해 떨어지는 경우가 많죠. 줄기는 5~20cm 정도로 자라는데 방석처럼 누워 자라는 것은 '누운주름잎', 줄기가 꼿꼿하게 서서 자라는 것은 '선주름잎', 그 중간형은 '주름잎'이라고 해요. 번식은 종자와 포기나누기로 할 수 있어요.

볼 수 있는 곳

도시의 풀밭에서 볼 수 있어요. 농촌의 논둑과 밭둑에서도 흔하게 볼 수 있어요.

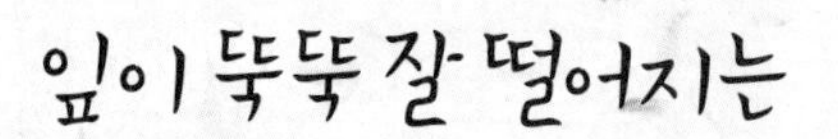

잎이 뚝뚝 잘 떨어지는

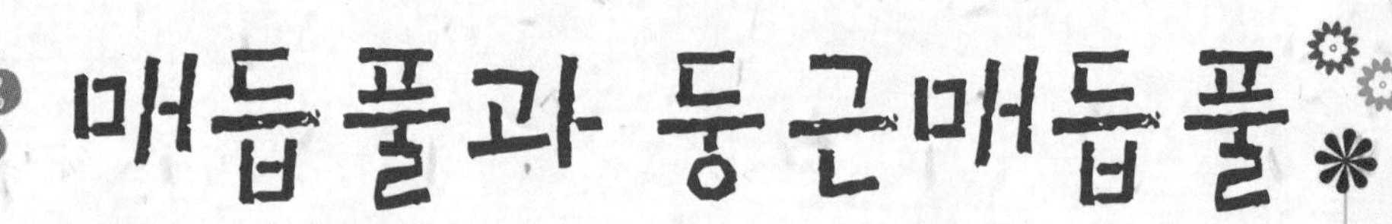

매듭풀과 둥근매듭풀

과명 미나리아제비과 여러해살이풀 **학명** *Aquilegia buergeriana* **꽃** 6~8월 **열매** 10월 **높이** 0.3~1.3m

매듭풀과 매듭풀의 꽃

매듭풀은 잎의 양쪽을 손으로 잡아당기면 매듭처럼 뚝뚝 끊기는 풀이라고 이름이 붙었어요. 원래는 전국에서 볼 수 있는 식물이었지만 요즘은 농촌이나 소도시에서 볼 수 있고 대도시에서는 잘 보이지 않아요. 장난감이 없었던 옛날에는 어린 아이들이 매듭풀 잎을 누가 더 정확하게 뚝뚝 끊을 수 있나 내기를 하기도 했죠.

꽃은 8~9월에 잎 겨드랑이에서 1~2개씩 피고 연한 홍색이고 길이 0.5~1cm 정도이므로 아주 작은 편이에요. 줄기는 마디가 있고 흔히 땅에 누워서 자라는 경우가 많아요. 매듭풀은 잎이 긴 타원형이고, 둥근매듭풀은 잎이 둥근 타원형이므로 이런 점으로 구별할 수 있어요. 열매는 9월에 볼 수 있는데 씨앗은 사람이 먹을 수 있고 어린잎도 먹을 수 있어요.

보기에는 작은 풀꽃이지만 약용 성분이 좋아 몸 속 독성 성분을 없애고 말라리아, 간염, 해열, 이질약으로 달여 먹기도 해요. 번식은 종자로 할 수 있어요.

▲ 둥근매듭풀

볼 수 있는 곳

매듭풀은 농촌의 길가, 논둑, 밭둑, 도랑옆 풀밭에서 흔히 볼 수 있어요. 대도시의 풀밭에서는 잘 보이지 않지만 도시와 시골과 경계면인 도로변이나 논 주변에서 흔히 볼 수 있어요. 둥근매듭풀은 자갈밭이나 모래밭에서 볼 수 있어요.

밤에 꽃이 활짝 피는

달맞이꽃

과명 바늘꽃과 두해살이풀 학명 *Oenothera biennis* 꽃 7월 열매 8~9월 높이 1~1.5m

달맞이꽃의 노란색 꽃

▲ 진주 남강의 달맞이꽃

달맞이꽃은 농촌의 빈터, 들판, 강가, 바닷가, 길가에서 흔히 볼 수 있는 외래종 식물이에요. 꽃이 밤에만 개화를 하기 때문에 달맞이꽃이란 이름이 붙었죠. 낮에는 꽃잎을 닫고 있는 경우가 많으므로 보통 아침이나 오후에 찾아봐야 하는데 그 시간대에는 꽃이 핀 것을 많이 볼 수 있어요. 원예종 달맞이꽃은 낮에도 꽃을 피우므로 재래종 달맞이꽃과 구별할 수 있어요.

꽃은 7월에 개화를 하는데 잎겨드랑이에서 여러 송이가 달리고 크기는 3cm 정도예요. 꽃받침은 4개이고 꽃잎도 4개, 수술은 8개이고 암술은 1개예요. 꽃잎은 사람이 먹을 수 있으나 맛은 없는 편이고 대신 은은한 향기가 있어 나비와 나방이 좋아해요.

줄기에는 잔털이 있고 어긋난 잎은 피침형이고 가장자리에 톱니가 있으며 조금 지저분하게 생겼어요. 열매는 긴 원주 모양인데 씨앗으로 기름을 짤 수 있어요. 이 기름을 흔히 '달맞이유'라고 말하는데 여성들에게 미용용으로 인기가 아주 많다고 해요. 특히 여드름 같은 피부질환에 좋기 때문에 달맞이유를 먹으면 뽀얀 피부가 된다고도 말하죠. 뿌리와 잎도 감기 등에 약용하지만 달맞이유에 비해 효능이 적은 편이라고 할 수 있죠. 얼굴이 큰 분들은 줄기를 가루 내어 얼굴에 발라 보세요. 얼굴이 작아지지는 않겠지만 그냥저냥 피부에 좋다고도 소문났으니까요.

볼 수 있는 곳

도시에서는 만나기 힘든 꽃이지만 농촌의 들판, 풀밭, 강둑, 밭둑, 논둑, 바닷가 모래사장에서 흔히 볼 수 있어요.

우산놀이를 할 수 있는

바랭이와 왕바랭이

과명 벼과 한해살이풀 **학명** *Digitaria ciliaris* **꽃** 8~9월 **열매** 8월 **높이** 40~70cm

바랭이

아저씨는 어렸을 때 풀밭에서 흔히 봤던 이 풀을 우산풀이라고 불렀어요. 우산을 펼친 것처럼 자라기 때문에 우산놀이하기에 딱 좋았죠. 우산놀이란 이 풀을 우산처럼 들고 다니는 놀이를 말하는데 친구들이 너도나도 우산처럼 이 풀을 들고 비를 피하는 시늉을 하는 것이죠. 요즘은 컴퓨터 게임으로 친구를 사귀겠지만, 아저씨 나이의 사람들은 우산풀로 친구들과 교우를 나누었던 것이죠.

▲ 왕바랭이

바랭이는 도시의 풀밭에서도 흔히 볼 수 있는 벼과 식물이에요. 꽃은 7~8월에 줄기 상단부에서 3~8개의 가지가 달리고 그곳에 아주 작은 이삭 모양 꽃이 붙어있어요. 왕바랭이는 가지가 굵으므로 쉽게 구별할 수 있어요. 잎은 긴 줄 모양이고 잎집에 잔털이 있는데 잎집에 잔털이 없으면 '민바랭이'라고 말해요.

바랭이는 시골에서 잡초로 유명한 식물이에요. 하지만 소에게 여물을 먹이려면 이만큼 좋은 식물이 없기 때문에 소의 식량으로 농부들이 잘라가곤 하죠. 민간에서는 황달 같은 병에 바랭이를 달여 먹기도 해요. 번식은 종자로 할 수 있어요.

볼 수 있는 곳

도시의 풀밭은 물론 동네 뒷산에서도 흔히 볼 수 있어요. 농촌에서는 논둑, 밭둑, 풀밭, 들판에서 볼 수 있어요.

밥을 해먹을 수 있는

강아지풀

과명 벼과 한해살이풀　학명 *Setaria viridis*　꽃 7~8월　열매 8월　높이 0.3~1.2m

강아지풀

▲ 가을강아지풀　　▲ 금강강아지풀

강아지 꼬리처럼 생겼다고 해서 강아지풀이라고 말해요. 이 때문에 어떤 지방에서는 '개꼬리풀'이라고도 말하죠. 우리들은 이렇게 생긴 식물들을 모두 강아지풀이라고 부르지만 계절마다 다른 종류의 강아지풀이 자란다고 할 수 있어요. 그러므로 강아지풀도 세세하게 나누면 여러 품종이 있는 것이죠.

흔히 말하는 '강아지풀'은 여름에 피는 강아지풀을 말해요. 보통 7~8월에 꽃이 피고 화서 부분이 고개를 숙이지 않고 자라는 것이 특징이에요. 이와 달리 늦가을에도 강아지풀을 볼 수 있는데 이를 '가을강아지풀'이라고 말해요. 가을강아지풀은 9~10월 사이에 꽃이 피고 화서 부분이 고개를 숙이고 자라는 것이 특징이에요. 강아지풀도 가을이 되면 화서 부분이 단풍드는데 계절에 관계없이 단풍든 것처럼 황금색의 꽃이 피는 강아지풀이 있어요. 이런 종류의 강아지풀은 '금강강아지풀'이라고 말해요. 그러므로 강아지풀로 여러 가지 종류가 있는 것이죠.

강아지풀도 약용으로 사용할 수 있는 식물이에요. 주로 종기나 부스럼에 효능이 있으므로 약용 효과는 그리 크지 않은 편이죠. 열매는 먹을 것이 없었던 옛날에 조밥을 해먹는 것처럼 밥을 해먹기도 했어요.

볼 수 있는 곳

도시의 풀밭에서 흔히 볼 수 있어요. 농촌에서는 논둑, 밭둑, 들판, 길가에서 볼 수 있어요.

들판이나 낮은 산에서 만나는 꽃

마을 주변의 들판이나 마을 뒷산에서 자라는 식물에 대해 알아보아요.

김치를 담가먹는	고들빼기
동네 뒷산에서도 볼 수 있는	뱀딸기
봄에는 메를 캐러 다녔던	메꽃, 갯메꽃
밭둑 축축한 풀밭에서 볼 수 있는	차풀
먹물처럼 글씨를 쓰는	가는잎한련초
작은 가시가 있는 엉겅퀴 비슷한	조뱅이
황금빛 부처님처럼 빛나는	금불초
들판이나 야산에서 버려진 듯 자라는	자리공, 미국자리공
유독식물인	할미꽃
화가 날 정도로 맛없는 감자	뚱딴지
이질 치료에 특효가 있는	이질풀
독성이 심하지만 약용할 수 있는	미나리아재비
축축한 곳에서 피는 부추의 사촌	무릇

김치를 담가먹는

고들빼기

과명 국화과 두해살이풀 학명 *Crepidiastrum sonchifolium* 꽃 7~9월 열매 9~10월 높이 1m

고들빼기

▲ 고들빼기의 잎자루 ▲ 이고들빼기

여러분은 혹시 고들빼기김치를 먹어본 적이 있나요? 입맛 없을 때 잘 담근 고들빼기김치를 먹으면 쌉싸래한 맛이 입맛을 돌아오게 만들죠. 다른 반찬이 필요 없을 정도로 고들빼기김치 하나로 밥 한 공기를 뚝딱 비울 수 있으니 무슨 맛인지 궁금한 분들은 어머니에게 부탁해 보세요.

고들빼기김치는 이 식물의 어린잎과 뿌리로 만든 김치를 말해요. 김치로 담그면 나물로 먹는 것보다 쓴맛이 덜할 뿐 아니라 숙성이 잘되면 아주 맛깔스러운 김치가 되므로 밥반찬으론 딱이라 할 수 있겠죠. 만일 어머니의 요리 솜씨가 별루라는 분이 있다면 00상표로 판매하는 포장된 고들빼기김치를 먹어보기 바라요.

고들빼기는 도시 산에서는 흔하지 않지만 농촌에서는 야산에서도 흔히 볼 수 있는 국화과 식물이에요. 꽃은 7~9월에 볼 수 있는데 씀바귀 꽃과 비슷한 꽃이 피기 때문에 쉽게 알아볼 수 있어요. 말하자면 씀바귀는 땅에 붙어 자랄 정도로 작은 식물이지만 고들빼기는 1m 정도 자라는 키 큰 풀꽃이라고 할 수 있어요.

▲ 이고들빼기 잎자루

▲ 왕고들빼기

서울에서도 동네 뒷산에 가면 고들빼기와 비슷한 식물을 볼 수 있는데 서울에서 볼 수 있는 고들빼기는 '이고들빼기'인 경우가 많아요. 고들빼기와 이고들빼기는 꽃의 생김새가 똑같기 때문에 대개 잎으로 구분할 수 있어요. 잎이 줄기를 완전히 감싸고 있으면 고들빼기, 잎이 줄기를 감싸지 않거나 절반만 감싸고 있으면 '이고들빼기'라고 할 수 있어요.

또한 농촌의 밭둑에서 흔히 볼 수 있는 고들빼기로 '왕고들빼기'가 있어요. 왕고들빼기는 일반 고들빼기에 비해 두 배 정도 높게 자라므로 2m 정도까지 자라고, 꽃의 색상이 흰색에 가까운 연한 노란색이므로 쉽게 구별할 수 있어요. 고들빼기는 어린잎을 나물이나 김치로 즐겨먹지만 왕고들빼기는 어린잎을 쌈으로 먹으면 아주 맛있어요.

고들빼기는 공통적으로 잎을 찢으면 흰색 수액이 나와요. 씀바귀도 흰색 수액이 나오므로 같은 성분이라고 할 수 있겠죠. 이 때문에 고들빼기와 비슷한 식물을 만났는데 확신이 안서는 경우에는 잎을 잘라 수액의 유무를 확인하는 경우가 많아요. 고들빼기의 어린잎과 뿌리는 그대로 약용하기도 해요. 약용할 경우 몸 속 독성 성분을 없애고 장염, 이질에 효능이 있어요. 번식은 종자로 할 수 있어요.

볼 수 있는 곳

가을이면 우리나라 전국에서 흔하게 볼 수 있어요. 또한 전국의 수목원에서 만날 수 있어요.

오늘 만난 꽃

동네 뒷산에서도 볼 수 있는

뱀딸기

과명 장미과 여러해살이풀 **학명** *Duchesnea indica* **꽃** 4~5월 **열매** 5~9월 **높이** 10~20cm

▲ 뱀딸기의 열매

▲ 뱀딸기의 잎

뱀딸기는 산딸기처럼 동네 뒷산에서 흔히 볼 수 있는 풀꽃이에요. 뱀이 먹음직한 딸기라는 뜻에서 뱀딸기라는 이름이 붙었죠. 쉽게 이야기하면 야생딸기라고 할 수 있어요. 우리가 즐겨 먹는 딸기는 재배종 딸기의 열매인데 보통 '양딸기'라고 불리는 품종이에요. 양딸기는 더 큰 열매를 얻기 위해 여러 가지 야생딸기를 교배하다가 만들어진 신품종인 것이죠. 예를 들면, 들장미를 교배해 더 큰 꽃이 열리고, 더 오래가는 꽃이 열리는 원예종 장미가 탄생하였듯, 과일식물도 대부분 야생종 식물을 교배해 더 큰 열매가 열리도록 만든 것이라고 할 수 있어요.

뱀딸기의 꽃은 4~5월에 볼 수 있어요. 양딸기도 대개 이 무렵에 꽃이 피죠. 그러나 뱀딸기의 꽃은 노란색이고, 양딸기의 꽃은 흰색이에요. 분홍색 꽃이 피는 딸기도 있는데 이것은 집에서 키우도록 만든 원예종 딸기라고 할 수 있어요. 뱀딸기의 꽃은 긴 꽃자루에서 1개씩 달리는 것이 특징이에요. 겉꽃받침잎은 5개이고 끝이 얕게 3개로 갈라지고 또 다른 꽃받침이 있어요. 잎은 어긋나며 3개의 작은 잎이 붙어있어요. 이것은 양지꽃과 다르므로 구별할 수 있어요. 또한 양지꽃과 달리 뱀딸기는 줄기가 땅을 기면서 자라고, 땅과 맞닿은 부분에서 새 뿌리가 내리고 다시 꽃대가 올라오는 특성이 있어요. 열매는 지름 1cm 정도이고 사람이 먹을 수 있는데 덜 성숙한 열매는 신맛이 나고, 성숙한 열매는 단맛이 나곤 해요.

뱀딸기도 약용이 가능한 식물이에요. 구내염, 코피, 토혈, 인후염, 종기에 효능이 있고, 산에서 뱀이나 독충에 물린 경우에는 뱀딸기의 잎을 짓이겨 바르면 효능이 있어요. 번식은 종자로 할 수 있어요.

볼 수 있는 곳

들판이나 낮은 산에서도 흔히 볼 수 있어요. 각 지역의 수목원에서도 만날 수 있는데 뱀딸기를 안 키우는 수목원도 있어요.

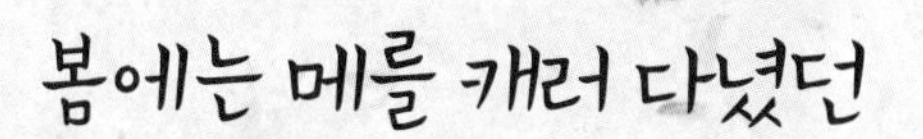
봄에는 메를 캐러 다녔던

메꽃과 갯메꽃

과명 메꽃과 여러해살이풀 **학명** *Calystegia sepium* **꽃** 6~8월 **열매** 9월 **길이** 3m

메꽃

▲ 전체적으로 작은 애기메꽃 ▲ 바닷가에서 자라는 갯메꽃

이 덩굴식물은 뿌리를 '메'라고 부르기 때문에 '메꽃'이란 이름이 붙었어요. 옛날 보릿고개가 있었던 봄에는 시골의 농부들이 호미 들고 메를 캐러 다녔는데, 이렇게 캐낸 메를 쪄서 먹으면 배도 든든하고 다른 식물뿌리에 비해 영양가도 높았다고 해요.

메꽃은 줄기가 덩굴성으로 자라며 다른 식물을 감아 올라가는 특징이 있어요. 꽃은 6~8월에 잎겨드랑이에서 1개씩 달리고 지름은 5~6cm 정도에요. 색상은 분홍색이고 5개의 수술과 1개의 암술이 있고, 일반적으로 열매를 맺지 못하는 특징이 있어요. 이 때문에 메꽃은 보통 포기나누기로 번식을 시켜야 해요. 잎은 어긋나고 잎자루가 길고 긴 타원상 피침형이고 하단부에 화살촉처럼 돌기가 있고 잎 밑부분이 뾰족하게 들어가 있어요. 잎의 길이는 5~10cm 정도이고 어린잎은 사람이 섭취할 수 있어요.

메꽃과 비슷한 식물로는 잎이 넓은 '큰메꽃', 전체적으로 작은 '애기메꽃', 줄기와 잎에 약간의 털이 있는 '선메꽃', 바닷가에서 자라는 '갯메꽃'이 있어요. 갯메꽃은 독성이 있으므로 식용하는 것이 불가능하지만 다른 메꽃은 대부분 식용할 수 있어요.

볼 수 있는 곳

메꽃은 전국의 들판에서 흔히 볼 수 있어요. 선메꽃은 일부 지역에서만 볼 수 있고, 갯메꽃은 바닷가 풀밭에서 흔히 볼 수 있어요.

밭둑 축축한 풀밭에서 볼 수 있는

차풀

과명 콩과 한해살이풀 　학명 *Chamaecrista nomame* 　꽃 7~8월 　열매 8월 　높이 30~60cm

▲ 차풀의 열매

▲ 차풀의 잎

씨앗을 차 대용으로 우려먹었기 때문에 차풀이라는 이름이 붙었어요. 높이 30~60cm 정도로 자라기 때문에 신경 쓰지 않으면 보지 못하고 가는 경우가 많아요.

꽃은 7~8월에 피며 길이 6~7mm 정도예요. 잎겨드랑이에서 1~2개의 꽃이 달리고 꽃잎은 5개, 수술은 4개, 암술은 1개이고 흐린 날에는 꽃잎을 닫고, 햇빛이 좋은 날에는 꽃잎을 활짝 개화해요. 잎은 어긋나고 잎자루의 길이는 5cm 정도이고 전체 잎 길이는 3~8cm 정도예요. 이 잎에는 작은 잎이 30~70개 정도 붙어있고 전체적으로 '미모사' 잎이나 '자귀나무' 잎과 비슷해요. 작은 잎은 길이 10mm 정도이고 폭은 2~3mm 정도예요. 열매는 8월에 볼 수 있는데 꼬투리가 있고 꼬투리를 까면 검정색 씨앗이 들어있어요. 이 씨앗은 약간의 독성이 있으므로 냄비에 잘 볶은 뒤 차로 우려먹는 것이 좋아요.

차풀 또한 약용이 가능한 식물이에요. 풀 전체를 건조시킨 뒤 달여 먹는데 각종 부종, 이습, 야맹증에 효능이 있어요. 또한 산에서 옻독에 걸린 경우 차풀을 달여 먹으면 옻독에서 벗어날 수 있고, 번식은 종자로 할 수 있어요.

차풀과 비슷한 식물로는 꽃의 모양이 조금 다른 '자귀풀'이 있는데 자귀풀은 주로 논둑 주변의 습지에서 볼 수 있고, '미모사'는 브라질 원산의 외래종이에요. 미모사는 손가락으로 잎을 건드리면 잎이 오므라드는 특징이 있어요.

볼 수 있는 곳

물가의 밭둑이나 풀밭에서 볼 수 있어요. 밭둑 주변의 축축한 도랑 부근에서도 흔히 볼 수 있어요. 또한 전국의 수목원에서 볼 수 있는데 대부분 약용식물원에서 키우는 경우가 많아요.

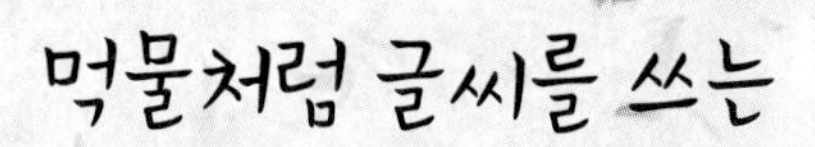

가는잎한련초

과명 국화과 한해살이풀 학명 *Eclipta alba* 꽃 8~9월 열매 9월 높이 10~60cm

가는잎한련초

흔히 한련초라고 알려져있지만 '가는잎한련초'가 정식명칭이에요. 아마 '한련'이라고 불리는 외국산 풀꽃과 구별하기 위해 명칭을 변경한 것 같아요.

▲ 가는잎한련초의 꽃

꽃은 8~9월에 두상꽃이 피고 크기는 1cm 정도예요. 꽃이 작기 때문에 잘 보이지 않는데 꽃이 필 무렵에 논둑 주변의 물이 흐르는 곳을 보면 이 꽃을 볼 수 있어요.

꽃은 혀꽃이 꽃잎처럼 둘러싸여있고 대롱꽃인 관상화가 꽃의 중앙에 빽빽하게 모여 있어요. 가을이 되면 혀꽃과 대롱꽃 모두 열매를 맺는 것이 특징이에요.

한약방에서는 한련초로 만든 약재를 묵학련(墨旱蓮)이라고 말해요. 먹물 묵(墨)자를 쓰는 이유는 줄기를 꺾어 글씨를 쓰면 글자가 조금 뒤에 검정색으로 나타나기 때문이에요. 이 때문에 묵한련으로 달인 약은 백발머리나 백발수염을 검정색으로 만든다고 할 정도로 효능이 높은 편이에요. 또한 자양강장에도 효능이 있으므로 나이 드신 분들에겐 아주 좋은 약이라고 할 수 있겠죠. 어린잎도 차로 마시곤 하는데 특히 자양강장에 효능이 있고 남자들의 체력에도 좋다고 해요. 번식은 종자로 할 수 있어요.

볼 수 있는 곳

경기도 이남의 논둑 도랑에서 흔히 볼 수 있어요. 또한 하천 부근에서도 흔히 볼 수 있어요.

오늘 만난 꽃

작은 가시가 있는 엉겅퀴 비슷한

조뱅이

과명 국화과 두해살이풀 학명 *Breea segeta* 꽃 5~8월 열매 10월 높이 25~50cm

조뱅이

조뱅이는 중국에서 '조그마한 가시가 있는 엉겅퀴 종류의 풀'이란 뜻에서 소계(小薊)라고 말했다고 해요. 소(小)는 작다는 뜻이고 계(薊)는 엉겅퀴를 말해요. 소계(小薊)를 우리나라에서 번역할 때 발음대로 하여 조방거새(曺方居塞)라고 하였는데 훗날 조방거새의 발음이 변해 지금의 조뱅이가 되었다고 해요. 조뱅이의 잎을 보면 가장자리가 작은 가시가 있는데 엉겅퀴에 비해 상대적으로 작은 편이죠.

▲ 조뱅이의 꽃

조뱅이의 꽃은 5~8월에 볼 수 있는데 꽃은 자주색이거나 흰색이에요. 꽃은 암수딴그루이고 지름은 3cm 정도이고 암꽃 길이는 2.2cm, 수꽃 길이는 1.8cm 정도예요. 줄기는 약 50cm 정도로 자라므로 엉겅퀴류 중에서는 정말 키가 작은 식물이죠. 어린잎은 사람이 먹을 수 있는데 즙으로 먹거나 나물로 먹을 수 있어요.

풀 전체를 소계라 부르며 약용하는데 뇌출혈, 종기, 간염 등에 효능이 있어요. 또한 지혈 능력이 탁월하기 때문에 산에서 뱀에 물린 뒤 피를 흘릴 때 조뱅이 잎을 짓이겨 바르면 효능이 있어요. 번식은 종자와 포기나누기로 할 수 있어요.

볼 수 있는 곳

전국의 산과 들판, 밭 주변에서 흔히 볼 수 있어요. 또한 농촌의 버려진 빈집 같은 곳에서도 볼 수 있고, 각 지역의 수목원에서도 볼 수 있어요.

오늘 만난 꽃

황금빛 부처님처럼 빛나는

금불초

과명 국화과 여러해살이풀 **학명** *Inula britannica* **꽃** 7~9월 **열매** 10월 **높이** 25~60cm

금불초는 햇빛 아래에서 보면 황금불상처럼 빛이 난다고 해서 붙은 이름이에요. 강렬한 황금빛 꽃잎 때문에 종종 외국꽃이나 원예종으로 오해받기도 하는데 실은 우리나라에 자생지가 있는 토종꽃이에요.

▲ 금불초의 꽃

꽃은 7~9월에 줄기와 가지 끝에서 산방화서로 달리고 한 번에 여러 송이가 개화를 해요. 꽃의 지름은 3~4cm 정도이므로 산국이나 감국에 비해 꽃이 큰 편이에요. 줄기에는 털이 많고 잎은 어긋나고 잎자루가 없어요. 어린잎은 다른 국화과 식물처럼 나물로 먹을 수 있어요.

금불초 또한 약용이 가능한 식물로서 주로 기침과 관련된 증상에 효능이 있어요. 번식은 종자와 포기나누기로 할 수 있어요. 이 식물은 비슷한 식물이 7종이나 되는데 다들 너무나 비슷하기 때문에 구별하기가 좀 복잡한 편이에요.

볼 수 있는 곳

전국의 습지 주변에서 볼 수 있는 식물이에요. 요즘은 원예종으로 보급된 금불초가 많기 때문에 도시공원에서도 흔히 볼 수 있어요.

오늘 만난 꽃

들판이나 야산에서 버려진 듯 자라는

자리공과 미국자리공

과명 자리공과 여러해살이풀 학명 *Phytolacca esculenta* 꽃 5~6월 열매 7~8월 높이 1m

자리공

▲ 미국자리공

이름의 유래는 정확하지 않으나 고려시대에 발간된 '향약구급방'에서 이 식물의 뿌리를 '자리궁근(者里宮根)'이라고 하여 지금의 자리공이란 이름이 되었다고 해요. 원래 중국 원산이나 약용으로 재배하면서 널리 심어졌고 지금은 전국의 산지에서 자라고 있어요. 자리공과 비슷한 '미국자리공'은 농촌에서 아주 흔하게 볼 수 있지만 두 식물이 거의 똑같게 생겼으므로 구별하는 요령이 필요해요.

자리공은 꽃밥이 빨간색이고 꽃과 열매가 촘촘하게 달리는 것이 특징이에요. 미국자리공은 꽃밥이 흰색이고 꽃과 열매가 널찍하게 달리는 것이 특징이죠. 이 때문에 자리공은 멀리서 보면 꽃에 빨간색이 연하게 보이므로 쉽게 구별할 수 있어요. 우리가 농촌 들판에서 흔히 보는 자리공은 대부분 미국자리공이라고 할 수 있어요.

자리공의 꽃은 5~6월에 총상화서로 달리고 꽃잎이 없는 대신 5개의 꽃받침열편이 꽃잎처럼 보여요. 줄기는 높이 1m 정도로 자라고 미국자리공은 높이 3m까지 자라기도 해요. 식물체 전체에 약간의 독성이 있으므로 어린잎의 식용이 가능하지만 가급적 먹지 않는 것이 좋아요. 자리공에서 약용하는 부분은 뿌리인데 항염 및 항균 기능이 탁월한 편이에요. 따라서 각종 종기에 좋고 염증에도 효능이 좋고, 번식은 종자로 할 수 있어요.

볼 수 있는 곳

전국의 산지에서 볼 수 있으나 중부지방에서는 월동이 불가능해요. 미국자리공은 약간 습한 버려진 땅이나 야산, 논밭 주변, 바닷가 모래사장에서 버려진 듯 자라는 경우가 많아요.

오늘 만난 꽃

유독식물인

할미꽃

과명 미나리아재빗과 여러해살이풀 **학명** *Pulsatilla koreana* **꽃** 3~4월 **열매** 4월 **높이** 40cm

할미꽃

▲ 할미꽃의 열매 ▲ 동강할미꽃

할미꽃은 식물 전체에서 볼 수 있는 백색털이 할머니를 연상시킨다 하여 붙은 이름이에요. 우리나라에는 어느 손녀의 집에 얹혀살던 할머니가 손녀의 구박을 받고 죽은 뒤 묘지에서 이 꽃이 피어났다는 전설이 있어요.

꽃은 3~4월에 피는데 보통 자주색이고 꽃대의 높이는 30~40cm 정도이고 잔털이 많이 있어요. 화피조각은 6개이고 수술은 많고 암술도 여러 개가 있어요. 잎은 뿌리에서 올라오고 각각의 잎마다 작은 잎이 5개씩이고 잎의 하단에 흰털이 많이 있어요. 전형적인 독성 식물이므로 어린잎과 꽃을 사람이 섭취할 수 없지만, 뿌리를 약용하기도 해요. 약용할 경우 학질, 말라리아, 해독, 염증 등에 효능이 있어요.

국내엔 '노란할미꽃', '분홍할미꽃' 등의 비슷한 식물이 10여종 정도 있고 그 가운데 가장 유명한 할미꽃인 동강할미꽃은 강원도 동강에서만 볼 수 있는 특산식물이에요. 번식은 종자로 할 수 있어요.

볼 수 있는 곳

제주도를 제외한 전국의 산야에서 볼 수 있고, 전국의 수목원에서도 흔히 볼 수 있어요.

화가 날 정도로 맛없는 감자

뚱딴지(돼지감자)

과명 국화과 여러해살이풀 **학명** *Helianthus tuberosus* **꽃** 8~9월 **열매** 10월 **높이** 1.5~3m

▲ 뚱딴지 ▲ 뚱딴지의 꽃

여러분들도 '루드베키아'라는 꽃 이름을 들어보신 적이 있을 것 같아요. 뚱딴지는 바로 루드베키아와 비슷한 꽃이 피는 식물이라고 할 수 있죠. 근대 말에 외국에서 들어온 이 식물은 당시 감자처럼 먹을 수 있는 식물이라고 하여 국가에서 재배를 적극 권장한 식물이에요. 그런데 막상 수확한 뒤 알뿌리를 캐보니 감자와는 너무나 다른 엉뚱한 뿌리가 나왔죠. 그래서 이런 뿌리를 어떻게 먹겠냐며 반신반의한 농부들이었지만 먹을 수 있으니 버리지는 않고 쪄먹기 시작하였죠. 하지만 그 맛은 더 엉뚱했다고 해요. 그래서 너무 엉뚱한 식물이란 뜻에서 '뚱딴지'라는 이름이 붙었다고 해요.

아무튼 수확한 뿌리를 버리자니 아깝고 사람이 먹자니 맛이 없었으므로 농부들은 수확한 뿌리를 돼지 사료용으로 먹이기 시작하였다고 해요. 이 때문에 돼지에게 먹이는 감자라는 뜻에서

'돼지감자'라는 별명이 붙었죠. 실제 뿌리를 생으로 먹어보았는데 맛은 양념 안한 우엉보다도 못하므로 정말이지 맛없는 식물이라고 할 수 있어요. 꽃은 9~10월에 볼 수 있는데 두상꽃 모양이며 꽃의 지름은 8cm 정도예요. 꽃의 둘레에 꽃잎처럼 보이는 노란색 혀꽃이 있고, 중앙에는 대롱꽃 모양의 관상화가 있는 것이죠.

▲ 뚱딴지

식량으로서의 가치는 상실했지만 요즘 뚱딴지의 알뿌리(돼지감자)가 큰 인기를 얻고 있다고 해요. 맛이 없으니까 당연히 저칼로리 음식이란 뜻이죠. 이 때문에 다이어트 식품으로 각광받고 있고 당뇨병에 좋은 성분이 있어 당뇨병 환자들이 즐겨 먹기도 하죠. 물론 그냥 먹으면 화가 날 정도로 맛이 없으므로 여러 가지 다양한 조리법으로 먹는 것이 좋겠죠. 번식은 종자보다는 수확한 돼지감자(알뿌리를 말함)를 땅에 심는 방식으로 할 수 있어요.

볼 수 있는 곳

원래 재배를 하였지만 지금은 재배농가가 많이 줄어들었어요. 하지만 맛없기로 소문이 나서 무슨 맛일까 궁금해 하는 사람들이 많아졌고, 이 때문에 개인 텃밭에서 직접 키워서 먹으려는 사람들도 많아지고 있어요. 들판에서 볼 수 있는 돼지감자는 뚱딴지의 재배가 중단된 뒤 야생화된 것이라고 할 수 있겠죠. 또한 서울 홍릉수목원과 광릉 국립수목원에서 뚱딴지를 볼 수 있어요.

오늘 만난 꽃

이질 치료에 특효가 있는

이질풀

과명 쥐손이풀과 여러해살이풀 **학명** *Geranium thunbergii* **꽃** 7~9월 **열매** 9월 **높이** 50cm

▲ 이질풀 ▲ 둥근이질풀

이질풀은 '이질 치료에 사용하는 풀'이란 뜻에서 이름이 붙었어요. 꽃은 7~9월에 피며 지름 1~1.5cm 정도이고 연한 홍색이지만 흰색꽃이 피는 이질풀도 있고, 꽃대가 2개로 갈라져 각각 1개의 꽃이 달리는 것이 특징이에요. 그러나 두 꽃이 동시에 꽃이 피는 경우는 잘 보이지 않으며, 어느 한쪽 꽃이 먼저 꽃을 개화해요. 줄기의 털은 옆을 향해 뻗으므로 줄기 털이 아래로 뻗는 쥐손이풀과 구별할 수 있어요. '둥근이질풀'은 이질풀에 비해 꽃이 2배 정도 크고, 턱잎이 있고, 줄기 털이 눈에 띄게 적은 것이 특징이에요. 이질풀을 약으로 사용하면 말 그대로 이질 치료에 특효가 있고 번식은 종자와 포기나누기로 할 수 있어요.

볼 수 있는 곳

이질풀은 전국의 산야에서 볼 수 있고, 둥근이질풀은 높은 산에서 볼 수 있어요.

독성이 심하지만 약용할 수 있는

미나리아재비

과명 미나리아재빗과 여러해살이풀 **학명** *Ranunculus japonicus* **꽃** 4~6월 **열매** 7월 **높이** 60cm

미나리아재비

아재비란 '아저씨'란 뜻을 가지고 있어요. 식물에서 아재비는 어떤 식물과 비슷한 경우 붙이는 말이라고 할 수 있어요. 예를 들어 미나리아재비는 미나리와 비슷하기 때문에 미나리아재비란 이름이 되었던 것이죠. 또한 '꿩의다리아재비'도 있는데 '꿩의다리'와 비슷하다고 해서 붙은 이름이에요. 그런데 거의 비슷한 식물에는 아재비란 말을 붙이지 않고 약간 비슷한 식물에만 아재비를 붙이는 경우가 많죠. 유전적으로 거의 비슷한 식물에는 먼저 알려진 식물과 같은 이름을 붙이고 특별한 특징을 찾아 작명하는 경우가 많아요. 예들 들어 '땅빈대'란 식물과 유전적으로 비슷한 식물이 작은 크기로 자란다면 '애기땅빈대'라는 식으로 이름을 붙이는 것이죠.

▲ 미나리아재비의 꽃

미나리아재비의 꽃은 4~6월에 피는데 남부지방에서는 4월경에, 중부지방에서는 5~6월경에 볼 수 있어요. 꽃의 크기는 2cm 정도이고 꽃잎은 5개, 수술은 다수이고 암술도 다수예요. 꽃잎에 윤기가 있으므로 꽃을 보면 금방 알아볼 수 있어요. 잎은 뿌리잎과 줄기잎이 있고, 하단 잎은 손가락처럼 여러 개로 갈라져있고, 줄기 상단으로 올라갈수록 덜 갈라져 있고, 맨 위 잎은 피침형이에요.

독성이 심한 이 식물은 뿌리를 잘 말린 뒤 약용할 수 있어요. 여러 가지 병증에 복용할 수 있지만 그만큼 위험성이 많은 편이므로 한의사의 지시 하에 복용하는 것이 좋아요. 주로 종기, 두통, 치통, 황달, 말라리아, 결막염 등에 효능이 있고 번식은 종자와 포기나누기로 할 수 있어요.

볼 수 있는 곳

전국의 산지에서 볼 수 있는데 주로 습하고 양지바른 곳에서 많이 볼 수 있어요. 각 지역의 수목원에서도 볼 수 있어요.

축축한 곳에서 피는 부추의 사촌

무릇

과명 백합과 한해살이풀 **학명** *Scilla scilloides* **꽃** 7~9월 **열매** 9월 **높이** 20~70cm

무릇의 꽃

▲ 무릇

무릇의 옛 말은 '물웃'이에요. 즉 물가 같은 촉촉한 곳에서 흔히 볼 수 있었던 꽃이라는 뜻에서 붙은 이름이죠.

꽃은 7~9월에 높이 20~70cm 정도의 꽃대 위에서 총상화서로 피고, 꽃이 모여 있는 화서 부분의 높이는 12cm 정도예요. 이 화서에 5~12mm 정도의 자잘한 꽃이 붙어있는데 화피는 6개이고 꽃잎처럼 보이고 수술은 6개, 암술은 1개예요. 꽃에서는 연한 향기가 나죠.

잎은 이른 봄에 2~3장씩 올라오고 여름에 시든 뒤 꽃대가 올라올 때 새 잎 2~3장이 다시 올라오는 특징이 있어요. 잎은 사람이 먹을 수 있는데 잎이 2~3장씩만 달리기 때문에 나물로서의 가치는 없는 셈이죠. 그래서 잎보다는 알뿌리를 캐먹는 경우가 많은데, 이 알뿌리는 데쳐 먹으면 배가 부르기 때문에 봄철 기근기에 캐먹는 구황식물이었죠.

또한 알뿌리를 약용하면 각종 종기와 타박상, 뼈마디가 아픈 증세, 피를 잘 돌게 하는 효능이 있어요. 비슷한 식물로는 흰꽃이 피는 흰무릇이 있고, 번식은 종자와 분구로 할 수 있어요. 분구는 백합과 식물을 번식시킬 때 하는 특별한 번식 방법이에요.

볼 수 있는 곳

농촌의 축축한 들판에서 볼 수 있지만 도시의 동네 뒷산에서도 운 좋으면 볼 수 있어요. 서울에서는 홍릉수목원에서 만날 수 있어요.

높은 산에서 만나는 꽃

이제 본격적으로 높은 산에서 볼 수 있는 풀꽃을 정리해 보아요. 대부분 높은 산에서 볼 수 있지만 유명 수목원에서도 만날 수 있는 풀꽃들이에요.

물가에서 자라는 봉선화꽃	물봉선
열매가 짚신에 달라붙어 이동하는	짚신나물, 산짚신나물
새콤달콤해서	싱아
산에서 자주 볼 수 있는	산괴불주머니
마타리의 사촌인	뚝갈
미니 소나무처럼 보이는	솔나물
우리나라 특산식물	모데미풀
높은 산 저지대에서 볼 수 있는	속새
고사리나물로 먹는	고사리

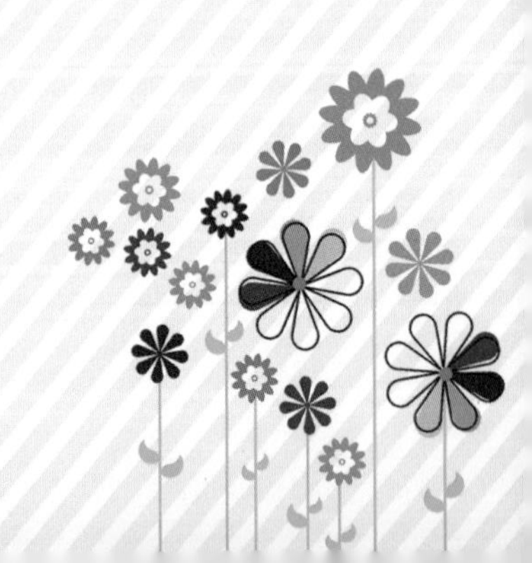

물가에서 자라는 봉선화꽃

물봉선

과명 봉선화과 한해살이풀 **학명** *Impatiens textori* **꽃** 8~9월 **열매** 9~10월 **높이** 60~80cm

물봉선

▲ 노란물봉선 ▲ 흰물봉선

봉선화와 닮았는데 물가에서 자란다고 하여 물봉선이라고 말해요. 꽃은 8~9월에 가지에서 총상화서로 피고 다른 꽃과 달리 돛단배처럼 생겼어요. 꽃의 색상은 분홍색이거나 빨간색이고 흰 꽃이 피는 것은 '흰물봉선', 노란꽃이 피는 것은 '노랑물봉선'이라고 말해요.

꽃의 길이는 3~4cm 정도이고 꽃받침 3개, 꽃잎 3개, 수술 5개, 암술은 1개예요. 뒷부분이 달팽이처럼 말려있고 그 안에 꿀이 들어있어요. 줄기는 60~80cm 정도로 자라고 상단부가 많이 갈라진 모양이고, 어긋난 잎은 넓은 피침형이고 길이 6~15cm 정도이고, 가장자리에 톱니가 있어요. 줄기 아래쪽 잎은 잎자루가 있고, 위쪽에 달리는 잎은 잎자루가 거의 없어요. 열매는 9~10월에 볼 수 있는데 조금씩 부풀어 오르고 건들면 확 터지면서 씨앗이 날아오기 때문에 등산을 하다가 깜짝 놀라는 사람들이 많죠.

식물 전체는 약용할 수 있는데 종기, 해열, 해독에 효능이 있고, 번식은 종자와 꺾꽂이로 할 수 있어요.

볼 수 있는 곳

습하고 축축한 풀밭이나 계곡 가에서 볼 수 있어요. 높은 산 등산로의 습한 곳에서 흔히 볼 수 있어요.

열매가 짚신에 달라붙어 이동하는

짚신나물과 산짚신나물

과명 장미과 여러해살이풀 **학명** *Agrimonia pilosa* **꽃** 6~8월 **열매** 8월 **높이** 30~100cm

짚신나물의 꽃

▲ 짚신나물

짚신나물은 열매가 짚신에 잘 붙어 다닌다고 해서 붙은 이름이에요. 다른 열매와 달리 짚신나물의 열매는 갈고리 모양의 털이 있는데 이 털이 짚신이나 옷에 붙어 다니다 다른 장소에 떨어져 번식을 하는 것이죠. 이 때문에 높은 산에 올라가면 등산로 주변에서 짚신나물을 흔히 볼 수 있어요.

옛날 전설에 의하면 어느 마을에 과거시험을 보러가던 젊은이가 있었다고 해요. 마을에서 한양으로 올라가던 젊은이는 여러 날 걷다보니 그만 몸이 쇠약해져버리고 말았어요. 결국 제자리에 풀썩 주저앉고 코피를 좔좔 흘렸다고 해요. 응급처치를 하려고 주변의 약초를 먹어봤지만 코피가 계속 나왔다고 해요. 이때 홀연히 학 한 마리가 날아오더니 짚신나물 이파리를 물어다 주었어요. 젊은이는 허겁지겁 이파리를 먹었고 그러자 코피가 멈췄다는 전설이 있죠.

짚신나물의 꽃은 6~8월에 볼 수 있어요. 꽃은 줄기나 가지 끝에서 수상화서로 피고 화서의 길이는 10~20cm 정도이고 자잘한 꽃들이 붙어 있어요. 자잘한 꽃의 지름은 0.8~1.5cm 정도이고 꽃받침은 끝이 5개로 갈라지고 꽃잎은 5장, 수술은 12개예요. 잎은 어긋나고 5~7개의 작은 잎으로 구성되어 있지만 위로 올라갈수록 작은 잎의 개수가 적어지고 잎의 가장자리에 톱니가 있어요. 8~9월에 볼 수 있는 열매는 원추형 비슷하고 갈고리와 비슷한 털이 있어 등산을 하다보면 등산화나 바지 깃에 달라붙어요. 이 열매도 사람이 먹을 수 있지만 그냥은 먹을 수 없으므로 여러 가지 방법으로 조리한 뒤 먹는 것이 좋아요.

짚신나물은 앞의 전설처럼 지혈제로 탁월한 효능이 있어요. 이 때문에 변에 피가 섞여 나오는 증세와 대장암, 위암 같은 증세, 각혈, 이질, 감기 증세에도 효능이 있어요. 학이 물어다 준 식물이라고 해서 한약방에서는 짚신나물 약재 이름을 선학초(仙鶴草)라고 부르죠. 번식은 종자와 포기나누기로 할 수 있어요.

볼 수 있는 곳

전국의 산과 들판에서 볼 수 있어요. 대개 축축하고 습기 찬 곳에서 많이 볼 수 있어요. 각 지역의 수목원에서도 만날 수 있어요.

새콤달콤해서

싱아

과명 마디풀과 여러해살이풀　학명 *Aconogonon alpinum*　꽃 6~8월　열매 8~9월　높이 1m

싱아

싱아는 전국의 들판에서 흔히 볼 수 있는 식물이었지만 요즘은 높은 산에서나 볼 수 있는 식물이에요. 몇십 년 전만 해도 도시 변두리 풀밭에서 흔했는데 아파트 같은 건물이 많이 들어서면서 점점 자취를 감춘 식물이기도 해요. 잎을 먹으면 신맛이 난다고 해서 싱아라고 말하죠.

싱아의 꽃은 7~8월에 볼 수 있어요. 원추화서에 자잘한 흰색꽃이 수북이 달리고 이 꽃도 먹을 수 있는데 신맛이 있어요. 어긋난 잎은 짧은 잎자루가 있고 긴 피침형이거나 넓은 타원형이고 가장자리에 톱니가 있어요. 잎은 싱아 종류에 따라 길이 4~15cm 정도이고 잎에 잔털이 있는 싱아와 잔털이 없는 싱아로 나눌 수 있어요. 군것질거리가 없었던 옛날에는 풀밭에서 놀던 아이들이 싱아의 잎을 즐겨 따먹었었는데 새콤달콤해서 즐겨 따먹는 아이들이 많았어요.

비슷한 식물로는 키가 작고 긴 잎이 달리는 '긴개싱아'가 있고 잎의 모양, 키, 털의 유무, 턱잎 모양에 따라 '개싱아', '왜개싱아', '얇은잎싱아', '털싱아' 등 10여종이 있어요. 대부분 잎을 씹어보면 새콤한 맛이 나죠. 싱아 또한 기침이나 폐렴에 약용할 수도 있고 번식은 종자와 포기나누기로 할 수 있어요.

볼 수 있는 곳

높은 산의 양지바른 산기슭에서 볼 수 있어요. 또한 높은 산을 올라가는 자동차 도로변에서도 볼 수 있어요. 도시 변두리에서 볼 수 있는 싱아가 대개 멸종하면서 산기슭에서 자라는 싱아만 남아있는 것이죠. 수목원에서도 싱아를 볼 수 있지만 대부분 '긴개싱아'를 키우는 경우가 많아요.

오늘 만난 꽃

산에서 자주 볼 수 있는

산괴불주머니

과명 현호색과 두해살이풀 학명 *Corydalis speciosa* 꽃 4~6월 열매 6월 높이 50cm

산괴불주머니

꽃의 생김새가 '비단으로 만든 노리개인 괴불주머니'처럼 생겼다고 하여 '산괴불주머니'라는 이름이 붙었어요. 실제 꽃이 핀 것을 보면 괴불주머니처럼 생겼기 때문에 딱 어울리는 이름이라고 하겠죠.

▲ 산괴불주머니의 입술모양 꽃

꽃은 4~6월에 총상화서로 피고 노란색이에요. 각각의 꽃은 길이 1cm 정도이고 앞쪽이 입술모양이고 수술은 6개예요. 열매는 꼬투리가 있는 줄 모양이고 꼬투리를 까면 자잘한 씨앗이 있어요. 줄기는 30~50cm 정도로 자라고 어긋난 잎은 길이 10cm 정도이고 2회깃꼴 모양으로 잘게 갈라져 있어요.

봄에 피는 산괴불주머니와 달리 늦여름에도 거의 똑같이 생긴 식물을 볼 수 있는데 늦여름에 보이는 이 식물은 '눈괴불주머니'라고 말해요. 열매가 줄 모양이지만 염주알처럼 울퉁불퉁하면 '염주괴불주머니'라고 말해요. 또한 현호색과 비슷한 자주색 꽃이 피는 괴불주머니도 있는데 '자주괴불주머니'라고 말해요.

산괴불주머니는 현호색과의 식물이므로 식용이 불가능한 유독식물이에요. 뿌리를 잘 말린 뒤 달여 먹으면 기침, 종기, 결막염, 해독에 효능이 있지만 한의사와 상의한 후 복용하는 것이 좋아요. 번식은 종자와 포기나누기로 할 수 있어요.

볼 수 있는 곳

전국의 산에서 흔히 볼 수 있는데 어두운 산비탈이나 계곡 가에서 볼 수 있어요. 동네 근처의 비교적 높은 산에서도 볼 수 있고, 각 지역의 수목원에서도 볼 수 있어요.

오늘 만난 꽃

마타리의 사촌인

뚝갈

과명 마타리과 여러해살이풀 **학명** *Patrinia villosa* **꽃** 7~8월 **열매** 8월 **높이** 1m

뚝갈

식물 이름은 대부분 유래가 알려져 있거나 꽃을 보면 이름을 지은 이유를 짐작할 수 있어요. 그런데 뚝갈은 유래를 짐작할 수 없고 꽃을 봐도 왜 이런 이름이 붙었는지 알 수 없는 식물이에요. 노란색 꽃이 피는 마타리의 사촌에 해당하는 풀이므로 한약명은 패장(敗醬)이라고 부르는데 꽃향기는 마타리에 비해 좋은 편이지만 뿌리는 마타리처럼 썩은 된장 냄새가 나죠.

▲ 뚝갈의 꽃

7~8월에 산방화서로 자잘한 꽃이 달리고 각각의 꽃은 지름 4mm 정도예요. 꽃잎은 끝이 5갈래로 갈라지고 수술은 4개, 암술은 1개예요. 줄기는 1m 정도로 자라고 흰털이 있어요. 잎은 마주나고, 하단 잎은 잎자루가 있고 깃꼴 모양으로 갈라지고, 상단 잎은 잎자루가 없고 긴 줄 모양이에요.

약용하는 부분은 뚝갈의 뿌리인데 보통 종기, 맹장, 두통 등에 효능이 있어요. 어린잎은 식용할 수 있지만 약간의 독성이 있으므로 과다섭취는 하지 않는 것이 좋아요. 번식은 종자와 포기나누기로 할 수 있어요.

볼 수 있는 곳

전국의 산이나 들판에서 볼 수 있어요. 수목원의 약용식물원에서도 흔히 볼 수 있는 식물이에요.

오늘 만난 꽃

미니 소나무처럼 보이는

솔나물

과명 꼭두서니과 여러해살이풀 **학명** *Galium verum* **꽃** 6~8월 **열매** 8월 **높이** 70~100cm

솔나물

▲ 애기솔나물

솔나물은 잎의 생김새가 소나무 잎을 닮았다고 하여 붙은 이름이에요. 실제 꽃이 핀 모습을 보면 미니 소나무처럼 보이기도 하므로 한자로는 '송엽초'라고 말해요. 누가 지었는지 몰라도 아주 잘 지은 이름이라 할 수 있겠죠.

꽃은 6~8월에 원추화서로 자잘한 꽃이 달려요. 꽃은 노란색이고 4개의 꽃잎과 4개의 수술이 있어요. 줄기는 높이 70~100cm 정도로 자라는데 보통 넘어져서 자라는 경우가 많아 항상 풀밭에 뒹굴고 있어요. 잎은 돌려나는데 보통 8~10개의 잎이 붙어있어요. 어린잎은 나물로 먹기도 하지만 맛은 그다지 없는 편이에요. 원래 꼭두서니과의 식물들은 특유의 쓴 향이 있고 맛이 없는 경우가 많죠. 비슷한 식물로는 한라산에서 볼 수 있는 '애기솔나물', 꽃의 색상이 녹색인 '개솔나물'이 있어요.

솔나물은 보기에는 이래도 약용으로 제법 유명한 식물이에요. 잘 말린 뒤 달여 먹는데 피부염 같은 각종 염증에 좋고 기침, 해열, 해독에도 효능이 있어요. 살균 능력이 있어 산에서 뱀에 물렸을 때는 잎을 짓이겨 바를 수 있어요. 번식은 종자로 할 수 있어요.

볼 수 있는 곳

전국의 산과 들판에서 볼 수 있는데 묘지처럼 양지바른 곳에서 많이 볼 수 있어요. 수목원에서는 약용식물원이나 고산식물원에서 솔나물을 볼 수 있어요.

우리나라 특산식물

모데미풀

과명 미나리아재빗과 여러해살이풀 **학명** *Megaleranthis saniculifolia* **꽃** 4~5월 **열매** 5월 **높이** 40cm

모데미풀

이 풀은 맨 처음 발견된 장소가 지리산 운봉의 모데미골(모뎀골) 개울가라고 해서 모데미풀이란 이름이 붙었어요. 미나리아재빗과의 바람꽃 종류의 식물이라고 할 수 있는데 우리나라에서만 자라는 특산식물이에요. 그 후 자생지가 여러곳에서 발견되어 현재는 경기 가평, 강원 인제, 횡성, 전북 무주, 경북 봉화, 안동, 경남 산청, 제주도에서 자생지가 발견되었는데 주로 고산지대에서 볼 수 있어요.

식물은 최초로 발견한 사람의 발언권이 세기 때문에 이름을 지을 때 자기이름에 붙이는 경우도 왕왕 있어요. 예를 들어 사시나무와 비슷한 '현사시나무'는 이 품종을 만든 현신규 박사님 성이 붙은 나무이죠. 여러분도 어떤 식물을 맨 처음 발견한 뒤 자기 성을 식물이름이나 학명에 붙이겠다고 주장하면 식물학계에서 불만이 많아도 존중해줄 것이라고 믿어요.

▲ 모데미풀의 꽃과 열매

모데미꽃은 5월에 꽃이 피는데 꽃의 지름은 2cm 정도이고 꽃받침잎과 꽃잎은 각각 5개이며 수술과 자방이 많이 있어요. 잎은 완전히 3개로 갈라진 뒤 2~3개로 다시 갈라진 모양이에요. 잎의 모양과 꽃 모양이 일반 바람꽃하고 다르기 때문에 쉽게 구별할 수 있어요. 번식은 종자로 할 수 있어요.

볼 수 있는 곳

지리산, 설악산 등의 고산지대에서 볼 수 있어요. 원래 바람꽃 종류는 관리가 어렵기 때문에 수목원에서는 볼 수 없는데 용인 한택식물원과 포천 평강식물원은 모데미꽃을 키우고 있어요. 한택식물원은 4월 중순, 평강식물원에는 5월 초순에 방문하면 꽃이 핀 모습을 볼 수 있어요.

오늘 만난 꽃

높은 산 저지대에서 볼 수 있는

속새

과명 속새과 여러해살이풀 학명 *Equisetum hyemale* 꽃 없음 열매 포자 높이 30~60cm

속새

제주도의 한라산에 오르다보면 매표소 부근인 해발 600m 지점에 속새가 많이 자란 것을 볼 수 있어요. 이를 보면 속새는 높은 산의 저지대에서 자라는 식물임을 알 수 있겠죠. 설악산도 곰배령으로 올라가다 보면 숲 그늘에 속새가 자란 것을 볼 수 있어요. 속새는 키가 30~60cm에 불과하지만 수억 년 동안 멸종하지 않고 살아온 식물로 유명하죠. 연구에 의하면 5억 년 전인 고생대부터 지구상에 속새가 자라고 있었다고 해요.

속새는 뿌리에서 얇은 줄기가 모아서 자라기 시작해요. 줄기는 지름 0.6~1cm 정도이므로 둥근 젓가락 굵기에요. 줄기에는 마디가 있고 마디마다 10~18개의 세로 능선이 있어요. 이 세로 능선은 사포 기능을 하기 때문에 각종 철그릇을 윤을 낼 때 사용할 수 있어요. 줄기 위에는 열매 역할을 하는 길이 1cm 정도의 포자낭이 열리는데 이것으로 번식할 수 있어요.

속새 역시 약용이 가능한 식물이에요. 한약명으로는 목적(木賊)이라 하고 해독, 치질, 버짐, 학질과 작용 통증과 지혈에 효능이 있어요. 번식은 포자낭에 열리는 포자로 할 수 있어요.

볼 수 있는 곳

강원도 높은 산의 저지대 숲그늘과 한라산 저지대의 숲그늘에서도 볼 수 있어요. 여러 수목원에서도 만날 수 있고 서울의 경우 홍릉수목원에서 볼 수 있어요.

고사리나물로 먹는

고사리

과명 꼬리고사리과 여러해살이풀 **학명** *Pteridium aquilinum* **꽃** 없음 **열매** 포자낭 **높이** 1m

고사리의 잎

우리가 흔히 먹는 고사리나물은 고사리의 어린 순을 말해요. 봄이 되면 털이 빽빽하게 달린 순이 올라오는데 이것을 잘라 털을 깨끗이 다듬고 물에 삶은 뒤 잘 말려서 나물로 먹는 것이죠. 우리나라에는 고사리라고 불리는 식물이 약 200종 있는데 대부분 식용이 가능하고 이 중에 맛이 좋은 품종은 밭에서 재배하기 때문에 강원도나 남부지방 섬에 가면 고사리만 재배하는 밭을 가끔 만날 수 있어요. 약 200종이나 되는 고사리 중에서 우리가 고사리라고 부르는 것은 '참고사리'라는 별명이 있어요. 고사리 중에서 가장 맛있고 즐겨먹기 때문에 참고사리는 별명이 있는 것이죠.

▲ 고사리의 순

고사리는 일반적으로 꽃이 피지 않아요. 잎은 1m 정도로 자라고 3회깃털 모양으로 갈라지고 가장자리 잎이 뒤로 말린 뒤 포자낭이 달려 있어요. 포자낭을 흔히 열매라고 말하는데 보통 잎 뒷면에 달려 있어요. 번식은 포자로 하거나 포기나누기로 할 수 있어요. 어린순은 털이 많기 때문에 손으로 빡빡 문질러 삶은 뒤 잘 말려서 식용하는데 이렇게 하면 고사리의 발암성분을 대부분 제거할 수 있고 식용이 가능한 상태가 되는 것이죠. 만일 생고사리를 먹으면 시력에 악영향을 주고 각기병에 걸릴 수도 있을 뿐 아니라 머리가 빠지는 탈모증에 시달릴 수도 있어요.

볼 수 있는 곳

고사리는 높은 산의 어두운 계곡 가에서 흔하게 볼 수 있어요. 또한 각 지역의 수목원에서도 만날 수 있어요.

물가, 바닷가에서 자라는 식물과 수생식물

연못에서 자라는 수생식물과 바닷가에서 볼 수 있는 풀꽃을 정리해 보아요.

바닷가 절벽에서 볼 수 있는	해국
바닷가에서 볼 수 있는	벌노랑이, 서양벌노랑이
뱀딸기의 사촌인	딱지꽃
바닷가에서 자라는 취나물	갯취
수면에서 꽃대가 길게 올라오는	연꽃
꽃이 수면에 붙어 자라는	수련
연못가나 습지에서 자라는	질경이택사
아주 작은 연꽃인	개연꽃, 왜개연꽃
작고 귀여운 연꽃인	어리연꽃, 노랑어리연
핫도그 모양의 꽃이 피는	부들
임금님 귀는 당나귀 귀라는 소문을 퍼트린	갈대

바닷가 절벽에서 볼 수 있는

해국

과명 국화과 여러해살이풀 학명 *Aster sphathulifolius* 꽃 7~11월 열매 11월 높이 60cm

해국의 꽃

▲ 해국 ▲ 해국의 잎

바닷가에서 자라는 국화꽃이란 뜻에서 해국(海菊)이라고 말해요. 흔히 태양을 생각하겠지만 바다 해(海), 국화 국(菊)자이므로 말 그대로 바닷가에서 볼 수 있는 국화라는 뜻이에요. 해국은 섬이나 바다가의 절벽에서 자라면서 가을바다의 정취를 높여주는 꽃으로 유명한 셈이죠. 아저씨 또한 어렸을 때 해국이란 말을 처음 들었을 때 해바라기 비슷한 꽃인 줄 알고 한동안 착각의 도가니 속에 빠져있었죠.

꽃은 7~10월에 볼 수 있는데 꽃잎(혀꽃)은 연한 보라색이지만 간혹 진한 보라색이거나 물빠진 흰색 꽃잎도 볼 수 있어요. 꽃의 지름은 4cm 정도이므로 국화꽃 중에서는 꽃이 제법 큰 편에 속하죠. 잎은 어긋나고 잔털이 있고 주걱 모양이므로 잎을 보면 일반 국화와 다른 종류의 국화꽃임을 한 눈에 알 수 있죠.

해국은 늦가을에도 예쁜 꽃이 피기 때문에 요즘 조경용으로 인기가 많다고 해요. 그래서 몇몇 수목원에서는 화단에 해국을 즐겨 심기도 하죠. 번식은 종자와 꺾꽂이, 포기나누기로 할 수 있어요.

볼 수 있는 곳

우리나라 전국의 바닷가에서 볼 수 있어요. 주로 바닷가 절벽에서 자라는 경우가 많아요. 몇몇 수목원에서도 해국을 볼 수 있어요.

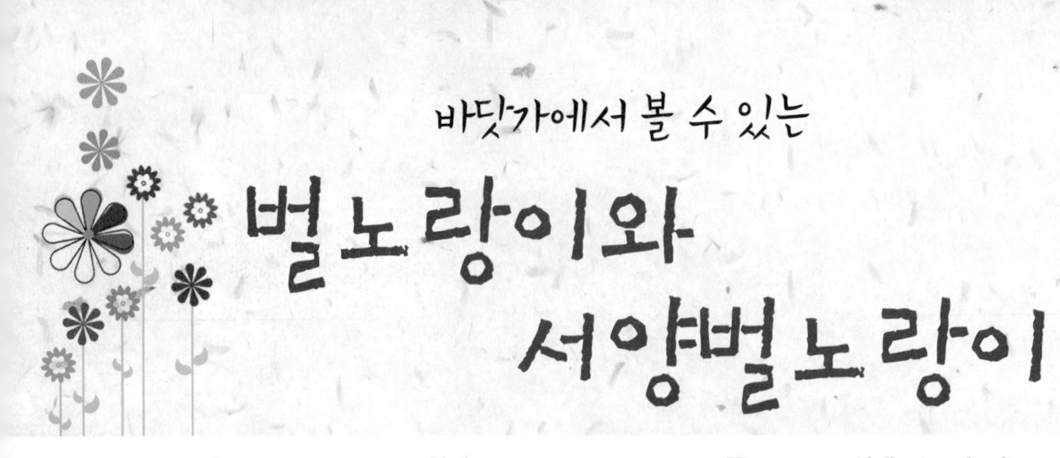

바닷가에서 볼 수 있는

벌노랑이와 서양벌노랑이

과명 콩과 여러해살이풀 **학명** *Lotus corniculatus* **꽃** 6~8월 **열매** 9월 **높이** 30cm

벌노랑이

꽃이 유난히 노랗다고 하여 벌노랑이란 이름이 붙었어요. 이 가운데 '벌노랑이'는 한라산 같은 높은 산에서 볼 수 있고, '서양벌노랑이'는 바닷가에서 흔히 볼 수 있어요.

꽃은 6~8월에 피고 산형화서로 달리는데 작은 꽃이 1~7개가 달려있어요. 흔히 토종 벌노랑이는 1~4개의 꽃이 달리고 서양벌노랑이는 3~7개의 꽃이 달린다고 하지만 반드시 그렇지는 않아요. 그러므로 꽃을 보고는 토종 벌노랑이와 서양벌노랑이를 구별할 수가 없지만 서양벌노랑이는 꽃받침과 줄기에 때때로 털이 있고, 꽃받침에 털이 아주 많으면 '들벌노랑이'라고 할 수 있어요. 또한 서양벌노랑이는 5~9월에 꽃을 볼 수 있으므로 여름에 꽃을 볼 수 있는 벌노랑이와 다르게 봄~가을에 꽃을 볼 수 있는 것이 특징이에요. 꽃에는 꿀샘이 있어 벌과 나비가 좋아해요.

잎은 어긋나고 보통 3+2개의 작은 잎으로 구성되어 있어요. 줄기 하단 잎은 3개의 소엽과 잎자루 하단에 턱잎 2개로 구성되어 있으니 작은 잎이 5개이고, 상단 잎은 턱잎이 없는 경우도 있으므로 3개의 작은 잎만 있는 경우도 있어요. 서양 벌노랑이도 작은 잎 3개로 구성되어 있는데 턱잎도 작은 잎과 같은 모양이라 작은 잎과 턱잎이 잘 구분되지 않는 것이 특징이에요. 열매는 꼬투리가 있는 줄 모양이고 꼬투리를 까면 씨앗이 들어있어요. 풀 전체는 한방에서 약으로 복용하기도 하는데 이질, 해열, 자양강장에 효능이 있어요. 번식은 종자와 포기나누기로 할 수 있어요.

▲ 서양벌노랑이

볼 수 있는 곳

토종 벌노랑이는 높은 산 냇가 근처 모래땅이나 풀밭에서 볼 수 있고 서양벌노랑이는 바닷가 모래사장에서 흔히 볼 수 있어요. 각 지역의 수목원에서도 볼 수 있어요.

뱀딸기의 사촌인

딱지꽃

과명 장미과 여러해살이풀 학명 *Potentilla chinensis* 꽃 6~7월 열매 7월 높이 30~60cm

딱지꽃

딱지꽃은 딱지처럼 땅바닥에 딱 붙어서 자란다고 해서 이름이 붙었어요. 실제로 딱지꽃을 보면 잎이 땅바닥에 방석처럼 퍼지고 딱 붙어서 자라는 경향이 많아요. 꽃은 양지꽃이나 뱀딸기꽃과 혼동되지만 잎 모양이 전혀 다르기 때문에 쉽게 알아볼 수 있어요.

▲ 딱지꽃의 잎

꽃은 6~7월에 취산화서로 피고 꽃받침은 5개, 꽃잎도 5개에요. 꽃의 지름은 1~2cm 정도이고 턱잎, 줄기, 잎에 전체적으로 털이 있어요. 줄기는 여러 개가 모여 올라오고 길이 30~60cm 정도이고 작은 잎이 15-29개 정도 붙어있어요. 잎 앞면에는 털이 없고 뒷면에 수북한 털이 있어요. 잎과 줄기의 털 때문에 먹음직스럽게 생기지 않았지만 어린잎을 기름에 달달 볶으면 나름대로 먹을 만해요.

풀 전체는 약용이 가능한데 이질, 해독, 해열, 관절염에 효능이 있어요. 번식은 종자와 포기나누기로 할 수 있어요.

볼 수 있는 곳

강변 모래사장이나 개울가 풀밭에서 볼 수 있어요. 들판에서도 볼 수 있고 각 지역의 수목원에서도 볼 수 있어요.

오늘 만난 꽃

바닷가에서 자라는 취나물

갯취

과명 국화과 여러해살이풀 **학명** *Ligularia taquetii* **꽃** 6~7월 **열매** 7월 **높이** 1m

갯취

▲ 갯취의 줄기와 잎

이 식물은 곰취나물처럼 먹을 수 있는데 바닷가에서 자란다고 하여 갯취라는 이름이 붙었어요. 말 그대로 바닷가에서 자라는 곰취나물이란 뜻이죠. 그러므로 어린잎을 식용할 수 있지만 한국특산식물이자 멸종위기식물이기 때문에 우선 자생지를 보호하는 것이 좋겠죠.

꽃은 6~7월에 피고 두상꽃이 자잘하게 달려있어요. 꽃의 생김새는 곰취 꽃과 비슷하고 각가의 꽃은 지름 2cm 정도 되고 혀꽃인 노란색 꽃잎과 관상화로 구성되어 있어요.

뿌리에서 올라온 잎은 잎자루를 길고 약간 주걱 모양이고 회록색이에요. 잎이 일반적인 국화류와 아예 다르기 때문에 잎만 보면 바로 갯취임을 알 수 있어요. 줄기는 1m 정도로 자라고 줄기잎은 어긋나고 잎자루가 없고 가장자리에 톱니가 있어요. 어린잎은 취나물처럼 먹을 수 있고, 번식은 종자로 할 수 있어요.

볼 수 있는 곳

경상남도의 해안가와 제주도 해안가에서 볼 수 있어요. 바닷가 덤불 속에서 많이 볼 수 있어요. 추위를 많이 타는 식물이므로 수도권의 수목원에서는 갯취를 키우지 않는 경우가 많아요. 그러나 포천 평강식물원, 전주 한국도로공사수목원, 포항 기청산식물원 등에서 갯취를 만날 수 있어요.

수면에서 꽃대가 길게 올라오는

연꽃

과명 수련과 여러해살이풀 학명 *Nelumbo nucifera* 꽃 7~8월 열매 8~9월 높이 1~2m

연꽃

▲ 백련꽃

▲ 연꽃의 열매인 연밥(연방)

여러분은 혹시 연꽃과 수련을 구별할 수 있을까요? 연꽃과 수련을 구별하는 방법은 아주 간단하답니다. 연꽃은 수면에서 꽃대가 길게 올라온 뒤 꽃이 피는 특징이 있어요. 잎도 잎자루가 길게 올라오곤 하죠. 수련은 꽃대가 물에 잠겨있으므로 꽃이 수면에 붙어서 자라고 잎도 수면과 붙어있답니다. 이런 점을 기억하면 연꽃과 수련을 아주 쉽게 구별할 수 있을 거예요. 또한 흔히 말하는 '백련'은 흰색 꽃이 피는 연꽃이고 '홍련'은 붉은색 꽃이 피는 연꽃을 말해요.

연꽃은 대표적인 부엽식물로 7~8월에 꽃을 볼 수 있어요. 꽃의 색상은 흰색, 분홍색, 붉은색 등이 있는데 원예종이 많아 다양한 색상을 볼 수 있죠. 꽃의 지름은 20cm 정도이고, 꽃받침은 4~5조각이에요. 꽃잎은 20개 정도이고 수술이 많고 수술 중앙에 원추형의 연밥이 있는데 연꽃의 열매가 되는 부분이고, 씨앗이 들어있는 방이란 뜻에서 '연방'이라고도 말해요. 이 연방에는 연탄구멍처럼 구멍이 있는데 구멍마다 씨앗이 들어있죠. 잎은 물속뿌리에서 잎자루가 길게 올라오는데 잎자루의 길이는 1~2m 정도이고 잎의 지름은 40cm 정도예요. 잎의 표면에 숨구멍이 있으므로 비가 와도 물발울이 몽글몽글 맺히고 잎이 젖지 않는 특징이 있어요.

우리가 가정에서 즐겨먹는 연근은 연꽃의 뿌리를 말해요. 식이섬유가 풍부한 연근은 칼로리가 낮아 다이어트에 좋은 식품이죠. 씨앗도 사람이 섭취할 수 있는데 주로 죽으로 끓여먹고 꽃잎은 연화차로 마실 수 있어요. 연꽃은 전체가 약용할 수 있는데 빈혈, 설사, 해독, 해열, 지혈, 자양강장에 효능에 있고, 번식은 종자와 포기나누기로 할 수 있어요.

볼 수 있는 곳

수목원의 수생식물원에서 연꽃을 만날 수 있어요. 서울 근교에서는 시흥 관곡지, 양수리의 연꽃단지가 유명하고 경남의 우포늪, 전남의 백련지도 연꽃을 많이 볼 수 있는 장소예요.

꽃이 수면에 붙어 자라는

수련

과명 수련과 여러해살이풀 **학명** *Nymphaea tetragona* **꽃** 6~8월 **열매** 8월 **높이** 1m

▲ 수련

수련은 물에 조금 잠긴 상태에서 꽃이 피는 것이 특징이에요. 연꽃에서 볼 수 있는 연밥이 없고 꽃은 연꽃에 비해 3분의 1 정도일 정도로 아주 작은 편이에요. 꽃은 6~8월에 볼 수 있는데 수련(睡蓮) 이름에 졸음 수(睡)가 있는 것처럼 밤에는 꽃잎을 닫고 잠드는 특징이 있어요. 이 때문에 수련은 3일 동안 꽃이 피고 3일 동안 꽃이 닫는다고도 말해요. 꽃의 지름은 5~10cm 정도이고 꽃받침잎은 4개, 꽃잎은 8~15개이고, 수술은 많지만 암술은 거의 보이지 않아요. 뿌리에서 올라온 잎은 광택이 있어 물에 잠겨있지만 물에 젖지 않는 특징이 있죠. 열매는 꽃받침에 쌓여있는데 8월에 볼 수 있어요. 뿌리와 열매를 약용하면 소아불면증, 불안증, 신경과민증 등에 효능이 있고, 번식은 종자와 포기나누기로 할 수 있어요.

볼 수 있는 곳

각 지역의 수목원에 있는 수생식물원에서 볼 수 있어요.

연못가나 습지에서 자라는

질경이택사

과명 택사과 여러해살이풀 학명 *Alisma orientale* 꽃 7~8월 열매 8월 높이 90cm

질경이택사의 꽃

질경이택사는 택사과 식물인데 잎이 질경이 잎을 닮았다고 하여 붙은 이름이에요. '택사'라는 식물과 거의 비슷하지만, 택사는 잎의 생김새가 피침형이고, 질경이택사의 잎은 질경이 잎과 비슷하죠.

▲ 질경이택사의 잎

꽃은 7~8월에 가지 곳곳에서 산형화서로 피고 꽃의 지름은 1cm 이하일 정도로 아주 작아요. 꽃에는 3개의 꽃받침잎과 3개, 3개의 꽃잎, 6개의 수술이 있고 암술은 많이 있어요.

줄기는 높이 90cm로 자라고 잔가지가 사방으로 퍼지고 뿌리 잎은 긴 잎자루가 있고 질경이잎과 비슷하게 생겼어요. 꽃과 줄기가 그다지 아름답지 않지만 잎이 예쁘기 때문에 연못을 조성할 때 수변식물로 흔히 심는 식물이에요.

질경이택사도 식물체 전체는 약용할 수 있는데 대개 오줌과 관련된 병에 효능이 있어요. 예를 들면 신장염, 요도염 치료에 좋고 종기, 고혈압에도 사용할 수 있어요. 번식은 포기나누기로 할 수 있어요.

볼 수 있는 곳

연못이나 습지, 논둑의 도랑에서 볼 수 있어요. 각 지역의 수목원에 있는 수생식물원에서 흔히 볼 수 있어요.

오늘 만난 꽃

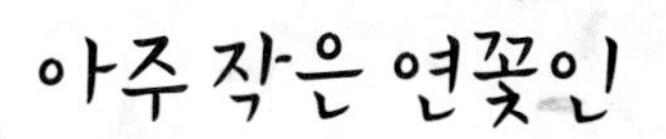

아주 작은 연꽃인

개연꽃과 왜개연꽃

과명 수련과 여러해살이풀 학명 *Nuphar japonicum* 꽃 8~9월 열매 9월 높이 1~2m

잎이 수면위에 올라와 있는 개연꽃

연못에서 보면 아주 작은 노란색 꽃이 피는 수생식물이 있어요. 보통 개연꽃 종류인데 개연꽃은 '개연꽃', '왜개연꽃', '남개연꽃' 3가지로 나눌 수 있어요. 개연꽃은 잎자루가 물 위에 나와있는 것이 특징이고, 왜개연꽃은 잎이 수면에 붙어있는 것이 특징이에요. 남개연꽃은 암술머리 주변이 빨간색이므로 쉽게 알 수 있어요.

▲ 잎이 수면에 잠기는 왜개연꽃

개연꽃의 꽃은 8~9월에 피고 뿌리에서 올라온 줄기 끝에 달려있어요. 꽃의 지름은 5cm 정도이고 꽃받침잎은 5개, 수술은 많고 암술머리는 방석처럼 퍼지고 가장자리에 톱니가 있어요. 잎은 물에 침수되는 잎과 물 위로 잎자루가 올라온 잎이 있어요.

번식은 포기나누기로 할 수 있고, 약용으로 사용할 경우 부인병, 소화불량, 자양강장 등에 효능이 있어요.

볼 수 있는 곳

개연꽃은 남부지방의 연못이나 늪에서 볼 수 있는 멸종위기 식물이에요. 각 지역의 수목원에 있는 수생식물원에서도 만날 수 있어요.

오늘 만난 꽃

작고 귀여운 연꽃인

어리연꽃과 노랑어리연

과명 조름나물과 여러해살이풀 학명 *Nymphoides indica* 꽃 7~8월 열매 9월 높이 1m

▲ 어리연꽃 ▲ 노랑어리연꽃

어리연꽃은 작다는 뜻에서 붙은 이름이에요. 꽃은 흰색과 노란꽃이 있는데 노란색 어리연꽃은 '노랑어리연꽃'이라고 말해요. 연꽃은 비교적 깊은 곳에서도 자라지만 어린연꽃은 수심이 깊지 않는 연못에서 볼 수 있어요. 꽃은 7~8월에 잎겨드랑이에서 올라온 뒤 물 위에 뜨고 보통 10개가 모여 피어요. 꽃받침은 5개로 갈라지고 꽃잎도 5개로 갈라지고 털이 있고 지름은 1.5cm 정도예요. 노란 어리연꽃도 털이 있지만 흰어리연꽃이 전체적으로 더 예쁜 편이고, 가끔 꽃잎 개수가 많은 어리연꽃도 볼 수 있는데 대부분 원예종이에요. 번식은 포기나누기와 꺾꽂이로 할 수 있으며 꺾꽂이의 경우 잎이 붙어있는 줄기를 심어야 해요.

볼 수 있는 곳

전국의 연못에서 자생하고 있으나 그리 많이 보이지는 않아요. 수목원에서는 노랑어리연꽃을 키우는 경우가 많아요.

핫도그 모양의 꽃이 피는

부들

과명 부들과 여러해살이풀　학명 *Typha orientalis*　꽃 6월　열매 7월　높이 1.5m

부들

잎이 보기와는 다르게 부들부들 부드럽다고 해서 '부들'이란 이름이 붙었어요. 어떤 사람은 바람이 불면 부들부들 떤다고 하여 부들이라고도 말하죠. 주로 습지나 연못가에서 볼 수 있지만 농촌에서는 논 부근의 도랑에서도 볼 수 있어요.

꽃은 6~7월에 피고 핫도그 모양의 열매 위에 있어요. 수꽃이삭은 상단에 있고 암꽃이삭은 바로 밑에 있고 그 밑에 핫도그처럼 생긴 것은 열매라고 할 수 있어요.

잎은 긴 줄형이고 길이 80~130cm 정도이고 폭은 5~10mm 정도예요. 잎의 하단부가 줄기를 감싸고 바람이 불면 부들부들 소리를 내며 흔들리는 것이 재미있어요. 비슷한 식물로는 전체적으로 작은 '애기부들', 잎이 넓은 '큰잎부들'이 있어요.

부들도 약용할 수 있는데 종기, 해열, 이뇨, 임병, 유선염, 지혈 등에 복용하고 통증에도 효능이 있어요. 번식은 종자와 포기나누기로 할 수 있어요.

볼 수 있는 곳

수목원의 수생식물원에서 부들을 많이 키우고 있어요. 각 지방마다 연못이나 늪가에서 부들을 볼 수 있어요.

오늘 만난 꽃

입금님 귀는 당나귀 귀라는 소문을 퍼트린

갈대

과명 벼과 낙엽반관목 학명 *Typha orientalis* 꽃 8~9월 열매 10~12월 높이 3~6m

▲ 갈대

▲ 털이 없는 갈대의 잎집

여러분은 오비디우스의 '변신 이야기'라는 유명한 일화를 아실 거예요. 옛날에 어느 왕국에 당나귀 귀를 가진 임금님이 있었어요. 임금님은 당나귀 귀를 항상 감추고 다녔지만 임금의 이발을 담당한 전속이발사는 임금님이 당나귀 귀라는 것을 알고 있었죠. 이발사는 임금님을 이발할 때마다 항상 모르는 척 하고 넘어갔지만 속으로는 임금님귀가 당나귀 귀라는 것을 소문내고 싶어 입이 항상 근질근질했어요. 결국 꾹꾹 참았던 이발사는 괴로움을 이기지 못하고 아무도 없는 갈대밭에서 소곤대듯 "임금님 귀는 당나귀 귀"라고 말했어요. 소곤대고 말한 이 이야기는 그만 바람에 나부끼는 갈대에 의해 전국에 퍼지고 말았죠. 이후 갈대는 밀고자라는 별명이 붙고 말았죠.

강가에서 흔히 볼 수 있는 갈대는 억새와 비슷하게 생겼지만 주로 습지나 물가에서 자라는 식

▲ 가운데에 흰줄이 없는 갈대의 잎

물이에요. 꽃은 8~9월에 원추화서로 피고 이삭꽃 모양의 자잘한 꽃이 달려있어요. 꽃이삭의 색상은 자주색이지만 가을에 갈색 비슷하게 단풍이 들죠. 갈대는 '억새'와 '달뿌리풀'과 거의 비슷하기 때문에 구별할 줄 알아야 하는데 보통 줄기의 잎집과 잎의 흰줄무늬를 보고 구별할 수 있어요. 갈대의 줄기는 마디가 있고 속은 비어있으며 잎이 어긋나고 잎의 길이는 20~50cm 정도예요. 잎의 아래쪽은 줄기를 감싸고 잎집에는 털이 없으므로 잎집에 털이 있는 '달뿌리풀'과 구별할 수 있어요. 또한 갈대 잎에는 중앙에 흰색 줄이 없으므로 흰색 줄이 뚜렷하게 있는 '억새'와 구별할 수 있죠.

갈대 역시 약용이 가능한 식물인데 뿌리와 줄기, 잎을 모두 약용할 수 있어요. 적용 분야는 코피, 해열, 폐농양 등이고 시골에서는 복어를 잘 못 먹거나 각종 식중독에 걸렸을 때 갈대 뿌리나 꽃을 달여 먹기도 했어요. 또한 갈대의 줄기와 잎은 모자, 바구니, 로프를 만들기도 했어요.

갈대는 바람에 잘 흔들리기 때문에 마음이 약한 사람을 의미하기도 하고 밀고자나 배신자를 뜻하기도 해요. 하지만 고개를 숙이기는 해도 부러지지는 않는다고 해서 부드러움의 상징이기도 해요. 번식은 꺾꽂이와 포기나누기로 할 수 있어요.

볼 수 있는 곳

바닷가 모래밭이나 강가의 모래밭, 습지, 늪지, 연못가에서 볼 수 있어요. 수목원의 수생식물원에서도 갈대를 볼 수 있어요.

오늘 만난 꽃

풀처럼 자라는 덩굴식물

덩굴식물 중에서 대표적인 식물에 대해 공부하는 장이에요. 덩굴식물 중에서 '며느리배꼽' 같은 식물은 동네 뒷산에서도 흔히 볼 수 있어요.

생즙으로 즐겨먹는	마
도장밥을 만들던	박주가리
동네 뒷산에서도 흔히 볼 수 있는	며느리배꼽
착한 며느리가 휴지로 사용했다는	며느리밑씻개
꽃이 정말 특이한 덩굴식물	쥐방울덩굴
도시의 풀밭에서도 볼 수 있는	꼭두서니
더덕구이로 먹을 수 있는	더덕

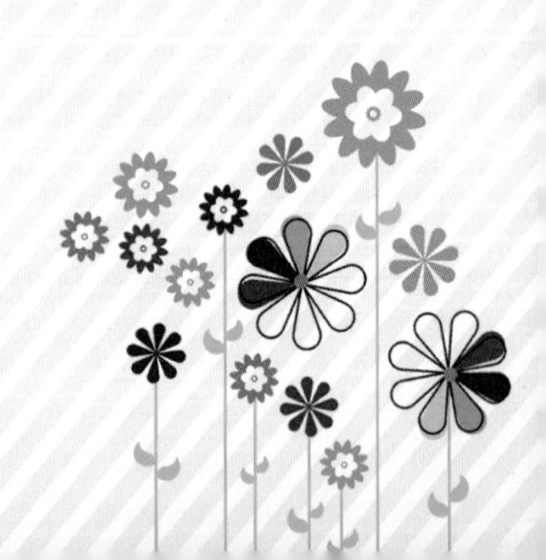

생즙으로 즐겨먹는

마

과명 마과 여러해살이풀 **학명** *Dioscorea batatus* **꽃** 6~7월 **열매** 9~10월 **길이** 4m

마 덩굴의 꽃

마 덩굴은 뿌리를 약용하는 식물로서 대부분 재배를 하지만 씨앗이 퍼져 산지나 밭 주변에서도 볼 수 있어요. 우리가 약용하는 부분은 뿌리인데 흔히 '마'라고 하죠. 여러분도 동네에서 약재상 트럭이 마즙을 짠 뒤 어른들에게 시음용으로 돌리는 것을 한번쯤 본 적이 있을 거예요.

▲ 마 덩굴의 잎

마 덩굴의 꽃은 6~7월에 암수딴그루로 개화를 해요. 꽃은 잎겨드랑이에서 이삭화서 모양으로 달리고 수꽃은 곧게 서고, 암꽃은 밑으로 처지는 경향이 있어요. 꽃은 화피가 6장이고, 수술도 6개예요. 줄기는 자줏빛이고 3~4m 정도로 자라고 덩굴속성이 있어요. 잎은 어긋나고 잎자루가 있고 때때로 쟁반같이 생긴 주아가 줄기에 달려있는 경우도 있는데 일종의 씨앗이에요. 물론 마는 포기나누기로도 번식할 수 있어요.

마즙은 생으로 먹을 수 있는데 여러 가지로 약용효과가 좋은 편이에요. 몸을 튼튼히 하는 자양강장, 두통, 변비, 신장염에 좋아요. 또한 각종 염증과 당뇨병에도 효능이 있어요.

볼 수 있는 곳

밭 주변과 산에서 볼 수 있어요. 또한 수목원의 덩굴식물원이나 약용식물원에서도 볼 수 있어요.

오늘 만난 꽃

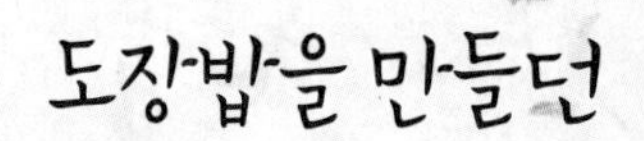

도장밥을 만들던

박주가리

과명 박주가리과 여러해살이풀 **학명** *Metaplexis japonica* **꽃** 7~8월 **열매** 8~9월 **길이** 3m

박주가리 덩굴의 꽃

박주가리는 열매가 못생긴 박처럼 생겼다고 해서 붙은 이름이에요. 이름의 유래가 좋지 않아도 열매를 사람이 먹을 수 있고 맛도 나쁘지 않아요.

▲ 박주가리 덩굴의 잎

꽃은 7~8월에 총상화서로 달리고 잎겨드랑이에서 여러 송이를 볼 수 있어요. 꽃은 종모양이고 잔털이 매우 많고 끝부분이 5개로 갈라져 있어요.

열매는 찌부러진 오이 모양인데 맛이 약간 달콤해서 나름 먹을 만해요. 열매가 성숙하면 저절로 갈라지면서 솜털이 붙은 씨앗이 날아다니기도 해요. 줄기는 길이 3m 정도이고 마주난 잎은 잎자루가 있고 잎을 자르면 흰수액이 나오죠.

약용하는 부위는 주로 뿌리라고 할 수 있는데 자양강장, 해독, 종기에 효능이 있어요. 열매도 식용하면 좋은데 몸을 아주 튼튼히 하는 효과가 있어요. 하지만 흰수액은 약간의 독성이 있으므로 식용할 때 너무 많이 먹지 않는 것이 좋아요. 씨앗에 붙어있는 털은 도장밥을 만들 수 있고 번식은 종자로 할 수 있어요.

볼 수 있는 곳

논밭 주변이나 들판, 강둑의 풀밭에서 흔하게 볼 수 있어요. 주로 양지바른 풀밭에서 많이 볼 수 있어요. 또한 수목원의 덩굴식물원이나 약용식물원에서도 볼 수 있지만 농촌에서 흔하게 볼 수 있기 때문에 안 키우는 수목원도 제법 많은 편이에요.

오늘 만난 꽃

동네 뒷산에서도 흔히 볼 수 있는

며느리배꼽

과명 마디풀과 한해살이풀 학명 *Persicaria perfoliata* 꽃 7~9월 열매 8~9월 길이 2m

▲ 며느리배꼽 ▲ 며느리배꼽의 잎자루

덩굴식물 중에서 도시의 동네 뒷산에서도 흔하게 볼 수 있는 식물이 '며느리배꼽'과 '며느리밑씻개'라고 할 수 있어요. 꽃을 먹으면 시큼달콤하기 때문에 어른들이 유년시절 때 즐겨 먹었던 식물이죠. 꽃은 7~9월에 줄기, 가지 끝, 잎겨드랑이에서 수상화서로 달리고 꽃 아래에는 접시같이 잎으로 싸여 있어요. 꽃받침은 길이 3~4mm 정도이고 끝이 5개로 갈라지고 꽃잎은 없고 꽃받침이 꽃잎으로 보이고, 수술은 8개, 암술대는 3개예요. 줄기는 덩굴 속성이 있고 갈고리형 가시가 있어 손으로 만지면 아주 따끔해요. 잎은 어긋나고 둥근 삼각형이에요. 어린잎은 사람이 섭취할 수 있고 풀 전체는 말라리아, 황달, 종기, 해독, 해열약으로 달여 먹을 수 있어요.

볼 수 있는 곳

농촌의 길가나 빈터, 도시의 동네 뒷산에서 흔하게 볼 수 있어요. 서울의 경우 홍릉수목원에서 만날 수 있어요.

착한 며느리가 휴지로 사용했다는

며느리밑씻개

과명 마디풀과 한해살이풀 **학명** *Persicaria senticosa* **꽃** 7~8월 **열매** 8월 **길이** 1~2m

며느리밑씻개의 꽃

아주 옛날에 나쁜 시어머니와 살던 착한 며느리가 있었어요. 두 사람은 항상 밭일을 같이했고 며느리는 시어머니의 눈에 들기 위해 더 열심히 일을 했죠. 하지만 시어머니는 항상 며느리를 구박하기 일쑤였어요.

어느 날 두 사람이 밭에서 일을 하다가 며느리가 그만 배가 몹시 아파 볼일을 봐야 하는 상황이 되었어요. 며느리는 풀숲으로 들어가 볼일을 봤는데 그만 휴지가 없었어요. 그래서 며느리는 시어머니에게 휴지로 쓸 만한 잎을 구해달라고 했죠. 악독한 시어머니는 볼일 보는 것도 모자라서 시어머니에게 심부름을 시키느냐고 화를 내면서 옆에서 아무 풀이나 잡아 따서 며느리에게 던졌죠. 그 시어머니가 던졌다는 풀이 바로 이 식물이에요. 가시가 많아서 밑을 닦기는커녕 손으로 만지는 것도 아픈 식물이었죠. 그래서 며느리의 밑을 닦는 풀이라는 뜻에서 '며느리밑씻개'라는 이름이 붙었다는 믿거나말거나 한 유래가 있는 식물이죠.

며느리밑씻개는 꽃의 생김새, 열매 모양, 잎 모양이 앞의 '며느리배꼽'과 거의 똑같은 식물이에요. 그러므로 잎을 뒤집은 뒤 구별해야 하는데 잎자루가 잎 뒷면 배꼽 위치쯤에 있으면 '며느리배꼽', 잎자루가 잎 뒷면 밑 부분에 있으면 '며느리밑씻개'라고 할 수 있어요.

▲ 며느리밑씻개의 잎자루

볼 수 있는 곳

농촌의 길가나 빈터, 도시의 뒷산에서 흔히 볼 수 있지만 주로 습한 물가에서 많이 볼 수 있어요.

꽃이 정말 특이한 덩굴식물

쥐방울덩굴

과명 쥐방울덩굴과 여러해살이풀 학명 *Aristolochia contorta* 꽃 7~8월 열매 8월 높이 1.5m

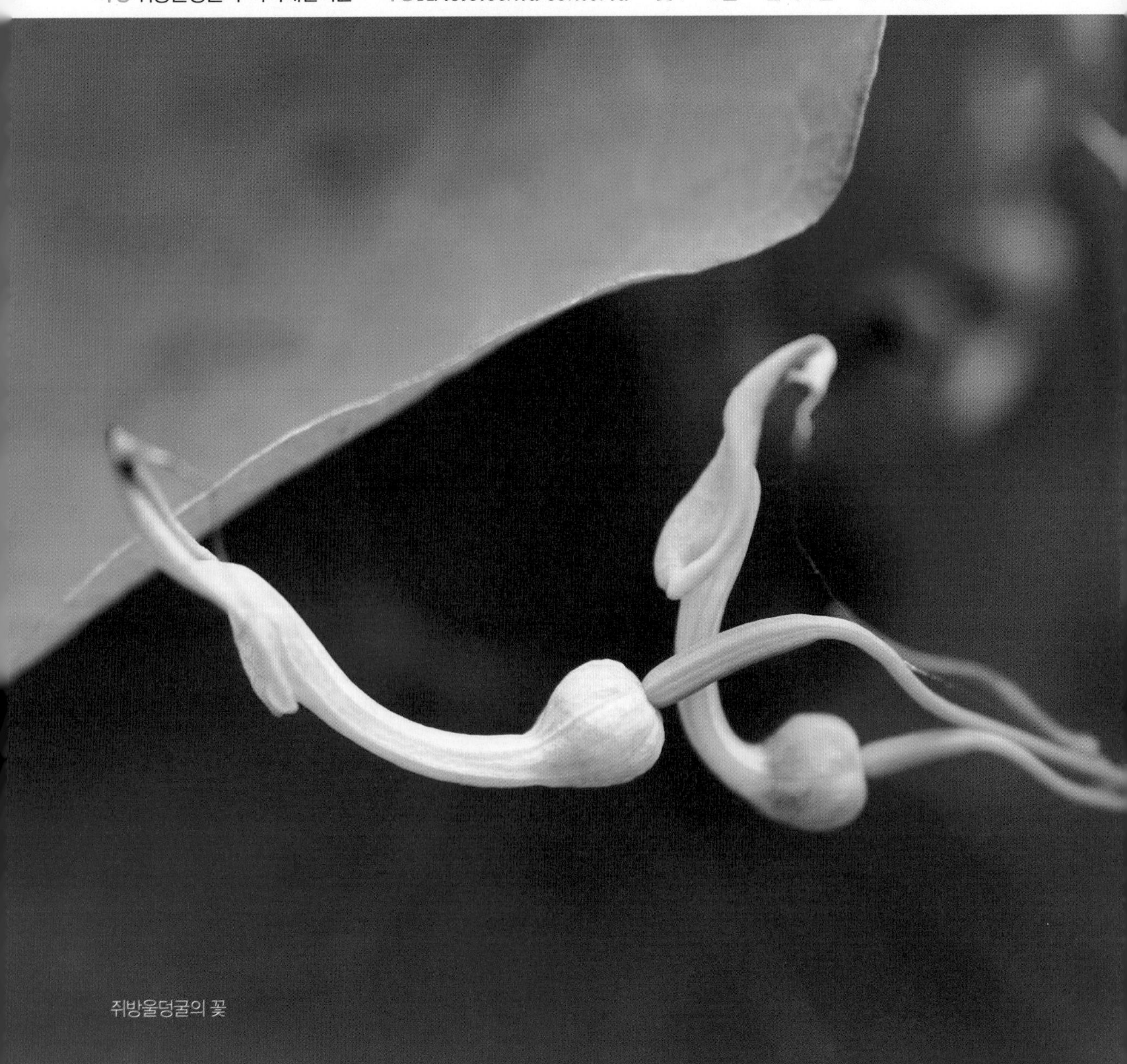

쥐방울덩굴의 꽃

▲ 쥐방울덩굴의 잎 ▲ 쥐방울덩굴의 열매

쥐방울덩굴은 열매가 쥐의 방울처럼 생겼다고 해서 붙은 이름이에요. 하지만 열매보다는 꽃이 특이하기 때문에 사진작가들이 즐겨 찾는 식물이라고 할 수 있어요.

꽃은 7~8월에 잎겨드랑이에서 여러 개가 달리는데 나팔처럼 생겼어요. 꽃의 길이는 1~4cm 정도이고 수술은 6개이고 암술대는 6개의 모여 1개처럼 보여요. 열매는 호두알만한 크기이고 8월에 성숙하면 저절로 벌어지는데 대개 성숙하기 전에 누가 따가거나 땅에 떨어지는 경우가 많아요. 이 식물은 발암물질이 있는 식물이므로 사람이 열매를 먹을 수는 없어요.

하지만 쥐방울덩굴도 전체를 약용할 수 있는 식물이에요. 잘 말린 후 달여 복용하면 각종 통증과 가래, 치질, 장염, 고혈압, 장염, 종기, 뱀에 물린 상처, 배가 불룩하게 부른 병증에 효능이 있어요. 물론 발암성분이 함유되어 있으므로 한의사와 상의 하에 복용하는 것이 좋아요. 번식은 종자와 포기나누기로 할 수 있어요.

볼 수 있는 곳

전국의 높은 산이나 농촌의 들판에서 흔히 볼 수 있었으나 자생지가 줄어들어 지금은 멸종위기 직전의 식물이라고 할 수 있어요. 아마도 열매를 너도나도 따가기 때문에 벌어진 일 같아요. 서울의 경우 홍릉수목원에서 볼 수 있어요.

도시의 풀밭에서도 볼 수 있는

꼭두서니

과명 꼭두선이과 여러해살이풀 학명 *Rubia akane* 꽃 7~8월 열매 8월 높이 1m

꼭두서니의 꽃

꼭두서니는 덩굴식물 중 도시에서도 볼 수 있는 몇 안 되는 식물이에요. 왕릉이나 궁궐 풀밭을 자세히 뒤져보면 흔하게 볼 수 있는 것이 꼭두서니 덩굴이기 때문이죠. 이름은 우리나라의 천연염료인 '꼭두서니색'을 추출할 수 있는 식물이란 뜻에서 붙었다고 해요. 꼭두서니색은 흔히 귀신을 물리치는 색이라고 하여 각종 천을 빨간색으로 염색할 때 사용했다고 해요.

▲ 꼭두서니의 잎

꽃은 7~8월에 원추화서로 달리고 아주 작은 종처럼 생겼어요. 꽃의 지름은 4mm 정도이고 수술은 5개인데 육안으로는 수술이 아예 보이지 않으므로 돋보기로 관찰해야 해요.

잎은 줄기에서 4개씩 돌려나고 각 마디마다 계속 4개씩 돌려나므로 풀밭에서도 쉽게 찾아볼 수 있어요. 때때로 턱잎이 2개씩 있기도 하므로 잎이 6개씩 돌려나는 경우도 있어요.

약용하는 부위는 꼭두서니의 뿌리인데 피를 멈추게 하는 지혈 효능이 탁월한 편이에요. 이 때문에 코피를 많이 흘리는 증상에 좋고 종기, 타박상, 황달 등에도 복용할 수 있어요. 꼭두서니 염료는 뿌리에서 얻을 수 있고, 번식은 종자와 포기나누기로 할 수 있어요.

볼 수 있는 곳

서울 창경궁 풀밭에서도 볼 수 있고 도시의 왕릉 풀밭에서도 흔하게 볼 수 있어요. 농촌의 풀밭이나 높은 산에서도 흔하게 볼 수 있어요.

오늘 만난 꽃

더덕구이로 먹을 수 있는

더덕

과명 초롱꽃과 여러해살이풀 **학명** *Codonopsis lanceolata* **꽃** 7~9월 **열매** 9월 **높이** 2m

더덕

더덕은 우리가 명절 때 먹는 더덕요리의 재료가 되는 덩굴식물이에요. 뿌리를 캐서 도라지처럼 무쳐먹거나 양념을 한 뒤 구워먹는데 나이 드신 어른들이 좋아하는 반찬이죠. 도라지와는 차원이 다른 맛있는 음식이기 때문에 여러분도 나이가 들면 더덕구이를 아주 좋아하실 거에요.

▲ 더덕의 꽃

더덕의 꽃은 8~9월에 볼 수 있어요. 꽃은 큰 종처럼 생겼고 길이 2.7~3.5cm 정도이고 겉은 연한 녹색, 안쪽에는 자갈색 반점이 있어요.

더덕은 '소경불알'이라는 덩굴식물과 거의 비슷한 식물이기 때문에 꽃의 크기와 색상을 자세히 관찰해야 구별할 수 있어요. 줄기는 길이 2m 정도이고 잎은 어긋나지만 잎 4개가 마주난 듯 달려있는데 소경불알도 잎이 거의 비슷하게 달려있어요.

뿌리는 약으로 달여 먹을 수 있지만 주로 식용하거나 더덕주같은 술로 담가먹는 경우가 많아요. 주요 약효로는 자양강장, 해독, 폐농양, 거담, 유선염, 편도선염 등이고, 번식은 종자로 할 수 있어요.

볼 수 있는 곳

전국의 높은 산에서 볼 수 있어요. 서울 홍릉수목원, 태안 안면도수목원, 평창 한국자생식물원 등에서도 더덕을 볼 수 있어요.

오늘 만난 꽃

이름이 특이한 꽃

풀꽃 중에서 이름이 특별한 식물에 대해 공부해 보아요. 아울러 이름의 유래에 대해서도 알아보아요.

잎이 톱날처럼 생긴	톱풀
쥐의 손 같은 잎	쥐손이풀
파리를 잘 잡는 식물	파리풀
꽃이 낙지 발판처럼 생긴	낙지다리
까치가 좋아하는 깨	까치깨, 수까치깨
할머니의 바느질 골무를 닮은	참골무꽃
잎이 빗자루 같은	비짜루
잎에 골이 있어서	등골나물
범이 호랑이꼬리 같아서	범꼬리
왜 이런 이름이 붙었을까요?	께묵

잎이 톱날처럼 생긴

톱풀

과명 국화과 여러해살이풀 학명 *Achillea alpina* 꽃 7~10월 열매 10월 높이 110cm

톱풀

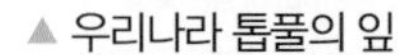
▲ 우리나라 톱풀의 잎

▲ 서양 톱풀의 잎

톱풀은 잎이 톱날처럼 생겼다고 해서 붙은 이름이에요. 잎이 톱날 모양으로 생긴 식물이 없으므로 산에서 만나면 바로 알아볼 수 있는 식물인 셈이죠. 7~10월에 볼 수 있는 꽃은 흰색이거나 연한 붉은색이고 줄기와 가지 끝에서 산방화서로 수십 송이가 달려요. 각각의 꽃은 지름 4mm 정도이고 혀꽃과 대롱꽃이 있는 두상꽃 모양이에요. 잎은 어긋나고 줄 모양이고 길이 6~10cm 정도이고 가장자리에 빗살처럼 톱니가 있고 잎의 하단부는 반쯤 줄기를 감싸고 있어요. 꽃집에서 파는 서양톱풀은 잎 가장자리의 톱니가 우리나라 토종 톱풀하고 다르므로 잎을 보면 서양톱풀과 토종 톱풀을 쉽게 구별할 수 있어요.

▲ 서양 톱풀

톱풀은 국화과의 식물처럼 약성이 매우 좋은 식물이기도 해요. 식물 전체를 약용하는데 몸 속 독성 성분을 없애는 해독 기능, 피를 멈추게 하는 지혈 기능, 몸을 튼튼히 하는 자양강장 기능이 있어요. 또한 혈액순환을 원활히 하고 각종 종기에도 효능이 좋죠. 잎은 독사에 물린 상처에 짓이겨 바르면 효능이 있고 열매는 시력에 도움이 되기도 해요. 이 가운데 지혈 기능이 매우 탁월하기 때문에 손이나 다리에서 피가 흐를 때 톱풀을 응급처치로 바르면 피를 멈추게 할 수 있어요. 번식은 종자와 포기나누기로 할 수 있어요.

볼 수 있는 곳

전국의 산에서 볼 수 있는데 산기슭의 초원지대에서 많이 볼 수 있어요. 각 지역의 수목원에서도 만날 수 있어요.

쥐의 손 같은 잎

쥐손이풀(풍로초)

과명 쥐손이풀과 여러해살이풀 학명 *Geranium sibiricum* 꽃 6~8월 열매 7~8월 높이 30~80cm

쥐손이풀

여러분은 혹시 집에서 키우는 원예종 식물인 '풍로초'를 보신 적이 있나요? 풍로초는 쥐손이풀의 원예종이라고 할 수 있어요. 쥐손이풀은 잎이 쥐의 손바닥처럼 갈라져있다고 해서 붙은 이름이에요. 쥐에게 손이 있을까 궁금한 분들은 쥐가 먹이를 먹을 때 자세히 관찰하셔야 할 것 같아요. 쥐가 먹이를 먹을 때 먹이를 쥐고 안 빼앗기려고 한다면 쥐에게도 손이 있는 것이죠.

▲ 쥐손이풀의 잎

꽃은 6~8월에 잎겨드랑이에서 달리는데 보통 흰색이 많지만 빨간색과 분홍색도 많이 볼 수 있어요. 꽃의 지름은 1cm 정도이고 꽃받침 5개, 꽃잎 5개, 수술은 10개예요. 줄기잎은 마주나고 잎자루가 있으며 오각형 모양이고 가장자리가 5개로 깊게 갈라지고, 상단 잎은 3개로 갈라지기도 해요. 갈라진 부분은 다시 3개로 갈라지고 가장자리에 톱니가 있어요.

쥐손이풀도 이질풀처럼 약용할 수 있는데 해열, 설사, 옴, 장염에 효능이 있어요. 번식은 종자와 포기나누기로 할 수 있어요.

볼 수 있는 곳

우리나라의 산과 들에서 볼 수 있고 농촌에서는 민가 부근이나 길가에서도 볼 수 있어요.

오늘 만난 꽃

파리를 잘 잡는 식물

파리풀

과명 파리풀과 여러해살이풀 **학명** *Phryma leptostachya* **꽃** 7~9월 **열매** 10월 **높이** 70cm

▲ 파리풀 ▲ 파리풀의 꽃

파리풀은 식물체에 파리를 잡는 성분이 있다고 해서 붙은 이름이에요. 예를 들어 이 풀로 즙을 내어 재래식 화장실이 뿌리면 파리가 모두 죽기도 하고, 그 진액으로 파리잡이용 종이를 만들기도 했어요. 꽃은 7~9월 수상화서로 피고 꽃의 길이는 5mm 정도이므로 아주 작은 편이에요. 잘 안 보이겠지만 이 꽃에는 4개의 수술과 1개의 암술이 있는데 수술 2개는 길고 2개는 짧은 2강수술 형식이에요. 잎은 마주나고 잎자루가 길고 길이 7~9cm 정도이고 가장자리에 톱니가 있어요. 파리풀에는 파리를 죽일 수 있을 만큼 강한 살충 성분들이 많이 함유되어 있어요. 이 때문에 약용보다는 살충제처럼 종기 같은데 바르는 경우가 많아요. 번식은 종자로 할 수 있어요.

볼 수 있는 곳

농촌의 산과 들판에서 흔히 볼 수 있는데 주로 큰 나무숲 그늘이나 응달에서 볼 수 있어요.

꽃이 낙지 빨판처럼 생긴

낙지다리

과명 돌나물과 여러해살이풀 학명 *Penthorum chinense* 꽃 7~8월 열매 8월 높이 70cm

낙지다리의 꽃

낙지다리는 연못가나 습지에서 볼 수 있는 식물이에요. 꽃이 배열된 모습이 낙지의 빨판처럼 생겼다고 해서 붙은 이름이죠.

▲ 낙지다리의 줄기

꽃은 7~8월에 총상화서로 피고 낙지다리처럼 배열되어 있는 것이 특징이에요. 각각의 꽃은 길이 5mm 정도이고 꽃잎이 없는 대신 꽃받침은 5개로 갈라져 꽃잎처럼 보이고, 수술은 10개, 암술대는 5개예요.

열매는 8월에 볼 수 있는데 열매가 있을 때도 낙지 빨판처럼 보이곤 해요. 잎은 어긋나고 피침형이며, 잎자루가 있지만 매우 짧고, 길이는 3~10cm 정도예요. 이 때문에 가정에서 조경용으로 심는 경우는 거의 없지만, 도시공원에서 연못을 꾸밀 때 종종 심기도 해요. 줄기는 가을에 베어 약용하는데 종기, 타박상, 대하, 여성 병 등에 효능이 있어요. 번식은 종자와 포기나누기로 할 수 있죠.

볼 수 있는 곳

연못가, 습지, 도랑 부근에서 볼 수 있지만 습지가 많이 줄어들면서 멸종위기에 몰리고 있는 식물이에요. 각 지역 수목원에 있는 수생식물원에서 볼 수 있어요.

까치가 좋아하는 깨

까치깨와 수까치깨

과명 벽오동과 한해살이풀 학명 *Corchoropsis psilocarpa* 꽃 6~8월 열매 8월 높이 30~90cm

꽃받침이 꽃잎쪽에 붙어있는 까치깨

▲ 꽃받침이 꽃자루쪽에 붙어있는 수까치깨

까치깨는 '깨알 같은 씨앗이 까치나 먹을 것 같다'고 해서 붙은 이름이에요. 까치깨는 비슷한 식물로 '수까치깨'가 있는데 이 둘은 꽃받침 모양으로 구별할 수 있어요.

꽃은 6~8월에 잎겨드랑이에 1개씩 피고, 꽃받침은 털이 있고 꽃잎 뒷면에 가깝게 누워 있어요. 꽃잎은 5개이고 10개의 수술과 1개의 암술이 있고 5개의 헛수술이 있어요. 수까치깨는 꽃이 8~9월에 피므로 까치깨와 피는 시점이 조금 다르고, 꽃받침이 꽃잎 뒷면이 아닌 꽃자루쪽에 붙어있으므로 이 점으로 구별할 수 있어요.

잎은 어긋나고 잎자루가 있고 가장자리에 톱니가 있고 전체적으로 털이 있어요. 까치깨의 열매는 8월에, 수까치깨의 열매는 10월에 볼 수 있는데 꼬투리 모양이고 그 안에는 깨알처럼 보이는 씨앗이 들어있어요. 까치깨와 수까치개는 둘 다 잎자루와 꽃받침에 털이 있어요. 그러나 까치깨의 열매는 털이 없고, 수까치깨 열매는 털이 있으므로 이 점으로도 구별할 수 있어요.

볼 수 있는 곳

경기도 이남의 산과 들판에서 볼 수 있어요. 수목원 중에는 서울 홍릉수목원에 수까치깨가 있고, 성남 신구대학식물원에 까치깨가 있어요.

오늘 만난 꽃

할머니의 바느질 골무를 닮은

참골무꽃

과명 꿀풀과 여러해살이풀 학명 *Scutellaria strigillosa* 꽃 7~8월 열매 6월 높이 20~40cm

참골무꽃의 꽃

참골무꽃은 열매가 바느질할 때 사용하는 골무를 닮았다고 해서 붙은 이름이에요. 비슷한 식물로 '광릉골무꽃', '참골무꽃', '산골무꽃' 등 10여종이 있는데 모두 열매 모양이 골무 모양이에요.

▲ 골무꽃의 열매

참골무꽃은 7~8월에 잎겨드랑이에서 1개씩 꽃이 피고, 꽃의 모양은 입술모양이에요. 길이는 2cm 정도이고 수술은 4개예요. 꿀풀과 식물들은 대부분 꽃을 먹을 수 있지만 골무꽃은 맛이 쓰고 없으므로 먹지 않는 것이 좋아요. 줄기는 네모지고 10~40cm 정도로 자라고 잔털이 있어요. 마주난 잎은 길이 1~3.5cm 정도이고, 양면에 털이 있고 가장자리에 둔한 톱니가 있어요.

골무꽃도 다른 식물처럼 약용할 수 있어요. 주로 해독, 지통, 치통, 인후질환 등에 효능이 있고 번식은 종자로 할 수 있어요.

볼 수 있는 곳

골무꽃은 중부 이남의 산이나 들판에서 볼 수 있어요. 각 지역의 수목원에서 여러 종류의 골무꽃을 볼 수 있어요.

오늘 만난 꽃

잎이 빗자루 같은

비짜루

과명 백합과 여러해살이풀 **학명** *Asparagus schoberioides* **꽃** 5~6월 **열매** 6~9월 **높이** 1m

비짜루의 잎

비짜루는 가느다란 잎이 빗자루처럼 달려있다고 해서 붙은 이름이에요. 어린 순을 먹을 수 있어 아는 사람은 어린 순을 잘라가고, 모르는 사람은 모른 채 지나가는 식물이에요.

▲ 비짜루의 열매

꽃은 5~6월에 잎겨드랑이에서 피고 암수꽃이 따로 있어요. 보통 2~6개의 꽃이 피는데 꽃의 길이가 3mm 정도에 불과할 정도로 아주 작은 편이에요. 꽃은 연한 녹색의 종 모양이고 수술은 6개이고 암꽃에도 퇴화된 수술이 있어요.

줄기는 1m 높이로 자라고 잔가지가 많이 갈라지고 피침형의 잎이 마주 붙어 있어요. 어린잎은 매우 부드럽지만 여름이 지나면 소나무 잎처럼 딱딱하게 변해요.

뿌리는 약용이 가능한데 기침은 물론 각종 통증에 효능이 있고, 번식은 종자로 할 수 있어요.

볼 수 있는 곳

전국의 산과 들, 바닷가에서 볼 수 있어요. 농촌에서는 흔하게 볼 수 있기 때문에 비짜루를 키우는 수목원이 별로 없어요. 그러나 서울 홍릉수목원, 전주 한국도로공사수목원 등에서 만날 수 있어요.

오늘 만난 꽃

잎에 골이 있어서

등골나물

과명 국화과 여러해살이풀 학명 *Eupatorium japonicum* 꽃 7~10월 열매 10월 높이 2m

등골나물의 꽃

등골나물은 잎에 골이 깊게 패였다고 해서 붙은 이름이에요. 어떤 사람은 등골나물로 만든 비녀가 등골처럼 단단해서 붙었다고도 말해요.

▲ 등골나물의 열매

꽃은 7~10월에 산방화서로 자잘한 두상꽃이 달리고 자잘한 꽃은 길이 0.5~1cm 정도예요. 줄기는 많이 자라면 2m까지 자라기도 하고, 마주난 잎은 잎자루가 짧고 긴 타원형이거나 타원형이에요. 잎의 길이는 10~18cm 정도이고 잎 아래쪽 가장자리에 톱니가 있고, 어린잎은 나물로 먹을 수 있어요.

열매는 10~11월에 볼 수 있는데 털이 수북하게 쌓여 솜뭉치처럼 보이고, 바람에 의해 다른 곳으로 날아가곤 해요.

한약방에서는 등골나물을 칭간초(秤杆草)라고 하며 약용하는데 황달, 홍역, 고혈압 등에 효능이 있어요. 번식은 종자로 할 수 있어요.

볼 수 있는 곳

농촌의 산과 들판, 개울가에서 볼 수 있어요. 서울에서는 홍릉수목원에서 볼 수 있어요.

오늘 만난 꽃

꽃이 호랑이꼬리 같아서

범꼬리

과명 마디풀과 여러해살이풀 학명 *Bistorta manshuriensis* 꽃 6~7월 열매 7~10월 높이 1m

범꼬리의 꽃

마디풀과의 범꼬리는 꽃이 호랑이 꼬리처럼 생겼다고 해서 붙은 이름이에요. 꽃은 6~7월에 줄기 위에서 수상화서로 달리고 자잘한 꽃들이 수없이 많이 붙어있어요. 각각의 꽃은 꽃잎이 없는 대신 5개의 꽃받침이 꽃잎처럼 보이고, 수술은 8개예요. 수상화서의 전체 길이는 4~8cm 정도이므로 그리 큰 편은 아니지만 줄기가 가느다랗기 때문에 비바람이 불면 꽃대가 부러지는 경우가 많아요.

▲ 범꼬리의 어린 잎

뿌리에서 올라온 잎은 잎자루가 길고 끝이 매우 뾰족하고, 길이 5~10cm 정도예요. 줄기 잎은 어긋나고 뿌리잎과 비슷하지만 위로 올라갈수록 잎자루가 점점 없어져요. 어린잎은 사람이 섭취할 수 있는데 다른 나물에 비해 두껍기 때문에 잘 데쳐서 무쳐먹어야 해요.

뿌리는 약용이 가능해 각종 병에 달여 먹는데 종기, 열병, 코피, 구내염, 나력에 효능이 있어요. 번식은 종자와 포기나누기로 할 수 있어요.

볼 수 있는 곳

산골짜기의 초원지대나 풀밭에서 자라는데 높이 1m까지 자라는 경우가 많아요. 서울에서는 홍릉수목원에서 볼 수 있어요.

오늘 만난 꽃

왜 이런 이름이 붙었을까요?

께묵

과명 국화과 두해살이풀 학명 *Hololeion maximowiczii* 꽃 8~10월 열매 10월 높이 1.5m

께묵

멸종위기식물인 께묵은 이름의 유래가 알려지지 않은 식물이에요. 농촌에서 흔히 볼 수 있는 '깻묵'은 각종 식물의 종자에서 기름을 짠 뒤 남은 찌꺼기를 말하는데 한때 이 식물이 '깻뭇'이라고 불렸다가 지금은 '께묵'이 정식이름이 되었어요. 그래서 종자에서 기름이 많이 나올까 생각해보기도 했지만 아저씨 주변엔 아는 사람이 없어요.

▲ 께묵의 꽃

꽃은 8~10월에 피는데 씀바귀꽃과 비슷한 편이에요. 줄기가 1.5m까지 자라므로 씀바귀보다는 훨씬 높게 자라는 식물인 셈이죠. 잎은 어긋나고 긴 줄 모양이고 길이 10~40cm 정도이고, 가뭄이 들면 줄기가 금방 단풍이 들고, 어린잎은 나물로 먹을 수 있어요.

께묵 또한 약용이 가능한데 보통 황달이나 간염에 달여 먹을 수 있고, 번식은 종자로 할 수 있어요.

볼 수 있는 곳

우리나라 산야의 습지나 개울가, 논두렁가의 축축한 땅에서 볼 수 있었지만 자생지가 점점 줄어들고 있어요. 서울의 경우 홍릉수목원에서 볼 수 있어요.

오늘 만난 꽃

두뇌발달과 학습의욕에 좋은 꽃

꽃을 보면서 학교 공부에 도움이 된다면 이보다 좋을 수는 없을 것 같아요. 학습의욕을 향상시키는 풀꽃에 대해 알아보아요.

공부할 때 근심을 잊게 하는	원추리
학자의 지팡이	명아주, 흰명아주
진한 향기로 두뇌회전을 돕는	배초향
두뇌증진에 좋은	석잠풀
물에서 자라는 등심초	골풀
청출어람이란 사자성어를 만든	쪽

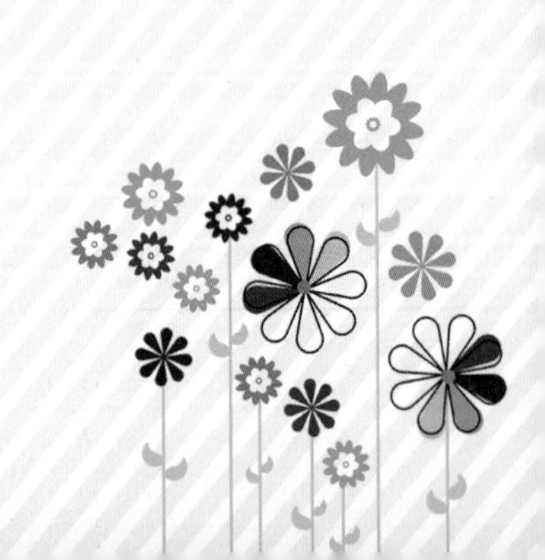

공부할 때 근심을 잊게 하는

원추리

과명 백합과 여러해살이풀 **학명** *Hemerocallis fulva* **꽃** 6~8월 **열매** 9~10월 **높이** 1m

원추리의 꽃

▲ 큰원추리 ▲ 등황색 원추리

원추리는 한자로 훤(萱)이라고 불러요. 그래서 우리나라는 옛날부터 훤초(萱草)라고 불렀는데 이 발음이 점점 변해서 지금의 '원추리'라는 이름이 되었죠. 훤초(萱草)를 혀를 굴려가면서 발음하면 아마 '원추리' 발음과 비슷하게 될 거예요.

원추리는 야생화이지만 우리 주변에서 가장 흔하게 볼 수 있는 식물이에요. 주택가 화단에서도 키우는 경우가 많을 뿐 아니라 아파트 단지의 풀밭에서도 키우는 경우가 많기 때문이겠죠.

원추리의 꽃대는 높이 1m 정도이고 꽃대 위에서 가지가 여러 개로 갈라지면서 6~8개의 꽃이 6~8월에 개화를 해요. 꽃은 등황색이고 길이 10~13cm, 지름 10cm 정도예요. 수술은 6개이고 꽃잎보다 짧고 황색의 꽃밥이 있고 꽃은 아침에 피었다 지지만 다음날이면 다음 꽃이 다시 피기 시작해요.

잎은 길이 60cm 정도이므로 꽃대의 절반 정도 길이인 셈이에요. 만일 잎의 길이가 꽃대만큼 길다면 '큰원추리'라고 말해요. 어린잎은 흔히 '원추리나물'이라고 부르며 사람이 식용하는데 봄에 먹는 나물로 아주 유명하죠. 이 나물은 마취성분이 약간 함유되어 있으므로 많이 섭취하면 나른할 수도 있어요.

원추리는 우리나라에서 아들을 낳을 수 있는 꽃이라고 해서 아들이 없는 집에서는 말린꽃을 베개에 넣는 경우가 많았어요. 이 때문에 원추리 꽃을 베개에 넣어두면 부부금실이 좋아진다는 이야기까지 생겼죠. 이 마취성분은 아주 강하지는 않지만 사람의 마음을 다스리는 효과가 있어 원추리는 근심을 잊게 하는 꽃이라는 뜻의 망우초(忘憂草)라는 별명이 있죠.

▲ 왕원추리

▲ 홑왕원추리

옛날 우리나라 선비들은 공부를 하다가 잠시 쉴 때 원추리를 보면서 근심이 잊었다고 하는데, 이 때문에 양반집 뒤뜰에는 항상 원추리가 심어져 있었다고 해요. 여러분도 원추리꽃을 보면서 공부에 지친 마음을 다스리면 좋을 것 같아요. 참고로 원추리의 번식은 종자와 포기나누기로 할 수 있어요.

볼 수 있는 곳

원추리는 도시의 주택가 화단에서 흔히 볼 수 있어요. 또한 각 지역의 수목원이나 관광지의 화단에서도 원추리를 만날 수 있어요.

오늘 만난 꽃

학자의 지팡이

명아주와 흰명아주

과명 명아주과 한해살이풀　학명 *Chenopodium album*　꽃 6~7월　열매 7월　높이 1~2m

흰명아주

▲ 흰명아주의 어린잎 ▲ 명아주의 어린잎

명아주는 교내 풀밭에서 가장 흔히 볼 수 있는 풀꽃이에요. 꽃이 예쁘지 않기 때문에 일부러 기억하는 분들은 없겠지만 누구나 한번쯤은 봤던 식물일 거예요. 골목길 같은 곳에서 보도블록 사이에 흙만 있으면 꼽사리끼어 무럭무럭 자라는 식물이기 때문이죠.

우리가 도시에서 흔히 보는 명아주는 '흰명아주'라고 말해요. 흰명아주는 어린잎에 백색으로 분칠한 자국이 있고, 진짜 명아주는 어린잎에 빨간색으로 분칠한 자국이 있는데, 도시에서 볼 수 있는 명아주는 대개 어린잎이 백색으로 분칠되어 있죠.

명아주는 시시한 풀꽃처럼 보이지만 지팡이를 만들면 아주 가볍고 단단하기 때문에 이미 2,200년 전부터 명아주 지팡이를 사용한 기록이 있어요. 당시 명아주 지팡이를 사용한 유명한 인물은 중국의 장자라고 해요.

이 때문에 옛날부터 명아주 지팡이는 학자를 상징하는 지팡이로 유명하였고 만들면 족족 팔리는 상품이었다고 해요. 학자를 상징한다고 하므로 여러분도 잘 여문 명아주대로 지팡이는 아니더라도 장식물을 만들어 벽에 걸어놓으면 좋을 것 같아요. 나중에 나이든 뒤 학자가 되면 평생을 같이했던 명아주대를 지팡이로 만들어 들고 다닐 수 있을 것 같아요.

우리나라는 중국의 영향을 받아 신라시대에 명아주 지팡이를 특별히 관리하며 '청려장'이라는 이름을 붙였죠. 이 청려장은 나이 70살과 80살이 된 노인에게 장수를 축하하며 국가에서 하사하였는데 80살이 된 노인에겐 임금님이 직접 하사하였다고 해요. 나이를 먹으면 지팡이를 들고 다녀야 하므로 국가에서 직접 최고 품질의 지팡이인 청려장을 하사한 것이죠.

이 때문에 요즘도 효심이 강한 사람들은 아버지가 장수를 하면 직접 명아주 지팡이를 만들어 선물한다고 해요. 명아주 지팡이는 유명 관광지에 가면 판매하기도 하는데 지팡이 종류 중에 가격이 제일 비싼 편이라고 해요.

명아주의 꽃은 6~7월에 볼 수 있는데 자잘한 꽃이 수상화서로 달리고 이 수상화서는 다시 원추화서 모양을 이루어요. 꽃은 꽃받침이 5조각으로 갈라지고 꽃잎은 없고 수술은 5개예요. 어린잎은 나물로 먹을 수 있고, 독충에 물린 상처에 잎을 짓이겨 바르면 효능이 있어요. 번식은 종자로 할 수 있어요.

▲ 오래된 대문 앞의 좀명아주

볼 수 있는 곳

명아주는 우리 주변에서 흔히 볼 수 있는 식물이에요. 도시에서도 전봇대 옆이나 공사장의 빈 터에서 명아주가 뿌리를 내리는 것을 볼 수 있어요. 또한 오래된 대문 앞이나 돌계단 같은 곳에서도 명아주가 자라는 것을 쉽게 볼 수 있어요.

오늘 만난 꽃

진한 향기로 두뇌회전을 돕는

배초향

과명 꿀풀과 여러해살이풀 학명 *Agastache rugosa* 꽃 7~9월 열매 9월 높이 1.2m

배초향(排草香)은 다른 잡초의 향기를 물리치는 풀이란 뜻에서 붙은 이름이에요. 꿀풀과 식물은 대개 향기가 있지만 배초향은 꿀풀과 식물 중 가장 강한 향기가 나는 식물인 셈이죠. 만일 배초향을 키우고 있는데 향이 옅거나 없다면 양달로 옮긴 뒤 키우면 다시 향이 진해질 거예요.

▲ 꽃잎처럼 보이는 배초향의 꽃받침들

또한 배초향은 대표적인 여름꽃이라고 할 수 있어요. 줄기는 네모진 형태이고 7~9월에 자주색 꽃이 윤산화서로 개화하는데 보통 초가을에도 운 좋으면 꽃이 남아있고, 꽃은 나비들이 아주 좋아해요. 꽃은 길이 5~15cm의 꽃차례에 자잘한 꽃들이 달려있는데 자잘한 꽃은 길이 5mm 정도의 분홍색 꽃받침이 있고 꽃받침은 끝이 5개로 갈라져있어요.

꽃받침 안쪽에는 길이 8~10mm 정도의 입술 모양 꽃이 분홍색으로 피고 수술은 4개에요. 꽃이 떨어지면 분홍색 꽃받침만 남는데 이 때문에 꽃받침을 꽃이라고 착각하는 경우도 있고, 이 분홍색 꽃받침이 9월까지 남아있기 때문에 꽃이 오래간다고 생각하게 되죠.

마주난 잎은 박하 잎과 비슷하고 어린잎은 나물로 먹을 수 있는데 보통 차로 마시는 것이 좋아요. 특유의 쓴 맛은 심할 때는 송진 맛도 있으므로 가급적 어린잎 위주로 식용하는 것이 좋으며, 생으로 먹은 어린잎은 입 안을 살균하는 효과가 있고 박하류의 꽃처럼 정신을 상큼하게 만들곤 해요. 따라서 공부를 하다가 두뇌에 청량감을 주고 싶을 때 좋은 것이죠. 또한 햇볕이 말린 배초향을 달여서 먹으면 감기예방과 두통에도 좋으니 여러 가지로 일거양득이죠. 번식은 종자와 포기나누기로 할 수 있어요.

볼 수 있는 곳

전국의 산지에서 볼 수 있어요. 도시의 주택가에서도 가끔 배초향을 키우는 집을 볼 수 있어요. 또한 각 지역의 도립수목원에서 배초향을 볼 수 있어요.

두뇌증진에 좋은

석잠풀

과명 꿀풀과 여러해살이풀 학명 *Stachys japonica* 꽃 6~9월 열매 10월 높이 60cm

석잠풀의 꽃

석잠풀은 한자이름인 석잠(石蠶)에서 유래된 이름이에요. 석잠(石蠶)은 '돌누에'를 뜻하므로, 꽃의 생김새가 누에를 닮아 붙은 이름이라고도 말해요. 믿거나 말거나 겠지만 일단 꽃을 멀리서 보면 하얀 벌레 같은 것이 달려있는 것처럼 보이곤 해요.

▲ 석잠풀의 잎

꽃은 6~9월에 피는데 길이 12~15mm 정도이고 마디에서 돌려서 붙어요. 꽃은 입술 모양이고 윗입술은 원형이며 아랫입술은 3갈래로 갈라져 있고, 4개의 수술이 있어요. 꿀샘이 있는 꽃은 나비들이 좋아해요. 줄기는 각이 지고 마주난 잎은 잎자루가 있거나 없는 경우도 있어요.

한약방에서는 석잠풀로 만든 약재를 초석잠(草石蠶)이라고 말해요. 달여 먹으면 꿀풀과 식물답게 항균 능력이 탁월하기 때문에 구충, 종기, 바이러스에 의한 감기 등에 효능이 있고 폐렴이나 백일해에도 사용할 수 있을 뿐 아니라 생잎을 달여 먹으면 장수를 할 수 있을 뿐 아니라 두뇌증진에도 효능이 있어요. 어린잎은 사람이 섭취할 수 있는데 주로 즙으로 먹는 경우가 많고 약간 쓴맛이 있어요. 번식은 종자와 포기나누기로 할 수 있어요.

볼 수 있는 곳

전국의 산과 들판에서 볼 수 있는데 주로 습한 곳에서 많이 볼 수 있어요. 수목원 중에는 서울 홍릉수목원에서 석잠풀을 볼 수 있어요.

오늘 만난 꽃

물에서 자라는 등심초

골풀

과명 골풀과 여러해살이풀 학명 *Juncus effusus* 꽃 5~7월 열매 9월 높이 50cm~1m

옛날 우리나라에서는 골풀을 등잔불의 심지로 사용했다고 해요. 물가에서 자라는 이 식물은 속살이 심지 용도로 딱이어서 속살을 잘라내 심지를 만들었던 것이죠. 그래서 골풀로 만든 약재는 한약방에서 지금도 '등심초'라는 이름으로 불리고 있죠.

▲ 골풀의 꽃

꽃은 5~7월에 총상화서로 달리고 원줄기 끝에서 연이어 작은 꽃이 달리는 특성이 있어요. 습지에서 젓가락처럼 가느다란 풀이 자라고 있고 줄기 옆에 꽃이 붙어있으면 대부분 골풀이라고 할 수 있겠죠. 줄기 안은 꽉 차있어서 여러 가지 공예품을 만들어 사용했는데 돗자리나 방석을 만들기에 딱 좋았다고 해요. 열매는 가을에 익고 길이 2~3mm 정도이고 3개의 씨앗이 들어있어요.

한약방에서는 골풀을 말린 약재를 등심초라고 부르고 있어요. 등심초는 신장결석, 이뇨, 아이들이 보채는 병에 효능이 있고 화병에도 좋을 뿐 아니라 편도선염이나 입병에도 효능이 있어요. 번식은 포기나누기로 할 수 있어요.

볼 수 있는 곳

전국의 습지에서 흔히 볼 수 있어요. 수목원의 수생식물원에서도 만날 수 있어요.

오늘 만난 꽃

청출어람이란 사자성어를 만든

쪽

과명 마디풀과 한해살이풀 학명 *Persicaria tinctoria* 꽃 8~9월 열매 10월 높이 50~60cm

쪽의 꽃

▲ 쪽 ▲ 쪽의 잎

여러분은 '쪽빛바다'라는 말을 들어 보셨을 거예요. 동요에서 흔히 들었던 '쪽빛바다'에서 '쪽빛'는 짙은 청색(남색)을 뜻하는 말이에요. 그럼 쪽빛은 어디서 나왔을까요? '쪽'이라고 불리는 이 식물이 '쪽빛' 염료를 만들 수 있는 식물이에요. 쪽으로 만든 남색은 아주 옛날부터 무척 유명한 색이었다고 해요. 그래서 순자는 자신의 '권학'에서 학문에 힘쓰도록 권하면서 청출어람(青出於藍)란 말을 남겼는데 여기서 람(藍)은 남색을 의미하는 동시에 '쪽'이라고 불리는 이 식물을 지칭하는 말이라고 할 수 있죠.

君子曰 學不可以已
군자왈, 학문에서 중지란 없다.
青取之於藍, 而青於藍
청색은 쪽에서 나온 것이지만 쪽보다 더욱 푸르고
氷水爲之, 而寒於水
얼음은 물에서 나온 것이지만 물보다 더 차갑다.

이후 순자의 청출어람(青出於藍)은 스승보다 더 뛰어난 제자를 일컫는 말이 되었죠.

쪽은 말 그대로 염료를 채취하기 위해 중국에서 들어온 식물이에요. 높이는 50~60cm 정도로 자라므로 키가 작은 풀꽃인 셈이죠. 꽃은 8~9월에 줄기 끝과 잎겨드랑이에서 달리고 각각의 꽃은 꽃잎이 없는 대신 꽃받침 5개가 꽃잎처럼 보이고, 6~8개의 수술과 3개의 암술이 있어요. 잎은 어긋나고 잎자루가 짧고 타원형인데, 잎 안에 청색 염료 성분이 많이 들어있고, 이 잎에서 청색 염료를 뽑기 위해 지난 2,300년 동안 재배된 식물인 셈이죠.

쪽은 염료용으로 재배하였지만 약용으로도 많이 사용한 식물이라고 해요. 약으로 사용할 때는 해독, 코피, 폐렴, 종기, 황달, 부스럼, 이질, 해열에 좋고 각종 식중독에도 효능이 있어요. 쪽의 번식은 종자로 할 수 있어요.

볼 수 있는 곳

재배한 식물이므로 주로 밭 주변에서 볼 수 있어요. 서울 홍릉수목원에서도 만날 수 있어요.

INDEX

메모장

메모장